普通高等教育"十三五"规划教材

过程容器设计

张　丽　姜文全　主编
任建民　刘金纯　主审

U0264424

中国石化出版社

内 容 提 要

《过程容器设计》主要介绍石油化工企业中压力容器的基本组成、分类、规范标准，压力容器材料及其零部件的常规设计方法，压力容器的应力分析法和疲劳分析法等，还介绍了压力容器的常用标准、过程容器设计图样和材料选择的相关内容。

本书可作为高等院校过程装备与控制工程专业教材或教学参考资料，也可供其他专业选用及压力容器设计人员、工程技术人员阅读参考。

图书在版编目（CIP）数据

过程容器设计/张丽，姜文全主编．—北京：中国石化出版社，2020.7
ISBN 978 - 7 - 5114 - 5867 - 4

Ⅰ．①过… Ⅱ．①张…②姜… Ⅲ．①石油化工过程 - 压力容器 - 设计 - 高等学校 - 教材 Ⅳ．①TE65

中国版本图书馆 CIP 数据核字（2020）第 099514 号

中国石化出版社出版发行
地址：北京市东城区安定门外大街 58 号
邮编：100011 电话：(010)57512500
发行部电话：(010)57512575
http://www.sinopec-press.com
E-mail:press@sinopec.com
北京科信印刷有限公司印刷
全国各地新华书店经销
*
787 × 1092 毫米 16 开本 13.75 印张 302 千字
2020 年 7 月第 1 版 2020 年 7 月第 1 次印刷
定价:52.00 元

前　言

　　压力容器是一类广泛使用的特种设备，所承载的压力和复杂的介质构成危险源，一旦发生事故，必将导致恶劣的事故后果。随着工业技术的发展，我国已是世界上压力容器的使用大国，也是压力容器的制造大国。同时，随着我国教育事业的不断发展，本科人才培养不断向应用型高级工程技术人才培养转变，需要设计者具备较全面的专业综合知识。本书以压力容器的总体构成、材料的性能、中低压及高压和外压容器的分析、设计为主线，介绍应力分析和疲劳分析等设计方法，希望让学生掌握设计、分析的基本理论及相关基础知识，熟悉相关标准和规范，毕业后能够设计出满足工程实际需要的容器和设备。

　　本书共分8章。第1章主要介绍压力容器的基本组成、分类和规范标准。第2章介绍压力容器用钢的质量、性能及基本要求。第3章介绍中低压容器的应力分析与设计。第4章介绍高压及超高压容器的应力分析与设计。第5章介绍外压容器的应力分析与设计。第6章介绍零部件的结构和焊接结构。第7章介绍应力分析方法。第8章介绍疲劳分析方法。

　　本书由辽宁石油化工大学张丽、姜文全主编，杨林、郝娇、李静参加编写。全书由辽宁石油化工大学任建民教授主审；中国石油集团东北炼化工程有限公司沈阳分公司高级工程师刘金纯审定。在此表示衷心的感谢。

　　由于水平有限，书中不足和错误之处在所难免，恳请读者批评指正。

编　者

目　　录

1 绪 论

1.1 过程设备在国民生产中的地位

从原材料到产品，要经过一系列物理、化学或者生物的加工处理步骤，这一系列加工处理步骤称为过程。过程需要由设备来完成物料的储存、传热、传质、分离和反应等操作。过程设备必须满足过程的要求。

(1)过程设备的应用

过程设备在生产技术领域中的应用十分广泛，是化工、炼油、轻工、交通、食品、制药、冶金、纺织、城建、海洋工程等传统工业领域所必需的关键设备。一些高新技术领域，如航空航天技术、先进能源技术、先进防御技术等，也离不开过程设备。举例如下。

①加氢反应器。加氢反应器是实际生产过程中一件非常重要的设备，不仅可以用作加氢反应的容器，也可用于液体和气体需要充分混合的场合。加氢反应器常用于石油工业中渣油加氢转化为轻质油，从而生产汽油、柴油等过程。例如，乙烯精制时使其中杂质乙炔加氢而成乙烯；丙烯精制时使其中杂质丙炔和丙二烯加氢而成丙烯；利用一氧化碳加氢转化为甲烷的反应，以除去氢气中少量的一氧化碳等。

②储氢容器。氢气是一种清洁、可储存、可循环、可持续的能源。氢能的开发和利用是支撑石化能源清洁化、可再生能源规模化的重要手段，是新一代引领产业变革的颠覆性能源技术。目前，高压储氢是加氢站的主要储氢方式。储氢容器的设计压力往往超过40MPa，比石油加氢反应器、煤加氢反应器、普通氢气瓶的压力都要高。

③超高压食品杀菌釜。超高压食品杀菌技术又称高压食品加工技术，是在密闭的超高压容器内，对软包装食品等物料以水作为介质施以 400~600MPa 的压力或以高级液压油为介质施以 100~1000MPa 的压力，从而杀死几乎所有的细菌、霉菌和酵母菌，并可避免因加热而破坏食品的风味和营养。

在各类生产装置中，设备投资在整个工程的工艺设备费用中占有很大比例。比如在石油化工装置中，仅仅是塔设备就占 25.39%；在炼油和煤化工生产装置中占 34.85%。过程设备所耗用的钢材在各类生产装置中也占有很大份额，如管式加热炉的基建费用在重整制氢和裂解装置中约占 25%。

(2)过程设备的特点

过程设备是过程工业中必不可少的三大核心技术之一。随着科学技术的发展，过程设备向多功能、大型化、成套化和轻量化方向发展，广义的过程设备包括过程静设备和过程动设备及其连接的管线等。

过程设备的用途、介质特性、操作条件、安装位置和生产能力千差万别，往往要根据功能、使用寿命、质量、环境保护等要求，采用不同的工作原理、材料、结构和制造工艺单独设计而成。因而过程设备的功能原理多种多样，是典型的非标准容器。

本书所涉及的领域为压力容器的设计。各类过程设备内部结构虽有不同，但基本上都有一个承受压力的密闭外壳。承压外壳通常称为压力容器，是保证设备安全运行的关键部位。压力容器往往在高温、高压、低温、高真空、强腐蚀等苛刻条件下工作，是一种具有潜在泄漏、爆炸危险的特种设备。由于设计寿命较长，在使用期间，除受到压力、重量等静载荷作用外，还可能受风载荷、地震载荷、冲击载荷等动载荷的作用。由于选材不当、材料误用、材料缺陷、材质劣化、介质腐蚀、制造缺陷、设计失误、缺陷漏检、操作不当、意外操作条件、难以控制的环境等原因，压力容器较容易发生事故。国内外每年都有压力容器爆炸和泄漏事故发生，造成人员伤亡、企业停产、财产损坏和环境污染。

过程设备不仅要适应工艺过程所要求的压力和温度条件，还要承受化学介质的作用，由于介质往往有腐蚀性、毒性或易燃易爆，要保证长期的安全工作，密封则是安全操作的必要条件。

1.2 过程设备的基本要求

(1)安全可靠

为保证过程设备安全可靠地运行，过程设备应具有足够的能力来承受设计寿命内可能遇到的各种载荷。影响过程设备安全可靠性的因素主要有：材料的强度、塑性、韧性、刚度、稳定性、密封性能和与介质的相容性。

①材料的强度。强度是指材料在外力作用下抵抗破坏(变形和断裂)的能力。屈服强度和抗拉强度是钢材常用的强度判据。过程设备是由各种材料制造而成，其安全性与材料的强度密切相关。在相同设计条件下，不同的材料，许用应力也不同，必然会影响容器的厚度、重量、制造、安装和运输，从而影响成本费用。对于大型过程设备，高强度材料的优化效果尤为显著。

②材料的塑性。塑性是指在外力作用下，材料能稳定地发生永久变形而不破坏其完整性的能力。由于容器在制造过程中采用冷作弯卷成型工艺，要求材料必须具备充分的塑性。断后伸长率和断面收缩率是衡量材料塑性的指标。另外，冷弯试验能直接反映钢板的冷弯性能。

③材料的韧性。韧性是指材料在塑性变形和断裂过程中吸收能量的能力。通常以冲击吸收功和韧脆性转变温度来衡量材料的韧性。过程设备常带有各种各样的缺陷，但并不是所有的缺陷都会危及过程设备的安全运行，当缺陷尺寸达到某一临界尺寸时，会发生因快速扩展而导致过程设备被破坏的情况。临界尺寸与缺陷所在处的应力水平、材料韧性以及

缺陷的形状和方向等因素有关，它随着材料韧性的提高而增大，材料韧性越好，临界尺寸越大，过程设备运行对缺陷就越不敏感；反之，在载荷作用下，很小的缺陷就可能破坏过程设备。

④材料的刚度。刚度是指材料或结构在受力时抵抗弹性变形的能力，是材料或结构弹性变形难易程度的表征。材料的刚度通常用弹性模量来衡量。过程设备在载荷作用下要保持原有的形状，必须具备较好的刚度。刚度不足是过程设备变形的主要原因之一。例如，螺栓、法兰和垫片组成的连接结构，若法兰因刚度不足而发生过度变形，将导致密封失效而泄漏。

⑤材料的稳定性。稳定性是指过程设备抵抗失稳的能力，失稳是过程设备常见的失效形式之一。例如，在真空和承受外压环境下工作的过程设备，若壳体厚度不够或外压太大，将引起失稳破坏。

⑥材料的密封性能。密封性是指过程设备防止介质或空气泄漏的能力。过程设备的泄漏可分为内泄漏和外泄漏。内泄漏是指过程设备内部各腔体间的泄漏，如管壳式换热器中，管程介质通过管板泄漏至壳程。这种泄漏轻者会引起产品污染，重者会引起爆炸事故。外泄漏是指介质通过可拆接头或者穿透性缺陷泄漏到周围环境中，或空气漏入过程设备内的泄漏。过程设备内的介质往往具有危害性，外泄漏不仅有可能引起中毒、燃烧和爆炸等事故，而且会造成环境污染。

⑦材料与介质相容性。过程设备的介质往往是腐蚀性强的酸、碱、盐。材料被腐蚀后，不仅会导致壁厚减薄，而且有可能改变其组织和性能。因此，材料必须与介质相容。

(2)满足过程要求

过程设备都有一定的功能要求，以满足生产的需要，功能要求得不到满足，会影响整个过程的生产效率，造成经济损失。同时过程设备还要考虑寿命要求。例如，在石油化工行业中，一般要求高压容器的使用年限不少于20年；塔设备和反应设备不少于15年；换热设备在10年左右。腐蚀、疲劳、蠕变是影响过程设备寿命的主要因素，设计时应综合考虑温度和压力高低及波动情况、介质的腐蚀性、环境对材料性能的影响等，采取有效措施，确保过程设备在设计使用寿命内安全可靠运行。

(3)综合经济性好

综合经济性是衡量过程设备优劣的重要指标。如果综合经济性差，过程设备就缺乏市场竞争力，最终被淘汰，即发生经济失效。过程设备的综合经济性在压力容器设计中占有重要地位，主要包括以下几个方面。

①生产效率高、能耗低。过程设备常用单位时间内单位容积处理物料或所得产品的数量来衡量其生产效率。能耗低是指降低过程设备使用过程中生产单位质量或体积产品所需的资源消耗。

②结构合理、制造简便。充分利用材料的性能，选择合理的设计方案，尽量避免采用复杂或质量难以保证的制造方法，减轻劳动强度，减少占地面积，缩短制造周期，降低制造成本。

③易于运输和安装。过程设备需运至使用单位进行安装。对于大型设备，尺寸和质量都很大，必须考虑运输的可能性与安装的方便性。

④便于操作、控制和维护。操作简单，控制方便，减小劳动强度及操作费用，如设置报警装置，避免因误操作引发停产停工。维修方便，在结构设计时考虑更换、清洗零部件的要求。

为确保压力容器安全运行，许多国家都结合本国国情制定了强制性或推荐性的压力容器规范标准，如我国 GB/T 150—2011《压力容器》、JB/T 4732—1995《钢制压力容器——分析设计标准》、NB/T 47003.1—2009《钢制焊接常压容器》和技术法规 TSG 21—2016《固定式压力容器安全技术监察规程》等，对其材料、设计、制造、安装、使用、检验和修理改造提出相应的要求。

1.3 压力容器的基本组成

压力容器一般由筒体(又称壳体)、封头(又称端盖)、密封装置、开孔与接管、支座和安全附件等组成，图 1-1 为一台卧式压力容器的总体结构图，下面结合该图对压力容器的基本组成作简单介绍。

图 1-1 压力容器的总体结构
1—筒体；2—封头；3—接管；4—法兰；5—液面计；6—支座

(1)筒体

筒体的作用是提供工艺所需的承压空间，是压力容器最主要的受压元件之一，其内直径和容积往往需要工艺计算确定。圆柱形筒体是工程中最常见的筒体结构。

当筒体直径较小(一般小于 1000mm)时，圆筒可用无缝钢管制作；当筒体直径较大时，可用钢板在卷板机上卷成圆筒，再用焊缝将其焊接在一起；或用钢板在水压机上压制成两个半圆筒或三个以上的瓦片结构，再用两条或两条以上的焊缝将其焊接在一起，形成整圆筒。由于该焊缝的方向和圆筒的纵向平行，称之为纵焊缝。另外，长度较短的容器可直接在一个圆筒的两端连接封头，构成一个封闭的压力空间，也就制成了一台压力容器外壳。但当容器较长时，由于钢板幅面尺寸的限制，就需要先用钢板卷焊成若干段筒体，即筒节，再由两个或两个以上筒节组焊成所需长度的筒体。筒节与筒节之间，筒节与端部封头之间的连接焊缝，称之为环焊缝。

（2）封头

根据几何形状的不同，封头可分为半球形、椭圆形、碟形、球冠形、锥壳和平盖等，其中球形、椭圆形、碟形和球冠形封头统称为凸形封头。图 1 - 2 为半球形封头。

（3）开孔与接管

由于工艺要求和检修的需要，常在压力容器的筒体或封头上开设各种大小的孔或安装接管，如人孔、手孔、视镜孔、物料进出口接管以及安装压力表、液面计、安全阀、测温仪表等接管人孔。

筒体或封头上开孔后，开孔部位的强度被削弱，并使该处的应力增大。这种削弱程度随开孔直径的增大而加大，因而容器上应尽量减少开孔数量，尤其要避免开大孔。对容器上已开设的孔，应进行开孔补强设计，以确保所需的强度。

（4）密封装置

压力容器上开孔就会使容器不能成为密闭空间，要保证容器承压，就需要密封装置，如容器接管与外管道间的可拆连接以及人孔、手孔盖的连接等；另外封头和筒体间的可拆式连接结构也需要密封装置。中低压容器中常见的密封装置就是螺栓法兰连接结构，法兰结构如图 1 - 3 所示。

图 1 - 2　半球形封头　　　　　　　　　　图 1 - 3　法兰

（5）安全附件

由于压力容器的使用特点及其内部介质的化学工艺特性，往往需要在容器上设置一些安全装置和测温、控制仪表来监控工作介质的参数，以保证压力容器的使用安全和工艺过程的正常进行。压力容器的安全附件主要有安全阀、爆破片、紧急切断阀、压力表、液面计、测温仪表等。

（6）支座

压力容器靠支座支撑并固定在基础上。圆筒形容器和球形容器的支座各不相同。随安装位置不同，圆筒形容器支座分立式容器支座和卧式容器支座两类，而球形容器多采用柱式或裙式支座。

上述六大部件即构成了一台压力容器的外壳。对于储存用的容器，这一外壳就构成了压力容器本身；而对于反应、传热、分离等工艺过程的压力容器，则需在外壳内装入工艺所要求的内件，才能构成一个完整的产品。

1.4　压力容器的分类

压力容器的使用范围广、数量多、工作条件复杂，发生事故所造成的危害程度各不相同。如：设计压力、设计温度、介质危害性、材料力学性能、使用场合、安装方式等。危害程度越高，压力容器的材料、设计、制造、检验、使用管理的要求也越高。因此，需要对压力容器进行合理分类。

（1）按在生产工艺过程中的作用原理分类

①反应压力容器。主要是用于完成介质的物理、化学反应，如反应器、反应釜、分解锅、硫化罐、分解塔、聚合釜、高压釜、合成塔、变换炉、蒸煮锅、蒸球、蒸压釜和煤气发生炉等。

②换热压力容器。主要是用于完成介质的热量交换，如管壳式余热锅炉、热交换器、消毒锅、染色器、烘缸、蒸炒锅、预热锅、蒸脱机、电热蒸汽发生器和煤气发生炉水夹套等。

③分离压力容器。主要是用于完成介质的流体压力平衡和气体净化分离，如分离器、过滤器、集油器、缓冲器、洗涤器、吸收塔、铜洗塔、干燥塔、气提塔、分气缸和除氧器等。

④储存压力容器。主要是用于储存和盛装气体、液体、液化气体等介质，如各种形式的储罐。

对于同一压力容器，如同时具备两个及以上的工艺作用原理时，应按工艺过程中的主要作用来划分其品种。

（2）按承压性质分类

按承压性质可将容器分为内压容器与外压容器。

①内压容器。当容器内部介质压力大于外界压力时，称为内压容器。

内压容器按设计压力大小还可分为：

低压容器　$0.1 \leqslant P < 1.6\text{MPa}$；

中压容器　$1.6 \leqslant P < 10\text{MPa}$；

高压容器　$10 \leqslant P < 100\text{MPa}$；

超高压容器　$P \geqslant 100\text{MPa}$。

②外压容器。当容器外界的压力大于容器内部介质的压力时，称为外压容器。包括减压塔和真空容器等。对于带有夹套加热的设备，当夹套内的介质压力高于容器内的压力时，也构成外压容器。

在设计时，对于内压容器，主要保证壳体具有足够的强度，而对于外压容器，由于壳体承受压应力，主要考虑的是稳定问题。

（3）按容器厚度分类

压力容器按照厚度可分为薄壁容器和厚壁容器，通常 $\delta/D_i \leqslant 0.1$ 或 $K = D_o/D_i \leqslant 1.2$（$D_o$ 为容器的外径，D_i 为容器的内径，δ 为容器的厚度）的容器称为薄壁容器，超过这一范围的称为厚壁容器。

（4）按安装方式分类

根据安装方式可分为固定式压力容器和移动式压力容器。

①固定式压力容器。指具有固定安装和使用地点，工艺条件和操作人员也较固定的压力容器。如：生产车间内的卧式储罐、球罐、塔器、反应釜等。

②移动式压力容器。由罐体或者大容积气瓶与行走装置或者框架采用永久性连接组成的运输设备。如：铁路罐车、汽车罐车、长管拖车、罐式集装箱和管束式集装箱等。这类压力容器使用时不仅承受内压或外压载荷，搬运过程中还会受到由于内部介质晃动引起的冲击力，以及运输过程带来的外部撞击和振动载荷，因而在结构、使用和安全方面均有其特殊的要求。

（5）按安全技术管理分类

上述几种分类方法仅考虑了压力容器的某个设计参数或使用状况，还不能综合反映压力容器面临的整体危害水平。例如储存易燃或毒性程度中度及以上危害介质的压力容器，其危害性要比相同几何尺寸、储存毒性程度轻度或非易燃介质的压力容器大得多。压力容器的危害性还与其设计压力 p 和全容积 V 的乘积有关，pV 值越大，容器破裂时爆炸能量越大，危害性也越大，对容器的设计、制造、检验、使用和管理的要求越高。为此，综合考虑介质、设计压力和容积这三个因素对压力容器进行分类，根据我国《固定式压力容器安全技术监察规程》将所适用范围内的压力容器分为第 I 类压力容器、第 II 类压力容器和第 III 类压力容器，现介绍其分类方法。

①介质分组。压力容器的介质为气体、液化气体，介质最高工作温度高于或者等于其标准沸点的液体，按其毒性危害程度和爆炸危险程度分为两组。

第一组介质：毒性危害程度为极度危害、高度危害的化学介质，易爆介质，液化气体。

第二组介质：除第一组介质以外的介质。

②压力容器分类。压力容器分类应先按照介质特性选择相应的分类图，再根据设计压力 p（单位 MPa）和容积 V（单位 m^3），标出坐标点，确定容器类别。

ⅰ. 对于第一组介质，压力容器的分类见图 1 - 4。

ⅱ. 对于第二组介质，压力容器的分类见图 1 - 5。

对于具有多个压力腔的多腔压力容器，如换热器的管程和壳程、余热锅炉的汽包和换热室、夹套容器等，应按类别较高的压力腔作为该容器的类别，并按该类别进行使用管理，但应按照每个压力腔各自的类别分别提出设计和制造技术要求。在对各压力腔进行类别划定时，设计压力取本压力腔的设计压力，容积取本压力腔的容积。

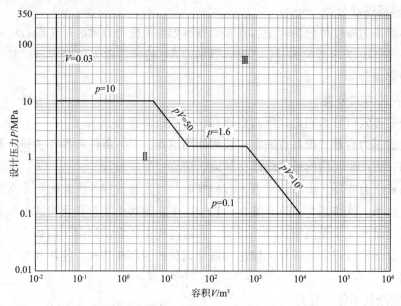

图 1-4　压力容器分类图——第一组介质

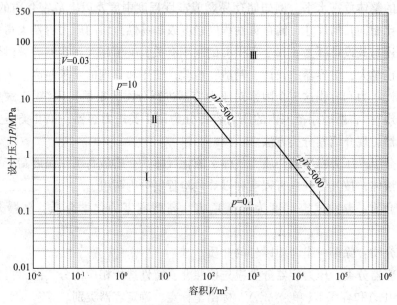

图 1-5　压力容器分类图——第二组介质

坐标点位于图 1-4 或者图 1-5 的分类线上时，按较高的类别划分；容积 <0.03m³ 或者内直径（对非圆形截面，指宽度、高度或者对角线，如矩形为对角线、椭圆为长轴）<150mm 的小容积压力容器，划为第 Ⅰ 类压力容器。

介质毒性危害程度和爆炸危险程度按 GBZ 230—2010《职业性接触毒物危害程度分类》、HG 20660—2017《压力容器中化学介质毒性危害和爆炸危险程度分类》确定。

1.5 压力容器的规范标准

为了确保压力容器在设计寿命内的安全运行，世界各国都制定了一系列压力容器标准。我国于 1989 年由全国压力容器标准化技术委员会颁布了第一版压力容器国家标准，即 GB 150—1989《钢制压力容器》。1998 年颁布了第一次全面修订后的新版 GB 150—1998《钢制压力容器》。为使其符合《固定式压力容器安全技术监察规程》的规定，结合近些年有色金属压力容器的进展，2012 年发布了 GB/T 150—2011《压力容器》❶。

经过几十年的不懈努力，我国构建了以 GB/T 150《压力容器》为核心的中国压力容器建造体系，颁布并实施了一系列压力容器基础标准、产品标准和零部件标准。

（1）GB/T 150《压力容器》

GB/T 150《压力容器》是第一部中国压力容器国家标准，也是 TSG 21《固定式压力容器安全技术监察规程》的协调标准，在中国具有法律效用，属常规设计标准。该标准规定了压力容器的建造要求，其适用的设计压力（对于钢制压力容器）不大于 35MPa，适用的设计温度范围为 −269～900℃。

GB/T 150《压力容器》不适用于以下 8 种压力容器：直接火焰加热的容器；核能装置中存在中子辐照损伤风险的压力容器；旋转或往复运动的机械设备中自成整体或作为部件的受压器室；《移动式压力容器安全技术监察规程》管辖的容器；设计压力低于 0.1MPa 的容器或真空度低于 0.02MPa 的容器；内直径小于 150mm 的压力容器；搪玻璃压力容器；制冷空调行业中另有国家标准或者行业标准的容器。

GB/T 150《压力容器》界定的范围除壳体本体外，还包括容器与外部管道焊接连接的第一道环向接头坡口端面、螺纹连接的第一个螺纹接头端面、法兰连接的第一个法兰密封面，以及专用连接件或管件连接的第一个密封面。其他如接管、人孔、手孔等承压封头、平盖及其紧固件，以及非受压元件与受压元件的焊接接头，直接连在容器上的超压泄放装置均应符合 GB/T 150《压力容器》的有关规定。

（2）JB 4732《钢制压力容器——分析设计标准》

JB 4732《钢制压力容器——分析设计标准》是我国第一部压力容器分析设计的行业标准。该标准与 GB/T 150《压力容器》同时实施，在满足各自要求的前提下，设计者可选择其一使用，不得混用。

与 GB/T 150 相比，JB 4732 允许采用较高的设计应力强度。这意味着，在相同设计条件下，容器的厚度可以减薄，重量可以减轻。但是由于设计工作量增大，材料、制造、检验及验收等方面的要求严格，有时综合经济效益不一定高，一般推荐用于重量大、结构复杂、操作参数较高和超出 GB/T 150 适用范围的压力容器设计。

---

❶ 2017 年 3 月 23 日，国家质量监督检验检疫总局、国家标准化管理委员会将《水泥包装袋》等 1077 项强制性国家标准转化为推荐性国家标准。自公布之日起，标准代号由 GB 改为 GB/T，标准顺序号和年代号不变。

（3）TSG 21《固定式压力容器安全技术监察规程》

安全技术规范（TSG）是政府对特种设备安全性能和相应的设计、制造、安装、修理、改造、使用和检验检测等环节所提出的一系列安全基本要求，以及许可、考核条件、程序等一系列具有行政强制力的规范性文件，由国家质量监督检验检疫总局颁布。容器标准和安全技术法规同时实施，二者相辅相成，构成了中国压力容器产品完整的国家质量标准和安全管理法规体系。

TSG 21《固定式压力容器安全技术监察规程》对固定式压力容器从材料、设计、制造、安装、改造、修理、监督检验、使用管理、在用检验等环节提出了基本安全要求。

TSG 21《固定式压力容器安全技术监察规程》适用于同时具备下列条件的固定式压力容器：

①工作压力大于等于0.1MPa；

②容积大于等于0.03 m³ 且内直径（非圆形截面指截面内边界最大几何尺寸）大于等于150mm；

③盛装介质为气体、液化气体或介质最高工作温度高于等于标准沸点的液体。

思考题

1. 压力容器按照生产工艺过程中的作用原理可分为哪几类？它们的主要功能是什么？

2.《固定式压力容器安全监察规程》在确定压力容器类别时，为什么不仅要根据压力高低，还要视容积、介质组别分类？

3. GB/T 150 的适用范围是什么？不适用于哪些压力容器？

2　压力容器常用材料

过程工业生产中的工艺条件较为复杂，如工作压力可以从真空(负压)到超高压，工作温度可以从低温到高温，处理的物料可能是易燃、易爆、有毒或有强烈腐蚀性等。要确保压力容器在苛刻条件下安全可靠地运行，需要对其所用的材料有较全面的认识。因此，为了保证设备的安全运行及经济性要求，必须根据具体操作条件及制造等方面要求，合理选择材料。

要做到正确选材，关键是掌握和熟悉材料的使用性能与制造工艺。前者如强度、塑性、韧性等力学性能及耐蚀等特殊性能；后者主要指冷、热加工性能，特别是焊接与压力加工性能等。而材料所具有的性能，则决定于其成分和组织。

2.1　压力容器用钢的质量

2.1.1　化学成分

金属材料的性能差异，化学成分的影响是最主要，也是最直接的。碳是碳素钢中的主要元素，它对钢的性能起决定性作用。另外钢中的硅、锰、硫、磷等常见元素对钢的性能影响也很大。

(1)碳对碳素钢性能的影响

碳是钢中的主要合金元素。随着含碳量的增加，钢的强度、硬度升高，而塑性、韧性降低。特别是低温韧性，会随着含碳量的增加急剧下降，同时钢的无塑性转变温度升高。碳也是影响焊接性能的主要元素。钢中的含碳量高，其淬硬倾向大，产生焊接冷裂纹的倾向大；同时，碳可促使硫化物形成偏析，是焊缝金属内热裂纹的促生元素，因此焊接压力容器限用低碳钢。

碳的含量是影响钢的力学性能的主要因素，其含量变化对碳素钢正火态力学性能的影响的变化规律如图 2 - 1 所示。

当碳含量 $w_C < 0.9\%$ 时，钢的强度、硬度随着含碳量的增加而增加，而韧性、塑性则呈下降趋势。因为随着含碳量的增加越来越多脆而硬的渗碳体作为强化相分布在铁素体基体上，阻止位错运动。$w_C > 0.9\%$ 时，硬度进一步上升，但强度明显降低，韧性、塑性继续降低。这是脆性的二次渗碳体相应增加，割裂珠光体所致。

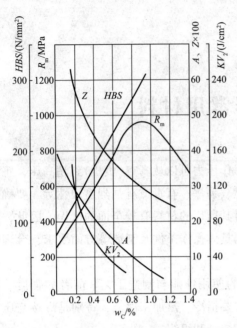

图 2-1 碳含量对正火态钢力学性能的影响

R_m—抗拉强度；Z—断面伸缩率；

A—伸长率；KV_2—冲击韧性；

HBS—布氏硬度

（2）其他元素对钢的力学性能的影响

钢是铁碳合金，除碳和少量磷、硫、氮、氢、氧等杂质元素外，许多钢中还有针对性地加入合金元素，如硅、锰、铬、镍、钼、钨、钒、钛、铌、铝等。但合金元素在钢中的作用和影响十分复杂，同一种合金元素在不同钢中的作用也不同。例如，铬在40Cr中的主要作用是提高淬透性，改善钢的热处理性能；在12CrMo中，是提高热强性，抑制石墨化倾向；在Cr13型钢中是提高耐蚀性能，使钢具有不锈性等。掌握合金元素在不同种类钢中的作用和影响，是正确选材的基础。

①硅。硅来自生铁和脱氧剂，有较强的脱氧能力，能还原FeO中的铁，并能溶于铁素体，使铁素体产生固溶强化，提高钢的强度及质量。硅作为有益元素其质量分数通常不超过0.37%。

②锰。锰来自生铁和脱氧剂，具有较好的脱氧能力，能清除钢中的FeO，降低钢的脆性；还可以与硫生成MnS，减少硫对钢的有害影响，改善钢的热加工性能。锰在常温时部分溶于铁素体形成置换固溶体，使铁素体固溶强化，提高钢的强度和硬度。锰也是一种有益元素，其质量分数小于0.8%时，对钢的影响不大。

③硫。硫是炼钢时由矿石和燃料带入的，常以FeS的形式存在于钢中，与Fe形成低熔点（985℃）的共晶体，分布在奥氏体的晶界处。当钢在1000~1200℃的始锻温度下进行压力加工时，由于晶界处共晶体熔化，易造成钢材在压力加工过程中变脆开裂，这种现象称为热脆。硫是一种有害元素，含硫量越高，热脆性越严重。钢中如有过多硫化物夹杂，轧成钢板后易于造成分层。此外，硫还对钢的焊接性能不利，容易导致焊接热裂纹。同时在焊接过程中，硫易于氧化，生成SO₂气体，使焊缝产生气孔和疏松。因此必须控制硫的含量，规定钢材中含硫量的上限，普通碳钢0.05%，优质钢0.035%。

④磷。磷是在冶炼过程中由矿石带入钢中的。磷能全部溶于铁素体，提高钢的强度、硬度，但磷能使钢材的塑性和韧性下降，在低温时更为严重，并使无塑性转变温度有所升高，使钢变脆，这种现象称为冷脆。温度越低，冷脆性越严重。磷也是有害元素，磷的存在会使钢的焊接性能变差，引起焊接热裂纹。因此一般规定普通碳钢磷含量不大于0.045%，优质钢不大于0.035%。

⑤氧。在炼钢后虽然加入脱氧剂进行脱氧，但仍有少量的氧残留，对钢的力学性能不利，使钢的强度和塑性下降，特别是氧化物杂质的存在，常常成为应力集中源，降低了钢

的疲劳强度，因此氧是有害元素。为保证钢的性能，必须严格控制这类夹杂物的数量、形状、大小和分布。

⑥氮。氮是由炉气进入钢中的，N 和 Fe 形成 FeN，使钢的硬度、强度提高，但塑性和韧性大大下降，这种现象称为蓝脆。若炼钢时使用 Al、Ti 脱氧，生成 AlN、TiN，可消除钢的蓝脆。含有微量氮的低碳钢，在冷加工变形后，会有明显的时效现象和缺口敏感性。当钢中含有磷时，其脆性倾向更大。氮含量超过一定限度时，在钢中易形成气泡和疏松，使冷热加工变得困难。

2.1.2 冶炼方法和脱氧程度

（1）冶炼方法

炼钢的主要任务是把钢中的碳及合金元素的含量调整至有关技术规定范围内，并使磷、硫、氮、氢、氧等杂质的含量降至规定限量之下。冶炼方法不同，去除杂质的程度也不同，所炼钢的质量也有差别。炼钢设备及冶炼方法对钢的质量有直接影响。目前，大规模炼钢方法主要有转炉炼钢法、平炉炼钢法和电弧炉炼钢法三种。对于质量要求高的钢，在炉内冶炼后，通常还采用脱磷、硫、氮、氧等精炼技术，进行二次精炼。同一种钢采用不同冶炼方法，对钢的强度影响较小，但对韧性影响显著。

根据炼钢时选用的原材料、炉渣性质和炉衬材料，通常把炼钢方法和炼钢炉分为碱性和酸性两类。碱性炉渣主要为 CaO，去除磷、硫效果好，但钢中含氢高；酸性炉渣主要为 SiO_2，脱氧效果好，钢中气体含量比较低，而且氧化物夹杂少，所含硅酸盐夹杂物多呈球状，对锻件切向性能影响比较小，但不能去除磷、硫，对炉渣要求严格。

（2）脱氧程度

炼钢脱氧工艺和钢水脱氧程度对钢的性能和质量具有显著影响。根据脱氧程度不同，浇铸的钢锭可分为沸腾钢、镇静钢及半镇静钢三种。

沸腾钢是脱氧不完全的钢，钢水浇注后，碳氧反应产生大量一氧化碳气体，引起钢液沸腾，故称沸腾钢。沸腾钢生产工艺简单，没有大的集中缩孔，切头少，成材率高，成本较低。但其组织不够致密，气泡含量较多，化学偏析较严重，成分不均匀，钢材韧性低，冷脆和时效敏感性较大，焊接性能较差。故主要用于建筑工程结构及某些机械零部件。我国禁用沸腾钢作受压元件。

镇静钢脱氧充分，钢液含氧量低，在钢锭模中较平静地凝固，不产生沸腾现象，故称镇静钢。镇静钢中没有气泡，组织均匀致密；由于含氧量低，杂质易于上浮，钢中夹杂物较少，纯净度高，冷脆和时效倾向小；同时，镇静钢偏析少，化学成分均匀，机械性能好，质量较高。缺点是有集中缩孔，成材率低，成本较高。我国规定压力容器均需采用镇静钢。

半镇静钢的脱氧程度及钢的质量均介于上述二者之间。

2.1.3 热处理及交货状态

交货状态是指钢材产品的最终塑性变形加工或最终热处理的状态，如热轧、冷轧、退火、调质等。同一钢材可以有不同的交货状态。交货状态不同，钢材力学性能亦不同。订购钢材时，在货单、合同等单据上必须注明是何种交货状态。

(1)热轧状态

钢材在热轧后不再对其进行热处理，冷却后直接交货，这种状态称为热轧状态。热轧的终止温度一般为 800~900℃，之后一般在空气中自然冷却，因而热轧状态相当于正火处理。但是热轧终止温度有高有低，加热温度控制不像正火那样严格，因而钢材组织与性能波动大。目前很多钢铁企业采用控制轧制，并严格控制轧制温度，且在终轧后采取强制冷却措施，因而钢的晶粒细化，交货钢材也有较高的综合力学性能。

热轧状态交货的钢材，由于表面覆有一层氧化铁，因而具有一定的耐蚀性，储运保管的要求不像冷轧状态交货的钢材那样严格，大中型型钢、中厚钢板可以在露天货场存放。

(2)冷轧状态

经冷轧加工成型的钢材，不经任何热处理而直接交货，这种状态称为冷轧状态。与热轧状态相比，冷轧状态的钢材尺寸精度高，表面质量好，表面粗糙度低并有较高的力学性能。由于冷轧过程中存在冷塑性变形，致使钢材产生加工硬化，因此同种成分的钢冷轧状态较热轧状态强度高，但塑性低。

由于冷轧状态交货的钢材表面没有氧化铁覆盖，并且存在很大的内应力，极易遭受腐蚀。因此冷轧状态的钢材，其包装、储运均有严格的要求，一般均需在库房内保管，并应妥善控制库房内的温度和湿度。

(3)退火状态

钢材出厂前经退火热处理，称为退火状态。退火的目的主要是为了消除和改善前道工序遗留的组织缺陷和内应力。容器大型锻件用钢，其铸锭要求进行扩散退火，以减轻显微偏析，改善枝晶性质并扩散钢中的氢，为锻造创造有利条件。铁素体不锈钢也常以退火状态供货。

(4)正火状态

钢材出厂前经正火热处理，称为正火状态。正火是指工件经加热奥氏体化后在空气中冷却的热处理工艺。正火的目的是细化晶粒，提高硬度，消除网状渗碳体，使钢材的组织、性能均匀。与退火状态的钢材相比，奥氏体化温度较高，冷却速度较快，过冷度较大，因此，正火后所得到的组织比较细，强度和硬度比退火高。含钒、铌、钛、氮等元素的压力容器用钢，如 15MnNbR 等，通过正火可形成细小的碳化物和氮化物，弥散分布于钢内，细化了晶粒，从而有效地提高了强度和韧性。若为热轧状态，碳化物和氮化物不能充分析出，也不能弥散分布，对钢韧性不利。

(5)调质状态

调质处理是指淬火加高温回火的双重热处理方法，其目的是使工件具有良好的综合力学性能。高温回火是指在 500~650℃ 温度下进行回火。调质可以使钢的性能、材质得到很大程度的调整，其强度、塑性和韧性都较好，具有良好的综合机械性能。

为此发展了低碳调质钢，这类钢的含碳量更低，其淬火组织为低碳马氏体，不仅强度高，且兼有良好的塑性和韧性，淬火后再回火，可使其韧性进一步提高，具有更高的综合力学性能。

　　同一种钢，不同的热处理状态，其冲击韧性是不同的。淬火加高温回火后组织韧性高，正火次之，轧制状态最差。钢材经正火或调质后，还可将沿轧制方向被拉长的晶粒变为等轴晶粒，改善各向异性。

　　(6)固溶状态

　　固溶处理指将合金加热到高温单相区恒温保持，使过剩相充分溶解到固溶体后快速冷却，以得到过饱和固溶体的热处理工艺。钢材出厂前经固溶处理，这种交货状态主要适用于奥氏体型不锈钢。通过固溶处理，得到单相奥氏体组织，以提高钢的韧性、塑性及抗晶间腐蚀能力。

2.2　压力容器用钢性能影响因素分析

　　影响钢材性能的因素很复杂，如内在因素：材料的化学成分、组织结构、冶金质量、残余应力及表面和内部缺陷等；外在因素，如：载荷性质(静载荷、冲击载荷、交变载荷)、载荷谱、应力状态(拉、压、弯、扭、剪切、接触应力及各种复合应力)、温度、环境介质。上一节中介绍了化学成分、冶炼方法和热处理等内在因素对钢材性能的影响，本节从压力容器制造过程的角度讨论外在因素对金属材料性能的影响。

　　在压力容器制造中，往往先将钢板进行冷或热压力加工，使它变成所要求的零件形状，再通过焊接等方法，将各零件连接在一起，必要时还应进行热处理，因此需要了解冷、热压力加工和焊接过程对钢材性能的影响。

2.2.1　冷热加工的影响

　　按照金属材料塑性加工时的温度，可把金属加工分为热加工和冷加工。高于再结晶温度的加工为热加工，低于再结晶温度的加工为冷加工。

2.2.1.1　冷加工的影响

　　①冷作硬化。金属在常温或低温下发生冷塑性变形后，随塑性变形量增加，其强度、硬度提高，塑性、韧性下降的现象称为冷作硬化或应变强化。冷变形程度越大，屈服极限和强度极限就增加得越多，伸长率则降低得越大。工程中常利用冷作硬化来提高材料的屈服强度，如奥氏体不锈钢在室温下进行应变强化处理，可以显著提高其屈服强度，在深冷下强化效果更为显著。

　　②各向异性。金属材料的塑性变形及其随后的加热对金属材料的组织和性能有着显著影响。金属发生塑性变形时，不仅外形发生变化，其内部晶粒也相应地被拉长或压扁。当变形量很大时，晶粒将被拉长为纤维状，晶界变得模糊不清。通常沿着纤维方向的强度和塑性大于垂直方向的强度和塑性，塑性变形还使晶粒破碎为亚晶粒。

在塑性变形过程中，当变形达到一定程度(70%以上)时，晶粒会沿着变形方向发生转动，使绝大部分晶粒的某一位向与外力方向趋于一致，这种现象称为形变织构或择优取向。形变织构使金属性能呈现各向异性。

③应变时效。经冷加工塑性变形(筒节的冷卷、封头的冷旋压等)的碳素钢、低合金钢，在室温下停留较长时间，或经200℃左右短时加热后，出现强度和硬度提高，塑性和韧性降低的现象，称为应变时效。冷加工的应变量越大，应变时效越明显。发生应变时效的钢材不但冲击吸收功大幅度下降，而且韧脆转变温度大幅度上升，表现出常温下的脆化。因此，受压元件冷成形变形率达到规定值后要求进行恢复性能热处理(再结晶退火)。

一般认为合金元素中，碳、氮会增加钢的应变时效敏感性，减少碳、氮的含量，加入铝、钛、钒等元素，使它们与碳、氮形成稳定化合物，可显著减弱钢的应变时效敏感性。

2.2.1.2　热加工的影响

热加工是指金属在完全再结晶条件下进行的塑性加工。首先，热加工可使铸态金属组织中的缩孔、疏松、空隙、气泡等缺陷得到压密和焊合。其次，铸态金属中，柱状晶和粗大的等轴晶粒，经过锻造或轧制等热加工后，由于再结晶的作用，可变成较细小的等轴晶粒。因此，热加工可使晶粒细化和夹杂物破碎。此外，铸态金属在热加工变形中亦可形成纤维组织，但与金属在冷加工变形中由于晶粒被拉长所形成的纤维组织不同。在铸态金属中存在有粗大的一次结晶的晶粒，在其边界上分布有非金属夹杂物的薄层，在变形过程中这些粗大的晶粒和含有非金属夹杂物的晶间薄层均沿金属流动的最大方向上被拉长。由于再结晶结果，被拉长的晶粒可变成许多细小的等轴晶粒，而位于晶界和晶内的非溶物质却不能因再结晶而改变，仍处于拉长的状态，形成纤维状的组织。

热加工时加工硬化和再结晶现象同时出现，但加工硬化很快被再结晶产生的软化所抵消，变形后具有再结晶组织，因而无加工硬化现象。

热加工变形抗力小，但钢材表面易氧化，因此热加工一般用于截面尺寸大、变形量大、在室温下加工困难的工件。冷加工一般用于截面尺寸小、塑性好、尺寸精度及表面光洁度要求高的工件。

2.2.2　温度的影响

金属材料的机械性能受温度的影响非常明显。因此，选择压力容器材料时应尤为关注压力容器所处的环境温度。

(1)低温下材料的机械性能

低温条件下，金属材料的强度提高，而韧性降低。当温度低于某一界限时，钢的冲击吸收功大幅度的下降，从韧性状态变为脆性状态，这一温度通常被称为韧脆性转变温度或无延性转变温度。钢材低温变脆现象是低温下工作的压力容器经常遇到的现象。

然而不是所有的金属都会产生明显的低温变脆现象。一般来说，体心立方晶格的金属，如碳素钢和低合金钢都会产生明显的低温变脆现象；而具有面心立方晶格的金属，如铜、铝和奥氏体不锈钢，冲击吸收功随温度的变化很小，在较低温度下，仍具有较高的韧性。

（2）高温下材料的机械性能

金属材料机械性能随温度升高而发生变化。铜、铝等材料温度升高时，其强度降低而塑性提高。但对于低碳钢，温度升高时材料的强度也升高，当温度超过350℃时，强度下降，塑性提高，温度变化对碳钢机械性能的影响曲线如图2-2所示。

金属材料在高温和应力共同作用下会产生不可恢复的变形，其应变量随时间的延长而增加，这种现象称为材料的蠕变。材料在高温条件下抵抗发生蠕变的能力，用材料的蠕变极限 R_n^t 或持久极限 R_D^t 表示。R_n^t 是材料在恒定高温下经历 10^5 小时发生蠕变率1%时的应力值；R_D^t 是材料在恒定高温下经历 10^5 小时不发生蠕变断裂的最大应力平均值。高温时，R_n^t 或 R_D^t 是确定材料许用应力的依据之一。

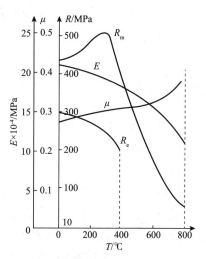

图2-2 温度变化对碳钢
机械性能的影响影响
E—弹性模量；R_e—屈服强度；
R_m—抗拉强度；μ—泊松比

高温下，钢材除了机械性能发生变化外，其他性能也会发生劣化，如珠光体球化、石墨化、回火脆化等。珠光体球化是指碳素钢和低合金钢在温度较高时，片状渗碳体会逐渐聚集成球状，使材料的屈服强度、抗拉强度、冲击韧性、蠕变极限和持久强度下降。石墨化是指钢在长期的高温作用下，珠光体内渗碳体自行分解出石墨的现象，也称析墨现象，石墨化使钢材发生脆化，强度、塑性和冲击韧性降低；回火脆化是指铬－钼钢在脆化温度区持久停留后出现的材料及焊接接头常温冲击功显著下降或韧脆转变温度升高的现象。

2.2.3 介质的影响

金属材料与周围环境介质发生化学或电化学作用，使得材料的性质发生逐渐恶化和变质的现象就是腐蚀。腐蚀是金属材料主要破坏形式之一。

按照腐蚀机理，可以将金属腐蚀分为化学腐蚀和电化学腐蚀两大类。

（1）化学腐蚀

化学腐蚀是指金属与非电解质直接发生化学作用而引起破坏的腐蚀过程，是一种氧化还原的化学反应。即腐蚀介质直接同金属表面的原子相互作用而形成腐蚀产物。反应进行过程中，没有电流产生，其过程符合化学动力学规律。例如铅在四氯化碳、三氯甲烷或乙醇中的腐蚀，镁、钛在甲醇中的腐蚀，以及金属在高温气体中刚刚成膜的阶段都属于化学腐蚀。

(2)电化学腐蚀

电化学腐蚀是金属与电解质溶液发生电化学作用而引起的破坏。反应过程同时有阳极失去电子、阴极获得电子以及电子的流动(电流),其历程服从电化学动力学的基本规律。金属在大气、海水、土壤、各种酸、碱、盐溶液中发生的腐蚀都属于电化学腐蚀。

按照金属破坏的特征,腐蚀可分为全面腐蚀和局部腐蚀两类。

(1)全面腐蚀

全面腐蚀是指腐蚀作用发生在整个金属表面,可能是均匀的,也可能是不均匀的。碳钢在强酸、强碱中的腐蚀属于均匀腐蚀,这种腐蚀是在整个金属表面,以同一腐蚀速率向金属内部蔓延。因为事先可以预测,相对来说危险较小,设计时可以根据机器、设备要求的使用寿命估算腐蚀裕度。

(2)局部腐蚀

局部腐蚀是指腐蚀集中在金属的局部区域,而其他部分几乎没有腐蚀或腐蚀轻微。局部腐蚀的类型很多,主要有以下几种。

①应力腐蚀。材料或零件在拉应力和腐蚀环境的共同作用下引起的破坏,称为应力腐蚀。应力腐蚀产生的三个基本条件:敏感材料、特定环境和拉应力,三者缺一不可。第一,材料本身对应力腐蚀存在敏感性,一般情况合金产生应力腐蚀概率较大,纯金属则极少发生;第二,只有特定的合金成分与特定的介质的组合才会造成应力腐蚀破坏,典型的有黄铜—氨溶液、碳钢—OH^-溶液等;第三,造成应力腐蚀破坏的应力必须是拉应力,可以是外加应力,也可以是焊接、冷加工或热处理产生的残留应力。应力腐蚀断裂速度约为0.01~3mm/h,远大于无应力时的局部腐蚀速度,远小于单纯的力学断裂速度。

②腐蚀疲劳。金属材料在腐蚀介质与交变应力共同作用下,经过一定周期所发生的断裂,称为腐蚀疲劳。纯力学性质的疲劳,应力值低于屈服点,经过许多周期后才发生破坏。如果工作应力不超过临界循环应力值(疲劳极限)就不会发生疲劳破坏。而腐蚀疲劳并不存在疲劳极限,往往在很低的应力条件下,也会发生断裂。

应力腐蚀和腐蚀疲劳都是应力与介质共同作用的结果,但有一定区别。首先,应力腐蚀和腐蚀疲劳裂缝的形态有所不同。应力腐蚀的裂缝较少,通常只有一条主裂纹,但有若干分支。裂纹可以是沿晶界扩展的晶间型,也可以是穿过晶粒内部扩展的穿晶型,甚至是兼有这两种类型的混合型。而腐蚀疲劳则可以有多条裂纹,但没有分支。裂纹通常起源于一个深蚀孔。裂纹扩展一般为穿晶型,裂纹边缘呈锯齿形。其次,腐蚀疲劳产生的条件与应力腐蚀相比,无特定的腐蚀介质的限定,也就是在任何腐蚀环境中都能发生。

③氢脆。氢脆就是氢和金属材料由于物理作用引起的腐蚀,对材料的韧性和塑性影响很大。氢脆敏感性与氢含量、温度、缺口、应变速率有关,其敏感性随氢含量的增大而增加;氢脆多发生在温度为 -100~100℃范围内,在温度为 -30~30℃的敏感性最高;在相同外加应力情况下氢脆敏感性随缺口曲率半径的减小而增大;通常应变速率低于一定值时氢脆才容易发生,且敏感性随应变速率的降低而增大。

④小孔腐蚀。又称孔蚀。腐蚀破坏主要集中在某些活性点上,蚀孔的直径等于或小于蚀孔的深度,严重时可导致设备穿孔。一旦形成小孔腐蚀,如果存在力学因素的作用,就

会诱发应力腐蚀或疲劳腐蚀裂纹。孔蚀发生时,虽然金属失重不大,但由于腐蚀集中在某些点、坑上,阳极面积很小,因而有很高的腐蚀速率,加之多数蚀孔很小,通常又被腐蚀产物所覆盖,检查较为困难,甚至可能直至设备腐蚀穿孔后才被发现,因此孔蚀是隐患性很大的腐蚀形式之一。

⑤晶间腐蚀。晶间腐蚀是一种微电池作用而引起的局部破坏现象,是金属材料在特定的腐蚀介质中,沿着材料晶间产生的腐蚀。其腐蚀特征是:在表面还看不出时,晶粒间几乎完全丧失了结合强度,并失去了金属声音,严重时只要轻轻敲打即破碎,甚至形成粉末。特别是不锈钢材料,有时即使晶间腐蚀已发展到相当严重的程度,其表观仍保持着光亮无异的原态。因此这是一种危害性很大的局部腐蚀。

⑥缝隙腐蚀。当金属与金属或金属与非金属之间存在很小缝隙,一般为 0.025 ~ 0.1mm,缝内介质不易流动而形成滞流状态,促使缝隙内的金属加速腐蚀,这种腐蚀为缝隙腐蚀。缝隙腐蚀通常发生在铆接、螺纹连接、焊接接头、密封垫片等缝隙处。

⑦电偶腐蚀。在电解质溶液中,异种金属接触或通过其他导体连通时,会造成接触部位的局部腐蚀,电位较正的金属溶解速度减小,而电位较负的金属溶解加速,这种腐蚀称为电偶腐蚀。

⑧磨损腐蚀。金属在高速流动或含固体颗粒的腐蚀介质中,以及摩擦副在腐蚀性介质中发生的腐蚀破坏。

2.2.4　焊接过程的影响

压力容器大多是由成型的钢板或型钢组成后通过焊接而制成的,是典型的重要焊接结构,焊接接头是压力容器整体结构中最重要的连接部位。焊接接头的性能将直接影响压力容器的使用寿命和能否安全可靠生产。

2.2.4.1　焊接接头性能

焊接热源的高温作用,不仅使被焊金属融化,而且使与之相邻的母材也受到热作用影响,这种受焊接热作用影响的母材部分称为热影响区。焊接接头是焊缝熔合区和热影响区的总称,如图 2 - 3 所示。

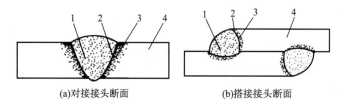

(a)对接接头断面　　　　　(b)搭接接头断面

图 2 - 3　熔化焊焊接接头的组成
1—焊接金属;2—熔合线;3—热影响区;4—母材

焊接热源沿焊件移动时,焊件上某点温度由低变高,达到最大值后,又由高变低,焊接时这种温度随时间变化的关系称为焊接热循环。热循环描述了焊接过程中热源对焊件不

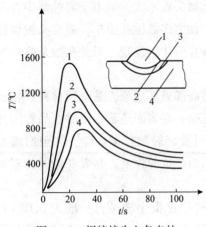

图 2-4 焊接接头上各点的
热循环曲线图
1—焊接金属；2—熔合线；
3—热影响区；4—基材

同部位的热作用。由于各部位离焊缝中心距离不同，其最高温度也不同，各部位的热循环曲线如图 2-4 所示。离焊缝越近的部位，其加热速度越大，峰值温度越高，同时冷却速度也越大，但加热速度远大于冷却速度。所采用的焊接方法不同，热循环曲线的也有较大的变化。焊接是一个不均匀加热和冷却的过程，也是一个特殊的热处理，这一过程必然会造成组织和性能的不均匀，同时也将产生复杂的应力与应变。

焊缝金属在焊接过程中相当于经历了一次特殊的冶炼、铸造过程，热影响区相当于经历了一次特殊的热处理过程，其特点是温度高、温差大、偏析严重、组织差别大。焊接接头区域产生各种缺陷是不可避免的，但通常可采用合理的焊接工艺，选择合理的焊接材料，焊前预热和焊后热处理等方法，将缺陷控制到较低限度。

2.2.4.2 常见的焊接缺陷

焊接时，由于焊接条件不当，可能产生各种缺陷，而这些缺陷对焊接接头质量会带来较大影响，甚至危及压力容器的使用安全。常见的缺陷类型如图 2-5 所示。

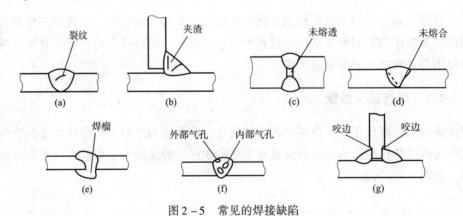

图 2-5 常见的焊接缺陷

①裂纹[图 2-5(a)]。在焊接应力及其他致脆因素共同作用下，焊接接头中局部区域的金属原子结合力遭到破坏而形成的缝隙。裂纹多数发生在焊缝中，有的也产生在焊缝热影响区。裂纹的存在降低了接头处的抗拉强度，是焊接接头中最危险的缺陷，会直接影响设备的安全运行。压力容器的破坏事故多数是由裂纹引起的。

②夹渣[图 2-5(b)]。在焊接过程中，若金属冷却过快，熔渣浮起过慢，就会使熔渣夹入焊缝金属内而造成夹渣。熔渣密度过大或太稠、焊缝金属脱氧不足、电弧过长等也能造成夹渣。焊缝夹渣易造成应力集中，它往往是裂纹的起源；夹渣的存在也减少了焊缝的有效承载面积，使材料的强度、冲击韧性及冷弯性能下降。

③未熔透[图2-5(c)]。未熔透是指焊接接头的局部未被焊缝金属完全充填的现象，多见于焊缝根部和X形坡口中心部位。未熔透减少了焊缝的有效承载面积，在根部处产生应力集中，容易引起裂纹，导致结构破坏。

④未熔合[图2-5(d)]。未熔合是指焊条金属和母材金属未完全融合成整体。焊道与母材之间或焊道与焊道之间易产生此种缺陷。未熔合间隙小，类似于裂纹，易产生应力集中，危害性较大。

⑤焊瘤[图2-5(e)]。焊接时熔化金属流溢到加热不足的母材上，而未能和母材熔合在一起的堆积金属称为焊瘤。焊瘤不仅影响外型美观，而且易造成应力集中，通常焊瘤下常有未焊透等缺陷。

⑥气孔[图2-5(f)]。气孔是焊接过程中，熔池金属中的气体在金属凝固时未来得及逸出，而残留在焊缝金属中所形成的孔穴。焊接气孔存在于焊缝表面或内部，最常见的形状是圆形或椭圆形，边缘光滑。气孔不仅使焊缝有效截面积减小，降低了强度和致密性，还会使焊缝塑性、冲击韧性降低。

⑦咬边[图2-5(g)]。焊接后，母材与焊缝边缘交界处的凹下沟槽称为咬边。咬边不但减小了被焊金属的工作截面，降低了承载能力，还会产生应力集中等缺陷。因此，对于重要结构不允许存在咬边。

2.2.4.3　焊接应力

焊接应力是焊接过程中焊件被加热或冷却时体积变化受阻而产生的。在焊接过程中，引起体积变化主要是由于温度降低使体积收缩和低温时组织转变而引起的体积变化。

①热收缩对焊接应力的影响。已凝固的焊缝金属，在冷却过程中，由于垂直焊缝方向上各处温度差别较大，高温区金属的收缩会受到低温区金属的限制，使这两部分金属产生内应力。一般情况下，高温金属内部存在压应力，低温区金属内部存在拉应力，这种由于收缩受阻而产生的焊接应力称为热应力。热应力是焊接应力中最主要的形式。

②组织转变对焊接应力的影响。焊缝金属和热影响区金属在加热和冷却过程中，将产生组织转变。由于各种组织的密度不同，在组织转变过程中，焊缝区金属因体积膨胀或收缩而产生的焊接应力称组织应力。

(1)焊接应力的危害主要表现

①降低焊接区金属的塑性和抗疲劳强度。焊接区的应力状态复杂，且有时数值较高。高应力区常发生过塑性拉伸，降低材料的塑性及工件的抗疲劳强度，这对承受动载荷的结构危害极大。

②促成焊接裂纹。焊接区收缩因受阻而发生拉应变，当超过该材料的最大拉应变时，则会在焊接区造成裂纹。

③加快应力腐蚀速度。在拉应力作用下，会加快应力腐蚀速度。

④降低焊件精度。焊接应力会在温度、时间等的作用下逐渐降低，这种降低会使焊接件的整体形状、尺寸发生变化。

（2）减小和消除焊接应力的措施

减少和消除焊接应力的措施，包括设计、工艺及焊后处理三个方面。

①设计方面。关键是正确布置焊缝，避免应力叠加，降低应力峰值。

ⅰ．焊缝布置应尽量分散并避免交叉。

ⅱ．避免在断面剧烈过渡区设置焊缝。

ⅲ．改进结构设计，降低焊件局部刚性，减少焊接应力。厚度大的工件刚性大，为防裂可开圆槽。

②工艺方面。

ⅰ．采用合理的焊接顺序，让大多数焊缝在刚性较小的情况下施焊，以便能自由收缩而降低焊接应力，收缩量大的焊缝先焊。

ⅱ．采用合理的施焊方法。

ⅲ．采用焊前预热可减少焊接时温差，降低冷却速度，从而减少热应力。

ⅳ．锤击焊缝。当焊缝金属冷却时，用圆头小锤轻敲焊缝，使焊缝扩展可减少焊接应力。

③焊后处理。

ⅰ．焊后热处理。这是消除焊接应力最常用的方法。利用材料高温下屈服强度的降低使应力高的地方产生塑性流动，从而达到消除焊接应力的目的。

ⅱ．机械拉伸法。把已焊好的结构进行加载，使结构内部应力接近屈服强度，然后卸载，以达到部分消除焊接应力的目的。如容器制造中的水压试验。

2.3 压力容器用钢的基本要求

压力容器作为一种焊接结构，运行条件苛刻，制造工艺复杂，因此必须保证其运行的安全可靠性。要确保压力容器的安全可靠运行就必须对所选用的钢材有较为全面、综合的认识。根据压力容器的工作环境和操作条件，钢材的选用应考虑其良好的塑性、韧性、制造性和与介质的相容性。

2.3.1 力学性能要求

①在役压力容器需要承受压力或其他载荷，因此要求钢材应具有足够的强度。材料的强度是确定压力容器壁厚的依据。材料强度过低，势必使容器过厚而显得笨重，提高金属消耗量和制造、安装的难度；若材料强度过高，在增加材料及其制造成本的同时材料的抗脆断能力也随之降低。

②制造压力容器所使用的钢材除了要满足强度要求外，也应具有良好的韧性。压力容器结构的复杂性及制造过程中可能存在的制造缺陷，使压力容器承载的过程中局部位置形成应力集中，这就要求材料应具有良好的韧性，防止因载荷的波动、冲击、过载或低温造

成压力容器的裂纹。此外，足够的韧性，还可以降低缺口敏感性，防止脆性断裂的发生。

　　钢材强度高对减小壁厚、节省材料有利，但随着强度的升高，钢的韧性会降低。故压力容器用钢在满足韧性要求前提下需提高强度。我国规定，在试验温度下，压力容器用钢的冲击功 KV_2 不低于 20J，碳素钢和低合金钢冲击功最低值如表 2-1 所示。

表 2-1　碳素钢和低合金钢冲击功最低值(摘自 GB/T 150.2—2011)

钢材标准抗拉强度下限值 R_m/MPa	3 个标准试样冲击功平均值 KV_2/J
≤450	≥20
>450 ~510	≥24
>510 ~570	≥31
>570 ~630	≥34
>630 ~690	≥38

　　注：①夏比 V 形缺口冲击试样的取样部位和试样方向应符合相应钢材标准的规定。

　　②冲击试验每组取 3 个标准试样(宽度为 10mm)，允许 1 个试样的冲击功数值低于表中的规定值，但不得低于表中规定值的 70%。

　　③当钢材尺寸无法制备标准试样时，则应依次制备宽度为 7.5mm 或 5mm 的小尺寸冲击试样，其冲击功指标分别为标准试样冲击功指标的 75% 或 50%。

　　④钢材标准中冲击功指标高于表中规定的钢材，还需要符合相应钢材标准的规定。

　　制造压力容器的材料必须具有良好的塑性，以防止压力容器在使用过程中因意外超载而导致破坏。TSG 21—2016《固定式压力容器安全技术监察规程》中规定：压力容器受压元件用钢板、钢管和钢锻件的断后伸长率应当符合相应钢材标准的规定；焊接结构用碳素钢、低合金高强度钢和低合金低温钢钢板，其断后伸长率(A)指标应当符合表 2-2 的规定。

表 2-2　容器钢板断后伸长率(A)指标(摘自 TSG 21—2016)

钢材标准抗拉强度下限值 R_m/MPa	断后伸长率 A/%
≤420	≥23
>420 ~550	≥20
>550 ~680	≥17

　　注：钢材标准中的断后伸长率指标高于本表规定，还应当符合相应标准的规定。

2.3.2　化学成分要求

　　钢材的性能主要取决于其化学成分，热处理也对其性能有较大影响，而化学成分对热处理也有着决定性影响。因此，严格控制化学成分是保证钢材性能的关键。

　　碳含量增加会提高钢的强度，但同时钢的焊接性能会变差，焊接时易在热影响区出现裂纹。目前我国用于焊接的承压设备用碳素钢和低合金钢中所有牌号的含碳量均不大于0.25%。在钢中加入钒、钛、铌等元素，可提高钢的强度和韧性。

　　硫、磷是钢中最主要的有害元素。硫易使钢材造成热脆，磷易使钢材造成冷脆，故将硫和磷含量控制在较低水平，可大大提高钢材的韧性、抗中子辐照脆化能力及改善抗应变时效能力、抗回火脆化性能和耐腐蚀性能。

TSG 21—2016《固定式压力容器安全技术监察规程》对化学成分（熔炼分析）有如下要求。压力容器专用钢中的碳素钢和低合金钢钢材（钢板、钢管和钢锻件）磷、硫含量应符合表2-3要求。

表2-3 磷、硫含量在压力容器专用钢（板、管、锻件）中的限制

碳素钢和低合金钢	基本要求	$P\leqslant 0.030\%$、$S\leqslant 0.020\%$
	$R_m\geqslant 540MPa$	$P\leqslant 0.030\%$、$S\leqslant 0.020\%$
	设计温度低于 $-20℃$ 且 $R_m<540MPa$	$P\leqslant 0.030\%$、$S\leqslant 0.020\%$
	设计温度低于 $-20℃$ 且 $R_m\geqslant 540MPa$	$P\leqslant 0.030\%$、$S\leqslant 0.020\%$

GB 713—2014《锅炉和压力容器用钢板》规定 Q245、Q345、Q370 三种钢板硫含量限制由 $\leqslant 0.015\%$ 降为 $\leqslant 0.010\%$，18MnMoNbR、13MnNiMoR、15CrMoR、14Cr1MoR、12Cr2Mo1R、12Cr1MoVR 钢板硫含量的限制为 $\leqslant 0.010\%$，而 12Cr2Mo1VR 钢板硫含量的限制为 $\leqslant 0.005\%$。

GB 3531—2014《低温压力容器用低合金钢钢板》规定，16MnDR、15MnNiDR、09MnNiDR 三种钢板硫含量的限制为 $\leqslant 0.012\%$。

GB 713—2014《锅炉和压力容器用钢板》规定 Q245R、Q345R、15CrMoR、12Cr1MoVR 四种钢板磷含量的限制为 $\leqslant 0.025\%$，18MnMoNbR、13MnNiMoR、14Cr1MoR、12Cr2Mo1R 钢板磷含量的限制为 $\leqslant 0.020\%$，Q370R 钢板磷含量的限制由 $\leqslant 0.025\%$ 降至 $\leqslant 0.020\%$。

GB 3531—2014《低温压力容器用低合金钢钢板》规定，16MnDR、15MnNiDR、09MnNiDR 三种钢磷含量的限制分别为：$\leqslant 0.025\%$、$\leqslant 0.025\%$、$\leqslant 0.020\%$。

2.3.3 制造工艺性能要求

从压力容器的制造方面看，大多数压力容器是通过锻造、热冲压、冷卷和焊接成为成品的。金属材料的制造工艺性能就是指对不同加工方法的适应能力。包括锻造性能、冲压性能、冷弯性能、切削加工性能、焊接性能和热处理性能等。

①冲压性能：是指金属经过冲压或滚卷变形而不破裂的能力。压力容器中的许多零部件是经过冲压或滚卷制造的，如各类封头、拱盖、膨胀节、弯头等。这就要求压力容器用材也应具有良好的冲压性能。冲压性能与材料的机械性能（强度、刚度、塑性、各向异性等）密切相关。

②冷弯性能：是指金属材料在常温下能承受弯曲而不破裂的性能。出现裂纹前能承受的弯曲程度越大，则材料的冷弯性能越好。弯曲程度一般用弯曲角度 α（外角）或弯心直径 d 对材料厚度 a 的比值表示，a 越大或 d/a 越小，则材料的冷弯性越好。影响冷弯性能的因素主要是化学成分。冷弯性能可衡量钢材在常温下冷加工弯曲时产生塑性变形的能力。

③切削加工性能：是指金属经过切削加工而成为合乎要求的工件的难易程度。通常可

以用切削后工作表面的粗糙程度、切削速度和刀具磨损程度来评价金属的切削加工性。

④焊接性能：是指金属在特定结构和工艺条件下通过常用焊接方法获得预期质量要求的焊接接头的性能。焊接性能一般根据焊接时产生的裂纹敏感性和焊缝区力学性能的变化来判断。钢材的焊接性能说明该钢材对焊接加工的适应性，反映了该钢种在一定的焊接工艺条件下（包括焊接方法、焊接材料、焊接工艺参数和结构形式等），获得优质焊接接头的难易程度和该焊接接头能否在使用条件下可靠运行。

压力容器各零件间主要采用焊接连接，良好的可焊性是压力容器用钢一项极其重要的指标。钢材的可焊性主要取决于它的化学成分，其中影响最大的是含碳量。含碳量越低，越不易产生裂纹，可焊性越好。为了便于分析和研究钢焊接性，把包括碳在内的元素和其他合金元素对硬化（脆化和冷裂等）的影响折合成碳的影响，建立了"碳当量"的概念。由碳当量推测焊接性的方法属工艺焊接性间接法，该方法是通过钢中碳及其他合金元素对淬硬、冷裂及脆化等影响来间接评价低合金钢焊接接头热影响区的冷裂敏感性。

通常碳当量用 C_{eq} 表示，国际焊接学会推荐的估算公式为：

$$C_{eq} = C + \frac{Mn}{6} + \frac{Ni + Cu}{15} + \frac{Cr + Mo + V}{5}(\%)$$

式中的元素符号表示元素在钢中的百分含量，均取上限。C_{eq} 值越大，被焊接材料淬硬倾向越大，热影响区越容易产生裂纹，工艺焊接性越差。一般认为，$C_{eq} < 0.4\%$ 时，可焊性优良；$C_{eq} > 0.6\%$ 时，可焊性差。我国《锅炉压力容器制造许可推荐》中也规定了碳当量的计算公式

$$C_{eq} = C + \frac{Mn}{6} + \frac{Si}{24} + \frac{Ni}{40} + \frac{Cr}{5} + \frac{Mo}{4} + \frac{V}{14}(\%)$$

按上式计算碳当量不得大于 0.45%。

2.3.4　耐腐蚀性能要求

腐蚀是由于材料表面与周围环境介质发生作用而产生的。因此，合理地选用耐蚀材料是减少腐蚀的最有效措施。合理地选用耐蚀材料，就是要根据周围环境和工作介质条件来选择。因为任何一种金属材料，只是在某种特定的介质和工作条件下才具有较高的耐蚀性，至今尚未发现哪种金属材料在所有介质中和在所有工作条件下都具有较高的耐蚀性。对于金属材料来说，热处理状态对耐蚀性也有较大的影响。

2.3.5　表面质量要求

钢材表面不允许存在裂纹、气泡、结疤、折叠和夹杂对使用有害的缺陷，钢板侧面不得有分层。如有上述表面缺陷，允许清理，清理深度从钢板实际尺寸算起，不得超过厚度公差之半，钢管不应超过壁厚的10%，并应保证钢板或钢管的最小厚度或壁厚，缺陷清理处应平滑无棱角。对于钢板允许存在的其他缺陷，深度从钢板实际尺寸算起，不得超过厚度允许公差之半，并应保证缺陷处钢板厚度不小于钢板允许最小厚度。

钢材的性能是通过控制钢中的化学成分及实施不同的热处理方法获得的，通过钢材的

力学性能来体现，所以对压力容器用钢的出厂、交接货都有非常严格的要求。钢厂出厂钢材时必须检验材料的化学成分和各项机械性能指标。压力容器制造方在接受钢材时必须检查钢厂的质量保证书，并对钢材进行复检。

2.4 压力容器的常用材料

过程工业中工艺过程的复杂性和多样性决定了压力容器用材的广泛性。但在实际生产中使用最广的还是钢材。选择压力容器受压元件用钢时，应考虑容器的使用条件(如设计温度、设计压力、介质特性和操作特点等)、材料的性能(力学性能、工艺性能、化学性能和物理性能)、容器制造工艺以及经济合理性。

按照用途和形态，压力容器受压元件用钢有钢板、钢管、钢棒和锻件四大类。其中钢板主要作承压壳体；钢管主要用于换热管及承压接管；钢棒主要用于承压紧固件螺栓、螺母；锻件用于法兰、管板和锻制容器壳体等。按照化学成分和使用特性，压力容器用钢分为碳素钢、低合金高强度钢、中温抗氢钢、低温用钢及高合金不锈钢等。

2.4.1 压力容器用钢板

钢板是压力容器最常用的材料，如圆筒一般是由钢板卷焊而成，封头一般由钢板通过冲压或旋压制成。在制造过程中，钢板要经过各种冷热加工过程，因此，钢板应具有良好的加工工艺性能。

(1)碳素钢板和低合金结构钢板

碳素钢和低合金高强度钢的牌号用屈服强度值和"屈"字、压力容器"容"字的汉语拼音首位字母表示。例如：Q345R。钼钢和铬－钼钢的牌号，用平均含碳量和合金元素字母，压力容器"容"字的汉语拼音首位字母表示。例如15CrMoR。

压力容器专用钢在硫、磷杂质含量、力学性能、内部及表面质量、检验验收指标和冶炼等方面均有严格要求。

①压力容器用碳素结构钢。碳素钢是含碳量为0.02%~2.11%(一般低于1.35%)的铁碳合金，钢中不特意添加其他合金元素，除铁和碳以外，只含有少量的硅、锰、硫、磷等杂质元素。碳素钢包括普通碳素钢、优质碳素钢、压力容器用碳素钢和锅炉用碳素钢等多种类型。一般要求使用杂质少，塑性及韧性好，抗冷脆性能好和时效倾向小的镇静钢。

压力容器专用钢板是按照GB 713—2014《锅炉和压力容器用钢板》生产的。对锅炉与压力容器用钢的化学成分有严格的控制，力学性能也必须有保证。特别是对冲击韧性有较严格的要求，并要求其时效敏感性小。

②低合金高强度结构钢。低合金高强度钢又称作低合金结构钢。含碳量较低，一般碳含量≤0.2%，通常加入各种合金元素，但合金元素总量较少(一般不超过3%)，其中常用的合金元素有Mn、Ti、V、Nb、Cu、P、Re等。低合金结构钢的强度、硬度明显高于具

有相同碳量的普通低碳钢，并且具有良好的塑性和韧性以及焊接性能、耐大气腐蚀性能。用低合金钢代替碳素钢制造压力容器、锅炉及其零部件，可以减轻质量、节省材料，提高安全可靠性，并能延长使用寿命。压力容器用钢板的力学性能和工艺性能如表2-4所示。

表2-4 压力容器用钢板的力学性能和工艺性能(摘自 GB/T 713—2014)

牌号	交货状态	钢板厚度/mm	拉伸试验			冲击试验		弯曲试验[②]
			抗拉强度 R_m/MPa	屈服强度 R_{eL}[①]/MPa	断后伸长率 A/%	温度 T/℃	冲击吸收能量 KV_2/J	180° b=2a
				不小于			不小于	
Q245R	热轧控轧或正火	3~16	400~500	245	25	0	34	D=1.5a
		>16~36		235				
		>36~60		225				
		>60~100	390~510	205	24			D=2a
		>100~150	380~500	185				
Q345R		3~16	510~640	345	21	0	41	D=2a
		>16~36	500~630	325				
		>36~60	490~620	315	20			D=3a
		>60~100		305				
		>100~150	480~610	285				
		>150~200	470~600	265				
Q370	正火	3~16	530~630	370	20	-20	47	D=2a
		>16~36		360				
		>36~60	520~620	340				D=3a
		>60~100	510~610	330				
Q420		10~20	590~720	420	18	-20	60	D=3a
		>20~30	570~700	400				
18MnMoNbR		30~60	570~720	400	18	0	47	D=3a
		>60~100		390				
13MnNiMoR		30~100	570~720	390	18	0	47	D=3a
		>100~150		380				
15CrMoR	正火+回火	6~60	450~590	295	19	20	31	D=3a
		>60~100		275				
		>60~100	440~580	255				
14Cr1MoR		6~100	520~680	310	19	20	34	D=3a
		>100~150	510~670	300				
12Cr2Mo1R		6~200	520~680	310	19	20	47	D=3a

续表

牌号	交货状态	钢板厚度/mm	拉伸试验			冲击试验		弯曲试验[2]
			抗拉强度 R_m/MPa	屈服强度 R_{eL}[1]/MPa	断后伸长率 A/%	温度 T/℃	冲击吸收能量 KV_2/J	180° $b=2a$
				不小于			不小于	
12Cr1MoVR	正火+回火	6~60	440~590	245	19	20	47	$D=3a$
		>60~100	430~580	235				
12Cr2Mo1VR		6~200	590~760	415	17	−20	60	$D=3a$
07Cr2AlMoR	正火+回火	6~36	420~580	260	21	20	47	$D=3a$
		>36~60	410~560	250				

注：①如屈服现象不明显，可测量 $R_{p0.2}$ 代替 R_{eL}；
②a 为试样厚度；D 为弯曲压头直径。

（2）低温压力容器用低合金钢钢板

按我国压力容器标准规定，设计温度 ≤ −20℃的压力容器为低温压力容器，其壳体应选用耐低温的钢板。

随着工业技术的发展，各种液化石油气、液氨、液氧、液氢、液氮等的生产、储存、输送及海洋工程、寒冷地区的开发，都对低温用钢提出了越来越高的要求。低温钢性能的主要指标是低温韧性，包括低温冲击韧性和韧脆转变温度。材料的低温冲击韧性越高，韧脆转变温度越低，其低温韧性越好。

低温压力容器专用钢板按 GB 3531—2014《低温压力容器用钢板》生产，适用于温度为 −196 ~ −20℃ 低温压力容器，用钢板厚度为 5 ~ 120mm。例如 16MnDR、15MnNiDR、15MnNiNbDR、09MnNiDR、08Ni3DR、06Ni9DR。具体条件见表 2 −5。

表 2 −5　低温压力容器用低合金钢钢板力学性能和工艺性能（摘自 GB/T 3531—2014）

牌号	交货状态	钢板厚度/mm	拉伸试验			冲击试验		弯曲试验[2]
			抗拉强度 R_m/MPa	屈服强度 R_{eL}[1]/MPa	断后伸长率 A/%	温度 T/℃	冲击吸收能量 KV_2/J	180° $b=2a$
				不小于			不小于	
16MnDR	正火或正火+回火	6~16	490~620	315	21	−40	47	$D=2a$
		>16~36	470~600	295				
		>36~60	460~590	285				$D=3a$
		>60~100	450~580	275		−30	47	
		>100~120	440~570	265				
15MnNiDR		6~16	490~620	325	20	−45	60	$D=3a$
		>16~36	480~610	315				
		>36~60	470~600	305				

续表

牌号	交货状态	钢板厚度/mm	拉伸试验			冲击试验		弯曲试验[2]
			抗拉强度 R_m/MPa	屈服强度 R_{eL}[1]/MPa	断后伸长率 A/%	温度 T/℃	冲击吸收能量 KV_2/J	180° $b=2a$
			不小于				不小于	
15MnNiNbDR	正火或正火+回火	10~16	490~620	370	20	−50	60	$D=2a$
		>16~36	480~610	360				$D=3a$
		>36~60	470~600	350				
09MnNiDR		6~16	440~570	300	23	−70	60	$D=2a$
		>16~36	430~560	280				
		>36~60	430~560	270				
		>60~100	420~550	260				
08Ni3DR	正火或正火+回火或淬火+回火	6~60	490~620	320	21	−100	60	$D=3a$
		>60~100	480~610	300				
06Ni9DR	淬火+回火[2]	5~30	680~820	560	18	−196	100	$D=3a$
		>30~50		500				

注：①如屈服现象不明显，可测量 $R_{p0.2}$ 代替 R_{eL}；

②对于厚度不大于 12mm 的钢板可两次正火加回火状态交货；

③a 为试样厚度；D 为弯曲压头直径。

(3)压力容器用调质高强度钢板

由于工作压力不断增加，客观上要求采用高强钢来制造压力容器壳体。正火钢是靠正火时钒、铌等析出细小碳化物来提高强度并保证足够韧性，强度越高，需加入的合金元素越多。当合金元素多到一定程度时，钢的韧性会显不足，且焊接性能恶化，故正火钢的最高屈服极限在 400MPa 左右。为此发展了低碳调质钢，靠调质热处理的强化作用，使钢的强度有效提高，并兼备足够的韧性。

低碳调质钢的合金元素高于正火钢，但含碳量仅为后者的一半左右，可保证在淬火后获得低碳马氏体。低碳马氏体中碳的过饱和度不及高碳马氏体，硬脆程度较小，从而使低碳调质钢的淬硬倾向比正火钢小，对防止焊接冷裂纹与简化焊接工艺十分有利。因此，低碳调质钢是一种低焊接裂纹敏感性钢，焊接时不预热或稍加预热便不致产生裂纹。

压力容器用调质高强度钢板的生产执行《压力容器用调质高强度钢板》(GB 19189—2011)，标准中有四个钢号，07MnMoVR、07MnNiDR、07MnNiMoDR 和 12MnNiVR，它们的屈服强度均大于 490MPa。该类钢在调质供货态直接使用，具有良好的焊接性能，焊后不必再经调质处理。适用于中、高压或需尽量减小壁厚的容器。

(4)不锈钢钢板

在大气和弱腐蚀介质中具有抗腐蚀能力的钢，称为不锈钢；在强腐蚀介质(酸、碱等)

中具有抗腐蚀能力的钢，称为耐酸钢。习惯上将它们统称为不锈钢。不锈钢的耐蚀性能与钢中铬的含量有直接关系，随着铬含量的提高，耐蚀性增强。当铬的含量达到12.5%时，其耐蚀性会发生从不耐蚀到耐蚀的突变，而且随着铬含量的提高，其耐蚀性也不断改善。但铬含量 > 30%时，钢的韧性将会降低。由于不锈钢优越的耐蚀性能，其在制造压力容器时有着较广泛的应用。常用的不锈钢主要有奥氏体不锈钢、铁素体不锈钢和奥氏体—铁素体双相不锈钢三大类。

GB 24511—2017《承压设备用不锈钢和耐热钢板和钢带》中有22种奥氏体型钢，3种铁素体型钢及8种奥氏体－铁素体型钢，每种钢牌号都有一个相应的数字代号。如S30408代表牌号06Cr19Ni10。

奥氏体不锈钢中主要的合金元素是铬和镍，还有少量钼、钛、氮等元素。其中，铬含量为16%～26%，镍含量为7.5%～26%。镍是奥氏体形成元素，铬、镍两种元素适当配比可获得性能优越的铬镍奥氏体不锈钢。这类钢由于镍的加入形成单一的奥氏体组织，具有良好的塑性、韧性、焊接性、耐蚀性能和无磁或弱磁性，在硝酸、醋酸、冷磷酸、碱溶液等氧化性介质中均有良好的耐蚀性能，但不耐盐酸等还原性介质腐蚀。

奥氏体不锈钢不但有良好的高温性能，而且无低温脆性，是优良的低温用钢。缺点是导热系数较碳钢低，线胀系数大；在450～850℃温度下被长时间加热后会产生 $Cr_{23}C_6$，从而导致产生晶间腐蚀倾向；在氯化物环境中具有应力腐蚀倾向。为降低奥氏体不锈钢晶间腐蚀的敏感性，通常采取降低含碳量、加入某些合金元素(如钛、铌)的方法，抑制 $Cr_{23}C_6$ 形成。

铁素体铬不锈钢的主要合金元素是铬，其中，铬含量≥13%。铬是铁素体形成元素，当含碳低和铬含量高时，可使钢具有单一的铁素体组织，有效地提高电极电位，并能在钢表面生成致密的 Cr_2O_3 保护膜，从而使耐蚀性大大提高。

单相奥氏体钢在氯化物介质中易产生应力腐蚀破裂。若在奥氏体不锈钢中有50%左右的铁素体，可大大提高耐应力腐蚀和孔蚀的能力，这便是奥氏体-铁素体型不锈钢。提高铬含量或加入硅、钼铁素体形成元素，均可增加钢中铁素体的比例。这类钢兼有奥氏体和铁素体不锈钢的特点，与铁素体相比，塑性、韧性更高，无室温脆性，耐晶间腐蚀性能和焊接性能均显著提高，同时还保持铁素体不锈钢导热系数高，具有超塑性等特点。与奥氏体不锈钢相比，强度高且耐晶间腐蚀和耐氯化物应力腐蚀有明显提高。双相不锈钢具有优良的耐孔蚀性能，也是一种节镍不锈钢。

(5)复合钢板

在腐蚀环境中的压力容器，必要时应采用复合钢板。复合钢板由复层和基层两种材料组成。复层为不锈钢或钛等耐腐蚀材料，如06Cr13、06Cr19Ni10等。复层与介质接触，起防腐作用，其厚一般为3～6mm。基层主要起承载作用，通常为碳钢或低合金钢，如Q245R、15CrMoR等。采用复合钢板，可大大节省贵重耐腐蚀金属用量，降低设备造价。

2.4.2　压力容器用钢管

钢管在化工设备中有很多应用，如容器壳体上各种工艺接管，管壳式换热器上的换热管、加热炉的炉管等。这些都要求使用无缝钢管，属于受压部件。另外大直径的无缝钢管还可直接用作容器的壳体。常用的无缝钢管材料一般分为四类：碳素钢、低合金钢、低合金耐热钢和高合金钢。常用钢管使用情况见表2-6。

表2-6 常用钢管使用情况

钢管材质	执行标准	钢号	使用说明
碳素钢和低合金钢	GB 8163	10、20	适用于流体输送，可以壳体为Q235、Q245、Q345等材料配合使用，是压力容器中使用最广泛的一类无缝管
	GB 9948	10、20	主要用于石油加工中管式加热炉辐射室炉管以及高温条件下换热管和热油管等
	GB 6479	10、20、Q345B、Q345C	化肥设备用高压无缝管。适用温度-40～400℃，适用压力10～32MPa，可以与多种压力容器壳体材料配合使用，还可以作低温用钢管
中温抗氧化钢	GB 9948	12CrMo、15CrMo	用于石油加工中管式加热炉辐射室炉管以及高温条件下换热管和热油管等
	GB 6479	12CrMo、15CrMo、10MoWVNb、12Cr2Mo、12Cr5Mo	化肥设备用高压无缝管
高合金钢	GB/T 14976	0Cr13、0Cr18Ni9、0Cr18Ni10Ti、0Cr17Ni12Mo2、0Cr18Ni12Mo2Ti、0Cr19Ni13Mo3、00Cr19Ni10、00Cr17Ni14Mo2	热轧和冷拔无缝管，适用于腐蚀介质、高温或低温设备
	GB 13296	0Cr18Ni9、1Cr18Ni9Ti、0Cr18Ni10Ti、00Cr19Ni10、0Cr18Ni12Mo2Ti、00Cr17Ni14Mo2	锅炉、换热器用无缝管，适用于腐蚀介质、高温或低温的设备

2.4.3 压力容器用锻件

高压容器的平盖、端部法兰、中(低)压设备法兰、接管法兰等常用锻件制造而成。根据锻件检验项目和数量的不同，压力容器用锻件分为Ⅰ、Ⅱ、Ⅲ、Ⅳ四个质量等级。由低到高，要求越加严格。

锻造可以改善钢的宏观组织。经过锻造方法热加工变形后由于金属的变形和再结晶，使原来的粗大枝晶和柱状晶粒变为晶粒较细、大小均匀的等轴再结晶组织，钢锭内原有的偏析、疏松、气孔、夹渣等被压实和焊合，其组织变得更加紧密，提高了金属的塑性和力学性能。同一种钢，锻件质量和性能优于轧件。如 12Cr2Mo1 锻件具有较高的热强性、抗氧化性和良好的焊接性能，常用于制造高温（350～480℃）、高压（约 25MPa）及临氢的压力容器，如大型煤液化装置和热壁加氢反应器。此外，锻造加工能保证金属纤维组织的连续性，使锻件的纤维组织与锻件外形保持一致，金属流线完整，可保证零件具有良好的力学性能与较长使用寿命。锻件的生产执行 NB/T 47008—2017《承压设备用碳素钢和合金钢锻件》、NB/T 47009—2017《低温承压设备用合金钢锻件》和 NB/T 47010—2017《承压设备用不锈钢和耐热钢锻件》。

2.4.4　有色金属及合金

工业生产中，通常把以铁为基的金属材料称为黑色金属，如钢与铸铁，除黑色金属以外的金属称为有色金属，如铅、镍、锌、钛、铜等金属及合金。

有色金属及合金与钢铁材料相比，具有许多特殊性能，是现代工业、生活中不可缺少的金属材料。本节重点介绍铝及铝合金、铜及铜合金、钛及钛合金。

（1）铝及铝合金

纯铝是银白色的金属，具有面心立方晶体结构，无同素异晶转变。纯铝的密度为 2.72g/cm^3，仅为铁的 1/3，是一种轻金属，熔点为 660.4℃，导电性仅次于 Cu、Au、Ag。纯铝的强度较低，经冷变形强化后可提高到 150～250MPa。为了提高纯铝的力学性能，在其中加入合金元素配制成铝合金。主要添加元素有硅、铜、镁、锌、锰。铝及其合金具有良好的工艺性，低温性能和耐蚀性能，易铸造、切削和压力加工，耐浓硝酸、醋酸、碳酸、氢铵尿素等介质的腐蚀，但不耐碱。在石油化工生产中用于制造压力较低的储罐、塔、热交换器，防止铁污染产品的设备和深冷设备。

（2）铜及铜合金

纯铜呈玫瑰红色，当表面氧化生成氧化膜后呈紫色，故又称紫铜。其密度为 8.98g/cm^3，熔点为 1083℃，具有良好的导电性、导热性、抗磁性和耐腐蚀性。铜在许多非氧化性酸中较耐蚀，铜的强度和硬度不高，塑性好，适于进行冷、热压力加工。铜合金还有较好的铸造性能。工业纯铜用于制造蒸发器、换热管、贮藏器和各种管道以及一般用的铜材，如电器开关、垫圈、垫片、喷嘴等。

以铜为主要元素，加入少量其他元素形成的合金，称为铜合金。铜合金比纯铜强度高，并且具有许多优良的物理化学性质，常用作工程结构材料。

黄铜是以锌为主要添加元素的铜合金，即铜锌合金。其特点是铸造性能好，易加工成型，抗蚀性较好，价格较低。常用于制作化工机械零件，如轴承、衬套、阀体等，以及在海水、淡水、水蒸气中工作的零件，如泵活塞、填料箱、冷凝器管接头和阀门等。

（3）钛及其合金

纯钛是纯白色轻金属，密度为 4.507g/cm^3，熔点为 1668℃，热膨胀系数小，热导性差。纯钛塑性、韧性好，易于压力加工成型，但是强度不高。钛的力学性能与其纯度有关，少量的杂质可使其强度、硬度增加，塑性、韧性降低。以钛为主要元素，加入少量其他元素形成的合金称为钛合金。钛及其合金具有优良的耐蚀性能，在介质腐蚀性强、要求使用寿命长的设备中应用，可获得较好的综合效果。

2.4.5 常用非金属材料

非金属材料是指除了金属材料以外的其他材料，按照成分不同分为无机非金属材料（主要包括化工陶瓷、化工搪瓷、辉绿岩铸石、玻璃等）、有机非金属材料（主要包括塑料、橡胶等）及非金属复合材料（玻璃钢、不透性石墨等）。在化工生产中，非金属材料具有优良的耐腐蚀性、足够的强度、渗透性、孔隙及吸水性小及成本低、易加工制造等优点而被广泛使用。

（1）无机非金属材料

用于化工生产中的无机非金属材料主要包括化工陶瓷、化工搪瓷、玻璃和辉绿岩铸石等，其主要化学成分是硅酸盐。

①化工陶瓷。化工陶瓷是以天然的硅酸盐（如黏土、长石、石英等）或人工合成的化合物（氧化物、氮化物、碳化物、硅化物、硼化物、氟化物）为原料，经粉碎配制、成型和高温焙烧而制成的。与金属相比，陶瓷的机械性能有高硬度、高弹性模量、高脆性、低抗拉强度和较高的抗压强度、优良的高温强度和低的抗热震性等特点。陶瓷的熔点高于金属，具有优于金属的高温强度。大多数金属在温度为1000℃以上时会丧失强度，陶瓷在高温下不仅保持高硬度，而且基本保持其室温下的强度，具有较高的蠕变抗力，同时抗氧化的性能好，广泛用作高温材料。但陶瓷导热性差，热膨胀系数较大，受碰击或温差急变易破裂。目前，化工陶瓷在生产设备和腐蚀介质输送设备中的应用越来越多。常见化工陶瓷产品有塔、贮槽、容器、泵、阀门、旋塞、反应器、搅拌器和管道、管件等。另外，化工陶瓷是化工生产中常用的耐蚀材料，许多设备都用它制作耐酸衬里。

②化工搪瓷。化工搪瓷是将硅含量高的耐酸瓷釉涂敷在钢或铸铁制设备的表面，经过温度为900℃的煅烧，使其与金属形成致密、耐腐蚀的玻璃质薄层，是金属和瓷釉的复合材料。其特点是对一般酸、碱、盐等化学介质具有高度的耐蚀性，表面光洁度好且容易洗涤，并有防止金属离子干扰化学反应和沾污产品的作用。因此化工搪瓷广泛应用于石油化工生产中，化工搪瓷可用于代替昂贵的合金材料。主要用于化工管道、泵、阀、反应罐、高压釜、搅拌器、分馏塔、过滤器、贮罐等。

③玻璃。玻璃在化工生产中主要作为耐蚀材料，其耐蚀性与 SiO_2 含量相关。玻璃能耐除氢氟酸、热磷脂和浓碱以外的一切酸和有机溶剂的腐蚀。玻璃通常用来制造管道或管件、反应器、泵、热交换器、隔膜阀及换热器衬里层或填料塔中的拉西环填料等。化工用玻璃一般为热稳定好、耐腐蚀性强的硼玻璃或高铝玻璃，但抗冲击和振动性较弱，在实际工程应用中需谨慎选择。

④辉绿岩铸石。辉绿岩铸石由辉绿岩熔融后制成，可制成板、砖等材料作为设备衬里，也可做管材。除氟酸和熔融碱外，铸石几乎对各种酸、碱、盐都具有良好的耐腐蚀性能。

（2）有机非金属材料

在化工生产中广泛使用的有机非金属材料主要有塑料、橡胶等。

①塑料。塑料是以有机合成树脂为主要原料的高分子材料，在加热、加压条件下塑造

或固化成型得到所需的固体制品。按使用范围可分为工程塑料、通用塑料、特种塑料三种。工程塑料是指具有类似金属的性能，可以代替某些金属用来制造工程构件或机械零件的一类塑料，如 ABS、尼龙、聚甲醛等。这类材料一般具有优良的化学稳定性、较高的力学性能，较好的热性能、电性能和尺寸稳定性。有效解决了化工生产中的腐蚀问题，并能节约大量金属，在化工设备中受到广泛使用。按照树脂在加热和冷却时所表现的性质，塑料可分为热塑性塑料和热固性塑料。通用塑料主要指用于日常生活用品的塑料，具有产量大、用途广、价格低等特点，占塑料总产量的75%以上，是一般工农业和日常生活不可缺少的低成本材料。特种塑料是具有某些特殊的物理化学性能的塑料，如耐高温、耐蚀、光学等性能的塑料。

化工生产中的常用塑料有硬聚氯乙烯、聚乙烯、聚丙烯、聚四氟乙烯、耐酸酚醛塑料、环氧塑料。

硬聚氯乙烯是氯乙烯的聚合物。它不仅价格低廉，而且具有较高的力学强度和刚度，可以通过力学加工、热成型及焊接等方法制备各种化工设备。同时具有良好的耐蚀性，能耐稀硝酸、稀硫酸、盐酸、碱、盐等腐蚀，因而被广泛地用作耐腐蚀工程材料，其缺点是热导率小，冲击韧性较低，耐热性较差。使用温度为 $-15 \sim 55\,^{\circ}\text{C}$，因此限制了它的应用。硬聚氯乙烯可用于制造塔、储槽、容器、离心泵、通风机管道、管件、阀门等各种化工设备中。

聚乙烯是由单体乙烯聚合而成的高聚物，是塑料中产量最大的一种通用热塑性塑料，属于典型的结晶型高聚物，种类较多。低压聚乙烯的熔点、刚性、硬度和强度较高，吸水性小，有良好的电绝缘性能和耐辐射性；高压聚乙烯的柔软性、伸长率、冲击强度和透明性较好；超高分子量聚乙烯具有冲击强度高、耐疲劳、耐磨等特点。聚乙烯可用来制作管道、管件、阀门、泵等，也可制作设备衬里，还可涂于金属表面作为防腐涂层。

聚丙烯是丙烯单体聚合制备的饱和聚合物。其刚性大，其强度、硬度和弹性等力学性能均高于聚乙烯，同时具有优良的耐腐蚀性能和电绝缘性能，除氧化性介质外，聚丙烯能耐几乎所有的无机介质的腐蚀。聚丙烯的密度是常用塑料中最轻的，而它的强度、刚度、表面硬度都比聚乙烯塑料大。聚丙烯的使用温度高于硬聚氯乙烯和聚乙烯，是常用塑料中唯一能在水中煮沸、经受消毒温度($130\,^{\circ}\text{C}$)的品种。但聚丙烯耐低温性较差，温度低于$0\,^{\circ}\text{C}$，接近$-10\,^{\circ}\text{C}$时，材料变脆，抗冲击能力明显降低。聚丙烯可用于制作某些零部件，如法兰、齿轮、风扇叶轮、泵叶轮、把手及壳体等，聚丙烯可用于化工管道、储槽、衬里等。增强聚丙烯，可制造化工设备。若添加石墨改性，可制聚丙烯换热器。

聚四氟乙烯是重要的氟塑料，由于耐化学腐蚀性能超过其他塑料，故被称为"塑料王"。能耐强腐蚀性介质如"王水"、氢氟酸、浓盐酸、硝酸、过氧化氢等腐蚀作用，聚四氟乙烯耐高温、耐低温性能优于其他塑料，使用温度为 $-195 \sim 250\,^{\circ}\text{C}$。常用来做耐腐蚀、耐高温的密封元件及高温管道，还可用于设备的衬里和涂层。由于聚四氟乙烯有良好的自润滑性，还可以用作无润滑的活塞环。聚四氟乙烯的缺点是加工成型比较困难、强度低、冷流性强。这使它的应用受到一定的限制。

酚醛塑料是由酚类和醛类在酸或碱催化剂作用下缩聚合成酚醛树脂，再加入添加剂而制得的塑料。酚醛塑料具有一定的机械强度和硬度，耐磨性好，绝缘性良好，耐热性较高，能耐多种酸、盐和有机溶剂的腐蚀。使用温度为 $-30 \sim 130\,^{\circ}\text{C}$。耐酸酚醛塑料可制作管道、阀门、泵、塔节、容器、储槽、搅拌器等，也可制作设备衬里。在氯碱、染料、农药等化工行业应用较多。缺点是冲击韧性较低、不耐碱。在使用过程中设备出现裂缝或孔洞，可用酚醛胶泥修补。

环氧塑料是环氧树脂加入固化剂后形成的热固性塑料。其强度高，韧性较好，电绝缘性优良，化学稳定性、耐有机溶剂性好，以及易加工成型，对很多材料有较好的胶接性能，主要用于制作塑料模具、精密量具、电气、电子元件和线圈的灌封和固定等领域，还可用于修复机件。

②橡胶。橡胶可分为天然橡胶和合成橡胶两大类。天然橡胶由橡胶树分泌的胶乳提炼而得。合成橡胶是以石油、煤为原料制备单体，通过加聚反应或缩聚反应合成具有高弹性的高分子化合物再添加配合剂而制得的。橡胶由于具有良好的耐蚀性和防渗漏性，且具有一些特有的加工性质，如可塑性、可粘接性、硫化性等，使其在化工生产中常用做设备的防腐蚀衬里。天然橡胶和合成橡胶均可做设备衬里。衬里层一般为 1～2 层。每层厚度 2～3mm。特殊情况下可衬贴 3 层，但总厚度不宜超过 8mm。

(3)非金属复合材料

①不透性石墨。石墨分天然石墨和人工石墨两种。天然石墨存在于自然界中，但不能直接用来制备化工设备。化工设备衬里或结构材料通常使用的是人工石墨中的不透性石墨。不透性石墨是指用树脂等将石墨微孔填充，使石墨具有不透性。可分为浸渍类不透性石墨、压型不透性石墨和浇注型不透性石墨。不透性石墨具有较高的化学稳定性和良好的导热性，且热膨胀系数小，耐温度急变性好，不污染介质等优点，广泛用于制作传热、传质设备和流体输送设备的零部件。既可作非压力容器也可做压力容器，还可以在制作石墨管件、石墨旋塞和石墨泵以及用作机械密封中的密封环和压力容器用的安全爆破片等。但不透性石墨属于非均质脆性材料，存在一些缺点，如不能承受冲击、振动等外力作用。

②玻璃钢。玻璃钢是由合成树脂与玻璃纤维复合而成的新型非金属材料，由于所使用的树脂品种不同，有聚酯玻璃钢、环氧玻璃钢、酚醛玻璃钢之分。玻璃钢以其轻质、高强、耐蚀的特点用于制造容器、储槽、塔、鼓风机、槽车、搅拌器、泵、管道、阀门等多种机械设备。

思考题

1. 化学成分对金属材料性能有哪些影响？
2. 高温时金属材料性能有何变化？
3. 冷热加工对金属材料性能有哪些影响？
4. 压力容器用钢有哪些基本要求？
5. 压力容器用钢分为哪几类？主要用途是什么？
6. 什么是低合金结构钢？适宜应用何场合？
7. 常用的不锈钢主要有哪两类，试述其应用范围？
8. 试述铝合金的分类？常用的防锈铝合金有哪几种？
9. 化工生产中常用的非金属材料有哪些？
10. 塑料的分类？化工生产中常用的塑料有哪些？

3　中低压容器设计

　　压力容器必须满足工艺过程规定的压力、温度和处理介质等操作条件的功能要求，从而提出了精确设计的问题。压力容器设计的核心问题是研究容器在各种外载荷作用下，有效抵抗变形和破坏的能力，即处理外载荷和容器承载能力之间的关系，进行强度、刚度和稳定性计算，以保证压力容器的安全性和经济性。因此对容器进行充分的载荷、应力和变形分析和稳定性计算，构成了压力容器设计的基础。

　　压力容器的应力分析有 3 种基本方法，第一种是解析法，是以固体力学中的弹性力学与塑性力学为基础的数学解，这是一种最直接而简便的方法。但不是所有问题都适用。第二种是数值法，常用的是差分法和有限单元法。由于计算机技术的迅速发展，有限单元法已经成为应力分析强有力的工具，可解决许多实际结构复杂的应力分析问题。第三种是实验应力分析法，常用的是应变仪法、光弹性法。当问题过于复杂，并超出了解析法和数值法的适用范围或当解需要验证和评定时，实验应力分析法是解决问题的最佳方法。

3.1　载荷分析

　　载荷是设备或构件承担的工作量或重量，在压力容器中的载荷是产生应力、应变的因素，如介质压力、重力载荷、偏心载荷等。下面介绍压力容器全寿命周期内可能遇到的主要载荷。

3.1.1　载荷

　　(1)压力

　　压力是压力容器承受的基本载荷。压力可用绝对压力或表压来表示。绝对压力是以绝对真空为基准测得的压力，通常用于过程工艺计算。表压是以大气压为基准测得的压力。压力容器设计中，一般采用表压。作用在容器上的压力，可能是内压，也可能是外压或两者均有。例如，装有液体的容器，液体重量也会产生压力，即液柱静压力，其大小与液柱高度及液体密度成正比。

　　(2)非压力载荷

　　非压力载荷分为整体载荷和局部载荷。整体载荷是作用于整台压力容器上的载荷，如重力、风、地震、运输、波浪等引起的载荷。局部载荷是作用于压力容器局部区域上的载荷，如管系载荷、支座反力和吊装力等。

3.1.2 载荷工况

在设计、制造、安装、正常操作、开停工和检修等过程中，容器处于不同的载荷工况，所承受的载荷也不相同。设计压力容器时，应根据不同的载荷工况分别计算载荷。

①正常操作工况。容器正常操作时的载荷包括设计压力、液体静压力、重力载荷(含隔热材料、衬里、内件、物料、平台、梯子、管系及支承在容器的其他设备重量)、风载荷和地震载荷及其他操作时容器所承受的载荷。

②压力试验工况。制造完工的压力容器在制造厂进行压力试验时，载荷一般包括试验压力、容器自身的重量。通常容器处于水平位置。对于立式容器，用卧式试验替代立式试验，当考虑液柱静压力时，容器顶部承受的压力大于立式试验时所承受的压力，有可能导致原设计壁厚不足，试验前应对其做强度校核。在进行液压试验时，还应考虑试验液体静压力和试验液体的重量。在压力试验工况，一般不考虑地震载荷。因定期检验或其他原因，容器需在安装现场进行压力试验，其载荷主要包括试验压力、试验液体静压力和试验时的重力载荷(一般情况下隔热材料已拆除)。

③开停工及检修工况。开停工及检修时的载荷主要包括风载荷、地震载荷、容器自身重量，以及内件、平台、梯子、管系、支承等容器中其他设备的重量。

3.2 回转薄壳应力分析

本节计算分析中所用的符号意义如下：

p——壳体任一点的压力，N/mm²；

D——壳体的中径，mm；

σ_{φ}——经向应力或轴向应力，MPa；

σ_{θ}——周向应力或环向应力，MPa；

δ——壳体的厚度，mm；

R_1——第一主曲率半径，mm；

R_2——第二主曲率半径，mm；

R——壳体中面半径，mm；

r——壳体任一点的平行圆半径，mm；

r_m——mm'处的平行圆半径，mm；

φ——壳体回转轴与中面在所考察点法线间的夹角，(°)；

θ——两经线平面间的夹角，(°)；

l——弧长，mm；下角标1表示经线弧长，2表示平行圆方向弧长；

V——压力在OO'轴方向产生的合力，N；

V'——mm' 截面上的内力轴向分量，N；

α——半锥角，(°)。

Q_0——$x=0$ 处，单位圆周长度上横向剪力，N/mm；

M_0——$x=0$ 处，单位圆周长度上的轴向弯矩，N·mm/mm；

σ_x——圆柱壳轴向弯曲应力，MPa；

σ_z——圆柱壳径向弯曲应力，MPa；

τ_x——圆柱壳横向切应力，MPa。

3.2.1 回转薄壳的特征

（1）回转薄壳的几何要素

工程实际中应用的中低压容器大都属于薄壁容器。薄壁容器一般是由金属薄板焊制而成的各种形状的壳体，如圆筒形、球形、锥形、椭圆形等多为几种不同几何形状壳体组成。壳体是一种以两个曲面为界，且曲面之间的距离远轴线方向和圆周方向尺寸在数量级上小得多的构件，壳体的厚度，用 δ 表示。与壳体两个曲面等距离的点所组成的曲面称为壳体的中面。按照壳体的厚度 δ 与中面的最小曲率半径 R 的比值，壳体又分为薄壳和厚壳。工程上，一般把 $\delta/R \leqslant 0.1$ 的壳体归为薄壳，其余归为厚壳。

对于圆柱形壳体（圆筒），外直径（D_o）和内直径（D_i）的比值称之为径比（K），按径比（K）进行划分：当 $K \leqslant 1.2$ 称为薄壁圆柱壳或薄壁圆筒；当 $K > 1.2$ 称为厚壁圆柱壳或厚壁圆筒。

回转曲面是由一条平面曲线或直线，绕同平面内的轴线回转一周而成的曲面。以回转曲面为中面的薄壳称为回转薄壳。同平面内的轴线称为回转轴，绕轴线回转的平面直线或曲线称为母线。如图 3-1(a) 所示，回转壳体的中面上，OA 为母线，OO' 为回转轴，中面与回转轴的交点 O 称为极点。通过回转轴的平面为经线平面，经线平面与中面的交线称为经线，如 OA'。垂直于回转轴的平面与中面的交线称为平行圆。过中面上的点且垂直于中面的直线称为中面在该点的法线。法线必与回转轴相交。

由图 3-1 可知，θ 和 φ 是确定中面上任意一点 B 的两个坐标。θ 是任意两经线平面间的夹角，φ 是壳体回转轴与中面在所考察点 B 处法线间的夹角。R_1、R_2 和 r 为关于回转壳的曲率半径：R_1 是经线上在考察点 B 的曲率半径，曲率中心 K_1 必在过 B 点的法线上，BK_1 即为 B 点的第一曲率半径；R_2 是过 B 点作与经线 OB 相垂直的平面，该平面和回转曲面相交又得到一条平面曲线，这条曲线上 B 点的曲率中心 K_2 必在过 B 点的法线上，K_2 必在 OO' 轴上，则 BK_2 为 B 点的第二曲率半径；r 是过 B 点的平行圆半径。同一点的第一曲率半径与第二曲率半径都在该点的法线上。曲率半径的符号判别：曲率半径指向回转轴时，其值为正，反之为负。如图 3-1 中 B 点的 R_1 和 R_2 都是指向回转轴，所以取正值。

r 与 R_1、R_2 不是完全独立的，由图 3-1(b) 可得：

$$r = R_2\sin\varphi, \quad dr = R_1 d\varphi\cos\varphi$$

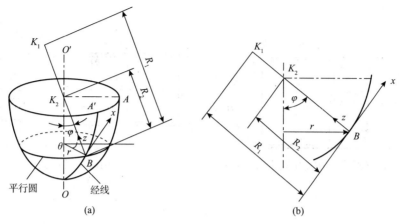

图 3 - 1　回转薄壳的几何要素

（2）回转薄壳的基本假设

回转薄壳通常属于轴对称问题，即壳体的几何形状、所受的外部载荷以及约束条件均对称于回转轴，则壳体的内力和变形也必定对称于回转轴。

不同形状的壳体，受载后的应力分布规律也各不相同。现按照"从特殊到一般，再从一般到特殊"的原则，首先分析薄壁圆筒，然后分析一般形状的回转壳体，最后再应用所得到的结论，去解决其他各种形状薄壁壳体的应力问题。

在薄壁壳体应力分析中，假定壳体材料有连续性、均匀性和各向同性，即壳体是完全弹性的外，还包括以下 3 个假设。

①小位移假设。各点位移都远小于厚度。可用变形前尺寸代替变形后尺寸。变形分析中高阶微量可忽略。

②直线法假设。变形前垂直于中面直线，变形后仍是直线并垂直于变形后的中面。变形前后法向线段长度不变。沿厚度各点法向位移相同，厚度不变。

③不挤压假设。各层纤维变形前后互不挤压。

3.2.2　薄壁圆筒的应力

如图 3 - 2 所示的由两端的封头和作为主体的薄壁圆筒组成的密闭容器。根据材料力学的方法，薄壁圆筒在均匀内压 p 作用下，圆筒壁上任一点 B 将产生两个方向的应力：一是由于内压作用于封头上而产生的轴向拉应力，称为经向应力或轴向应力，用 σ_φ 表示；二是由于内压作用使圆筒均匀向外膨胀，在圆周的切线方向产生的拉应力，称为周向应力或环向应力，用 σ_θ 表示。除上述两个应力分量外，器壁中沿壁厚方向还存在着径向应力 σ_r，但其相对 σ_φ、σ_θ 要小得多，根据不挤压假设，在薄壁圆筒中不予考虑。因此，可以认为圆筒上任意一点处于两向应力状态，如图 3 - 2 中 B 点。

求解 σ_φ 和 σ_θ 可采用材料力学中的截面法。过 B 点作一垂直圆筒轴线的横截面，将圆筒分成两部分，保留右边部分作为研究对象，如图 3 - 3（a）所示。根据平衡条件，其轴向外力与轴向内力相平衡。对于薄壁壳体，可近似认为壳体内直径等于壳体的中面直径。即：

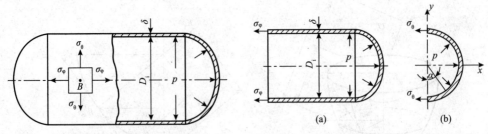

图 3 - 2　薄壁圆筒在内压力作用下的应力　　　图 3 - 3　薄壁圆筒在压力作用下的力平衡

$$\frac{\pi}{4}D^2 p = \pi D \delta \sigma_\varphi$$

由此得：
$$\sigma_\varphi = \frac{pD}{4\delta} \tag{3-1}$$

从圆筒中取出一单位长度圆环，并通过 y 轴作垂直于 x 轴的平面将圆环截成两部分。取其右半部分作为研究对象，如图 3 - 3(b)所示，根据平衡条件，半圆环上其 x 反向外力必与作用在 y 截面上 x 方向的内力相等，得：

$$pD = 2\delta \sigma_\theta$$

由此得：
$$\sigma_\theta = \frac{pD}{2\delta} \tag{3-2}$$

承受均匀压力的薄壁圆筒属于特殊结构，采用上述截面法就能计算出它的应力。但并不是所有的薄壳都能这样求解。例如，椭球壳、受液体压力的薄壁圆筒等，由于壳体上各点的曲率半径或承受液体静压的变化，对于这类问题，就要从壳体上取一微元体，并分析微元体的受力、变形和位移等才能解决。

3.2.3　回转薄壳的无力矩理论

由于回转薄壳属于轴对称结构，在载荷作用时，壳体内部各点均会发生相对位移，因而产生相互作用力，即内力。壳体中面上存在五个内力分量，如图 3 - 4 所示：N_φ、N_θ 为法向力，这两个内力是因中面的拉伸和压缩而产生的，称为薄膜内力（薄膜力）；Q_φ 为横向剪力；M_φ 和 M_θ 为弯矩，这三个内力是因中面的曲率改变而产生的，称为弯曲内力。

一般来说，薄壳内薄膜内力和弯曲内力是同时存在的，在壳体理论中，若同时考虑薄膜内力和弯曲内力，这种理论称为有力矩理论或弯曲理论。当薄壳的抗弯刚度非常小，或者中面的曲率改变非常小时，弯曲内力很小，这样，在考察薄壳平衡时，就可以忽略弯曲内力对平衡的影响，得到无力矩应力状态。忽略弯曲内力的壳体理论，称为无力矩理论或薄膜理论。无力矩理论所讨论的问题都是围绕着中面进行的。因壳壁很薄，根据直法线假设和不挤压假设，沿厚度方向的应力与其他应力相比很小，其他应力不随厚度而变，因此采用中面上的应力和变形可以代表薄壳的应力和变形。

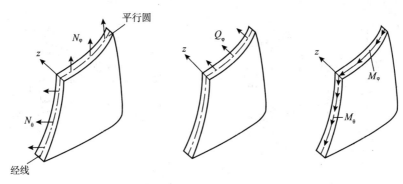

图 3 - 4　壳体中的内力分量

3.2.4　无力矩理论的基本方程

(1)壳体微元及其内力分量

在受压壳体上任一点取一微元体 $abcd$ 。它由下列三对截面构成:一是壳体内外壁表面;二是两个相邻的经线截面;三是两个相邻的与经线垂直、同壳体正交的圆锥面,如图 3 - 5 所示。

该微元体的经线弧长 $\overset{\frown}{ab}$ 为:　　　　　$\mathrm{d}l_1 = R_1 \mathrm{d}\varphi$

与壳体正交的圆锥面截线 bc 为:　　　$\mathrm{d}l_2 = r\mathrm{d}\theta$

微元体 $abcd$ 的面积为:　　　　　　$\mathrm{d}A = R_1 r\mathrm{d}\varphi\mathrm{d}\theta = R_1 R_2 \sin\varphi\mathrm{d}\varphi\mathrm{d}\theta$

与壳体表面垂直的压力为:　　　　　$p = p(\varphi)$

根据回转薄壳无力矩理论,微元截面上仅产生经向和周向内力 N_φ、N_θ。因为轴对称,N_φ、N_θ 不随 θ 变化,在截面 ab 和 cd 上的 N_θ 值相等。由于 N_φ 随角度 φ 变化,若在 bc 截面上的经向应力为 N_φ,在对应截面 ad 上,因 φ 增加了微量,经向内力为 $N_\varphi + \mathrm{d}N_\varphi$。

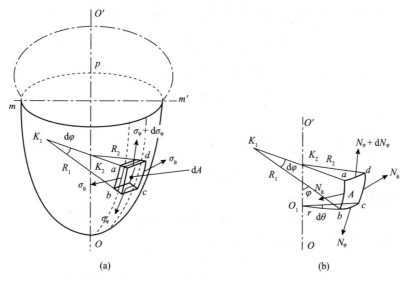

(a)　　　　　　　　　　　　　　　　　　　(b)

图 3 - 5　微元体的力平衡

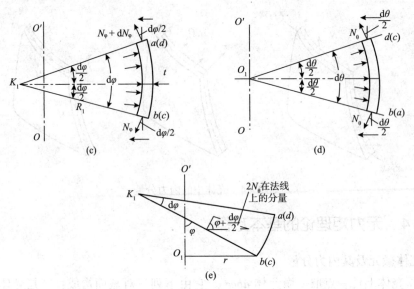

图3-5 微元体的力平衡(续)

(2)微元平衡方程

作用在壳体微元上的内力分量和外载荷组成一平衡力系,根据平衡条件可得各内力分量与外载荷的关系式。

由图3-5(c)可知,经向内力 N_φ 和 $N_\varphi + \mathrm{d}N_\varphi$ 在法线上的分量为:

$$N_\varphi \sin\frac{\mathrm{d}\varphi}{2} + (N_\varphi + \mathrm{d}N_\varphi)\sin\frac{\mathrm{d}\varphi}{2} = \sigma_\varphi \delta r\mathrm{d}\theta\sin\frac{\mathrm{d}\varphi}{2} + (\sigma_\varphi + \mathrm{d}\sigma_\varphi)\delta(r + \mathrm{d}r)\mathrm{d}\theta\sin\frac{\mathrm{d}\varphi}{2} \text{ 将}$$

$\sin\dfrac{\mathrm{d}\varphi}{2} \approx \dfrac{\mathrm{d}\varphi}{2}$, $r = R_2\sin\varphi$ 代入上式,并略去高阶微量,得:

$$\sigma_\varphi \delta R_2 \sin\varphi\mathrm{d}\varphi\mathrm{d}\theta$$

由图3-5(d)中 ad 截面知,周向内力 N_θ 在半径方向上的分量为:

$$2N_\theta \sin\frac{\mathrm{d}\theta}{2} = 2\sigma_\theta \delta R_1 \mathrm{d}\varphi\sin\frac{\mathrm{d}\theta}{2}$$

如图3-5(e)所示再将该分量投影至法线方向,得:

$$2\sigma_\theta \delta R_1 \mathrm{d}\varphi\sin\frac{\mathrm{d}\theta}{2}\sin\left(\varphi + \frac{\mathrm{d}\varphi}{2}\right)$$

并考虑 $\sin\dfrac{\mathrm{d}\theta}{2} \approx \dfrac{\mathrm{d}\theta}{2}$, $\sin\left(\varphi + \dfrac{\mathrm{d}\varphi}{2}\right) \approx \sin\varphi$ 得:

$$\sigma_\theta \delta R_1 \mathrm{d}\varphi\mathrm{d}\theta\sin\varphi$$

作微元体法线方向的力平衡,得:

$$\sigma_\varphi \delta R_2 \sin\varphi\mathrm{d}\varphi\mathrm{d}\theta + \sigma_\theta \delta R_1 \mathrm{d}\varphi\mathrm{d}\theta\sin\varphi = pR_1 R_2 \sin\varphi\mathrm{d}\varphi\mathrm{d}\theta$$

等式两边同除以 $tR_1 R_2 \sin\varphi\mathrm{d}\varphi\mathrm{d}\theta$,得:

$$\frac{\sigma_\varphi}{R_1} + \frac{\sigma_\theta}{R_2} = \frac{p}{\delta} \tag{3-3}$$

式(3-3)联系了薄膜应力 σ_φ、σ_θ 和压力 p,称为微元平衡方程。此式由拉普拉斯

（Laplace）首先导出，故又称拉普拉斯方程。

（3）区域平衡方程

式(3-3)中有两个未知量 σ_φ 和 σ_θ，须再找一个补充方程才可求解。可选取部分容器作静力平衡求得。

在图 3-5(a) 中，过 mm' 作与壳体正交的圆锥面 mTm'，并取截面以下部分容器作为分离体，如图 3-6 所示。

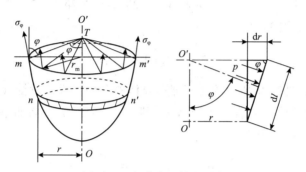

图 3-6　部分容器静力平衡

在容器 mOm' 区域上，任作两个相邻且与壳体正交的圆锥面。在这两个圆锥面之间，壳体中面是宽度为 dl 的环带 nn'。设在环带处流体内压力为 p，则环带上所受压力沿 OO' 轴的分量为：

$$dV = 2\pi rp\mathrm{d}l\cos\varphi$$

由图 3-6 可知：

$$\cos\varphi = \frac{\mathrm{d}r}{\mathrm{d}l}$$

所以，压力在 OO' 轴方向产生的合力 V 为：

$$V = 2\pi \int_0^{r_\mathrm{m}} pr\mathrm{d}r$$

作用在截面 mm' 上内力的轴向分量 V' 为：

$$V' = 2\pi r_\mathrm{m}\sigma_\varphi\delta\sin\varphi$$

容器 mOm' 区域上，外载荷轴向分量 V，应与 mm' 截面上的内力轴向分量 V' 相平衡，所以：

$$V = V' = 2\pi r_\mathrm{m}\sigma_\varphi\delta\sin\varphi \tag{3-4}$$

式(3-4)称为壳体的区域平衡方程式。通过式(3-4)可求得 σ_φ，代入式(3-3)可解出 σ_θ。

微元平衡方程与区域平衡方程是无力矩理论的两个基本方程。

3.2.5　无力矩理论的应用

接下来应用无力矩理论分析工程中几种典型回转薄壳的薄膜应力，并讨论无力矩理论的应用条件。

(1)承受气体内压的回转薄壳

回转薄壳仅受气体内压作用时，各处的压力相等，压力产生的轴向力 V 为：

$$V = 2\pi \int_0^{r_m} pr\mathrm{d}r = \pi r_m^2 p$$

由式(3-4)得：

$$\sigma_\varphi = \frac{V}{2\pi r_m \delta \sin\varphi} = \frac{pr_m}{2\delta \sin\varphi} = \frac{pR_2}{2\delta} \tag{3-5}$$

将式(3-5)代入式(3-3)得：

$$\sigma_\theta = \sigma_\varphi \left(2 - \frac{R_2}{R_1}\right) \tag{3-6}$$

①球形壳体。如图3-7所示的薄壁球形壳体的几何尺寸，承受气体内压 p 作用，任意一点的第一曲率半径与第二曲率半径相等，即 $R_1 = R_2 = R$。将曲率半径代入式(3-5)和式(3-6)得任意点的两向应力：

$$\sigma_\varphi = \sigma_\theta = \sigma = \frac{pR}{2\delta} \tag{3-7}$$

②薄壁圆筒。如图3-8所示的薄壁圆筒的几何尺寸，承受气体内压 p 作用，任意一点的第一曲率半径和第二曲率半径分别为 $R_1 = \infty$，$R_2 = R$。将 R_1、R_2 代入式(3-5)和式(3-6)得任意点的两向应力：

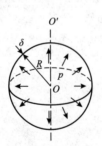

图3-7 球形壳体

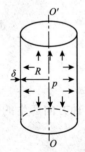

图3-8 薄壁圆柱壳

$$\sigma_\theta = \frac{pR}{\delta}$$

$$\sigma_\varphi = \frac{pR}{2\delta} \tag{3-8}$$

③锥形壳体。如图3-9的锥形壳体几何尺寸，承受气体内压 p 作用，任意一点 A 的第一曲率半径 $R_1 = \infty$，第二曲率半径 $R_2 = x\mathrm{tg}\alpha$。将 R_1 和 R_2 代入式(3-5)和式(3-6)，得 A 点的两向应力：

$$\sigma_\theta = \frac{pR_2}{\delta} = \frac{px\mathrm{tg}\alpha}{\delta} = \frac{pr}{\delta\cos\alpha}$$

$$\sigma_\varphi = \frac{px\mathrm{tg}\alpha}{2\delta} = \frac{pr}{2\delta\cos\alpha} \tag{3-9}$$

式中 X——锥顶到考察点 A 的距离，mm。

由式(3-9)可知：周向应力和经向应力与 x 呈线性关系，锥顶处应力为零，离锥顶越远应力越大，且周向应力是经向应力的两倍；锥壳的半锥角 α 是确定壳体应力的一个重要参量。当 α 趋于零时，锥壳的应力趋于圆筒的壳体应力。当 α 趋于90°时，锥体变成平板，其应力就接近无限大。

④椭球形壳体。椭球形壳体由四分之一椭圆曲线作为母线绕一固定轴回转而成。承受气体内压 p 的椭球壳的几何尺寸见图3-10。它的应力同样可以用式(3-5)和式(3-6)计算。主要问题是如何确定第一和第二曲率半径 R_1 和 R_2，它们都是沿着椭球壳的经线连续变化的。

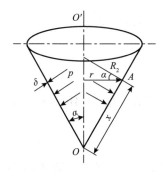
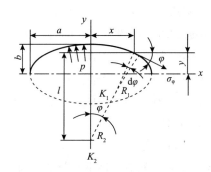

图3-9　锥形壳体的应力　　　　　　图3-10　椭球壳体的尺寸

已知椭圆曲线方程为：

$$\frac{x^2}{a^2} + \frac{y^2}{b^2} = 1$$

即：

$$y = \pm \frac{b}{a}\sqrt{a^2 - x^2}$$

其一阶导数和两阶导数为：

$$y' = \frac{-bx}{a\sqrt{a^2 - x^2}} = -\frac{b^2 x}{a^2 y}$$

$$y'' = -\frac{b^4}{a^2 y^3}$$

椭球壳经线曲率半径为：

$$R_1 = \frac{\left[1 + (y')^2\right]^{3/2}}{|y''|}$$

代入 y' 和 y'' 值可得：

$$R_1 = \frac{\left[a^4 - x^2(a^2 - b^2)\right]^{3/2}}{a^4 b}$$

第二曲率半径 R_2 为椭圆至回转轴的法线长度。椭圆切线的斜率为：

$$\mathrm{tg}\varphi = y' = -\frac{bx}{a\sqrt{a^2 - x^2}}$$

从图 3-10 可知，$\mathrm{tg}\varphi = \dfrac{x}{l}$ 和 $R_2 = \sqrt{l^2 + x^2}$，由此可计算得：

$$R_2 = \frac{[a^4 - x^2(a^2 - b^2)]^{1/2}}{b}$$

将 R_1 和 R_2 代入式(3-5)和式(3-6)得：

$$\sigma_\varphi = \frac{pR_2}{2\delta} = \frac{p}{2\delta}\frac{[a^4 - x^2(a^2 - b^2)]^{1/2}}{b}$$

$$\tag{3-10}$$

$$\sigma_\theta = \frac{p}{2\delta}\frac{[a^4 - x^2(a^2 - b^2)]^{1/2}}{b}\left[2 - \frac{a^4}{a^4 - x^2(a^2 - b^2)}\right]$$

式中 x——椭圆方程的横坐标，mm；

y——椭圆方程的纵坐标，mm；

a——椭圆方程的长半轴，mm；

b——椭圆方程的短半轴，mm。

这个用以计算椭球壳薄膜应力的方程式，最早是由胡金伯格(Huggenberger)推导出，故又称胡金伯格方程。

从式(3-10)可得：

①椭球壳上各点的应力是不相等的，与各点的坐标有关，在壳体顶点处($x = 0$，$y = b$)，$R_1 = R_2 = \dfrac{a^2}{b}$，$\sigma_\varphi = \sigma_\theta = \dfrac{pa^2}{2b\delta}$；在壳体赤道上($x = a$，$y = 0$) $R_1 = \dfrac{b^2}{a}$，$R_2 = a$，$\sigma_\varphi = \dfrac{pa}{2\delta}$，$\sigma_\theta = \dfrac{pa}{\delta}\left(1 - \dfrac{a^2}{2b^2}\right)$。

②椭球壳应力的大小除与内压 p、壁厚 t 有关外，还与长轴与短轴之比 a/b 有很大关系，当 $a = b$ 时，椭球壳变成球壳，这时最大应力为圆筒壳中的 σ_θ 的一半，随着 a/b 值的增大，椭球壳中应力增大，如图 3-11 所示。

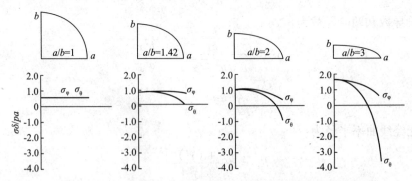

图 3-11   椭球壳中的应力随长轴与短轴之比的变化规律

③椭球壳承受均匀内压时，在任何 a/b 值下，σ_φ 恒为正值，即拉伸应力，且由顶点处最大值向赤道逐渐递减至最小值，当 $a/b > \sqrt{2}$ 时，应力 σ_θ 将变号，即从拉应力变为压应力。随着周向压应力增大，在大直径薄壁椭圆形封头中会出现局部屈曲。这时应采取整体或局部增加壁厚及局部采用环状加强结构措施加以预防。

④工程上常用标准椭圆封头，其 $a/b = 2$。此时 σ_θ 的数值在顶点处大小相等，符号相反，即顶点处为 pa/δ，赤道处为 $-pa/\delta$，而 σ_φ 恒是拉伸应力，在顶点处达到最大值为 pa/δ。

(2)存储液体的回转薄壳

与承受气体内压回转薄壳不同，壳壁上的液柱静压力随液层的深度而变化。

①圆筒形壳体。底部支承的圆筒如图 3 - 12 所示，液体表面受到气体压力 p_0 作用，液体密度为 ρ，筒壁上任一点 A 承受的压力为：

$$p = p_0 + \rho g x$$

由式(3 - 3)得：

$$\sigma_\theta = \frac{(p_0 + \rho g x)R}{\delta} \tag{3 - 11a}$$

作垂直与回转轴的任一横截面，由上部壳体的轴向力平衡可得：

$$2\pi R\delta\sigma_\varphi = \pi R^2 p_0$$

即：

$$\sigma_\varphi = \frac{p_0 R}{2\delta} \tag{3 - 11b}$$

式中　x——液面到考察点的轴向距离，mm；

　　　H——液体高度，mm；

　　　ρ——液体密度，kg/m^3；

　　　p_0——气体压力，N/mm^2。

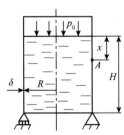
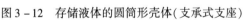
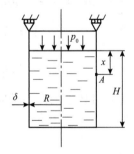

图 3 - 12　存储液体的圆筒形壳体(支承式支座)　　图 3 - 13　存储液体的圆筒形壳体(悬挂式支座)

若支座位置不在底部，而是采用如图 3 - 13 所示的悬挂式支座，液体表面压力为 p_0，液体密度为 ρ，筒壁上任一点 A 承受的压力为：

$$p = p_0 + \rho g x$$

由式(3 - 3)得：

$$\sigma_\theta = \frac{(p_0 + \rho g x)R}{\delta} \tag{3 - 12a}$$

作垂直与回转轴的任一横截面，由上部壳体的轴向力平衡可得：

$$2\pi R\delta\sigma_\varphi = \pi R^2 (p_0 + \rho g H)$$

即：

$$\sigma_\varphi = \frac{(p_0 + \rho g H) R}{2\delta} \qquad (3-12b)$$

②锥形壳体。图 3-14(a)为充满密度为 ρ 液体的锥壳，在顶部圆周上采用悬挂式支座，壳壁上 A 点承受的压力为：

$$p = \rho g (L - x) \cos\alpha$$

$R_1 = \infty$，$R_2 = x\tan\alpha$ 由式(3-3)得：

$$\sigma_\theta = \frac{p R_2}{\delta} = \frac{\rho g (L - x) x \sin\alpha}{\delta} \qquad (3-13a)$$

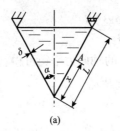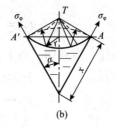

(a)　　　　　　　(b)

图 3-14　圆锥壳体

过 A 点作一与壳体正交的圆锥面 ATA'，并取截面以下部分容器作为分离体，如图 3-14(b)所示。液体压力在轴线方向产生的合力 V 为：

$$V = 2\pi \int_0^{r_m} p r \mathrm{d}r$$

代入 $r = x\sin\alpha$ 和 $\mathrm{d}r = \sin\alpha \mathrm{d}x$ 可得：

$$V = 2\pi \int_0^x \rho g (L - x) \cos\alpha \cdot x \sin^2\alpha \mathrm{d}x$$

$$V = \pi \rho g x^2 \sin^2\alpha \cos\alpha \left(L - \frac{2}{3} x \right)$$

作用在截面 AA' 上内力的轴向分量 V'：

$$V' = 2\pi \sigma_\varphi \delta x \sin\alpha \cos\alpha$$

$$V = V'$$

即：

$$\sigma_\varphi = \frac{\rho g x \sin\alpha (L - 2x/3)}{2\delta} \qquad (3-13b)$$

式中　x——锥顶到考察点 A 的距离，mm；

　　　L——锥壳斜边总长度，mm；

　　　ρ——液体密度，kg/m³。

③球形壳体。图 3-15 为充满液体的球壳，由沿对应于 φ_0 的平行圆 $A-A$ 裙座支承。液体密度为 ρ，气体压力 $p_0 = 0$，则作用在壳体上任一点 M 处的液体静压力为：

$$p = \rho g R (1 - \cos\varphi)$$

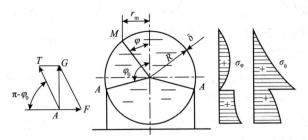

图 3 – 15　储存液体的球形壳体

当 $\varphi < \varphi_0$，即在裙座 $A-A$ 以上时，该压力作用在 M 点以上部分球壳上的总轴向力为：

$$V = 2\pi \int_0^{r_m} pr\mathrm{d}r$$

代入 $r = R\sin\varphi$ 和 $\mathrm{d}r = R\cos\varphi\mathrm{d}\varphi$ 可得：

$$V = 2\pi R^3 \rho g \Big[\frac{1}{6} - \frac{1}{2}\cos^2\varphi\Big(1 - \frac{2}{3}\cos\varphi\Big)\Big]$$

将上式代入式(3 – 4)，得：

$$2\pi R^3 \pi g \Big[\frac{1}{6} - \frac{1}{2}\cos^2\varphi\Big(1 - \frac{2}{3}\cos\varphi\Big)\Big] = 2\pi R\delta\sigma_\varphi \sin^2\varphi$$

由此得：

$$\sigma_\varphi = \frac{\rho g R^2}{6\delta}\Big(1 - \frac{2\cos^2\varphi}{1 + \cos\varphi}\Big) \tag{3 – 14a}$$

将式(3 – 14a)代入式(3 – 3)，得：

$$\sigma_\theta = \frac{\rho g R^2}{6\delta}\Big(5 - 6\cos\varphi + \frac{2\cos^2\varphi}{1 + \cos\varphi}\Big) \tag{3 – 14b}$$

对于裙座 $A - A'$ 以下（ $\varphi > \varphi_0$ ）所截取的部分球壳，在轴向，除液体静压力引起的轴向力外，还受到支座 $A - A'$ 的反力 G。忽略壳体自重，支座反力等于球壳内的液体总重量，即 $G = 4\pi/3R^3\rho g$。

此时，区域平衡方程式为：

$$2\pi\rho g R^3 \Big[\frac{1}{6} - \frac{1}{2}\cos^2\varphi\Big(1 - \frac{2}{3}\cos\varphi\Big)\Big] + \frac{4}{3}\pi R^3 \rho g = 2\pi R\delta\sigma_\varphi \sin^2\varphi$$

由此得：

$$\sigma_\varphi = \frac{\rho g R^2}{6\delta}\Big(5 + \frac{2\cos^2\varphi}{1 - \cos\varphi}\Big) \tag{3 – 15a}$$

将式(3 – 15a)代入式(3 – 3)，得：

$$\sigma_\theta = \frac{\rho g R^2}{6\delta}\Big(1 - 6\cos\varphi - \frac{2\cos^2\varphi}{1 - \cos\varphi}\Big) \tag{3 – 15b}$$

比较式(3 – 14)和式(3 – 15)，发现在支座处（ $\varphi = \varphi_0$ ） σ_φ 和 σ_θ 不连续，突变量为 $\pm\dfrac{2\rho g R^2}{3\delta \sin^2\varphi_0}$。这个突变量是由支座反力 G 引起的。在支座附近的球壳发生局部弯曲，产生

弯曲内力以保持球壳体应力与位移的连续性。因此,支座处应力的计算必须用有力矩理论进行分析,而上述用无力矩理论计算得到的壳体薄膜应力,只有远离支座处才与实际相符。

(3)无力矩理论应用条件

为保证回转薄壳处于薄膜状态,壳体几何形状、加载方式及约束一般应满足如下条件。一是壳体的厚度、中面曲率和载荷连续,没有突变,且构成壳体的材料的物理性能相同。二是壳体边界处不受横向剪力和弯矩的作用。三是壳体边界处的约束沿经线的切线方向,不得限制边界处的转角与挠度。

一般情况下,边界附近往往同时存在弯曲应力和薄膜应力,理想的无矩状态并不容易实现。在实际问题中,需要联合使用有力矩理论和无力矩理论,解决薄壳问题。一方面按无力矩理论求出问题的解,另一方面对弯矩较大的区域再用有力矩理论进行修正。

3.2.6 压力容器的不连续分析

(1)不连续分析的基本方法

①不连续效应或边缘效应。工程实际中容器的壳体,绝大部分是由几种简单的壳体组合而成。工程实际壳体结构,如图3-16所示包含了球壳、圆柱壳、锥壳及圆板等基本壳体,也可以看作是一根曲线绕回转轴旋转而得到的回转壳,但其母线不是简单曲线而是由几种形状规则的曲线段组合而成。不仅如此,工程实际壳体中,沿壳体轴线方向的壁厚、载荷、温度和材料的物理性能也可能出现突变,这些因素均可表现为容器在总体结构上的不连续性。

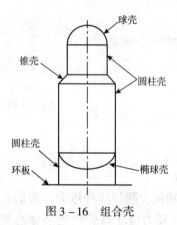

图3-16 组合壳

在形状不同的壳体连接处,如果毗邻的壳体允许分别作为一个独立的元件在内压的作用下自由膨胀,则连接处壳体的经线转角以及径向位移一般不相等。因为实际的壳体在连接处必须是连续结构,毗邻壳体在结合截面处不允许出现间隙,即其经线的转角以及径向位移必须相等。所以在连接部位附近就造成一种约束,迫使壳体发生局部的弯曲变形,这样势必在该边缘部位引起附加的边缘力、边缘力矩及抵抗这些变形的局部应力,从而使这一区域的总应力增大。

由于这种总体结构不连续,组合壳在连接处附近的局部区域出现应力增大,并迅速衰减现象,称为不连续效应或边缘效应。由此引起的局部应力称为不连续应力或边缘应力。在工程上分析组合壳不连续应力的方法称为不连续分析。

②不连续分析的基本方法。组合壳体的不连续应力可以根据一般壳体理论计算,但较为复杂。工程上常采用简便解法,把壳体应力的解分解为两部分:一是薄膜解(主要解),即壳体的无力矩理论的解,求得的薄膜应力与相应的载荷同时存在,这类应力称为一次应力,是由外载荷所产生且满足内外部力和力矩的平衡关系的应力,随外载荷的增大而增大。因此,当超过材料的屈服强度时,就会导致材料的破坏或大面积变形;二是有矩解

（次要解），即在两壳体连接边缘处切开后，自由边界上受到的边缘力和边缘力矩作用时的有力矩理论的解，求得的应力称为二次应力，由于是相邻部分材料的约束或结构自身约束所产生的应力，具有自限性，因此，当超过材料屈服强度时，就产生局部屈服或较小的变形，连接边缘处壳体不同的变形就可相互约束，从而得到一个较有利的应力分布结果。将上述两种解叠加后就可以得到保持组合壳总体结构连续的最终解，而总应力由上述一次薄膜应力和二次应力叠加而成。现以半球壳与圆柱壳连接的组合壳为例说明连接边缘的变形。

在内压作用下的半球壳与圆柱壳连接边缘处沿平行圆切开，两壳体各自的薄膜变形如图 3 - 17(b) 所示。显然，两壳体平行圆径向位移不相等，即 $w_1^p \neq w_2^p$，两者实际是连成一体的连续结构，因此两壳体的连续处将产生边缘力 Q_0 和边缘力矩 M_0，引起弯曲变形与薄膜变形叠加后，两部分壳体的总变形量一定相等，即：

$$w_1^p + w_1^{Q_0} + w_1^{M_0} = w_2^p + w_2^{Q_0} + w_2^{M_0}$$
$$\varphi_1^p + \varphi_1^{Q_0} + \varphi_1^{M_0} = \varphi_2^p + \varphi_2^{Q_0} + \varphi_2^{M_0} \tag{3-16}$$

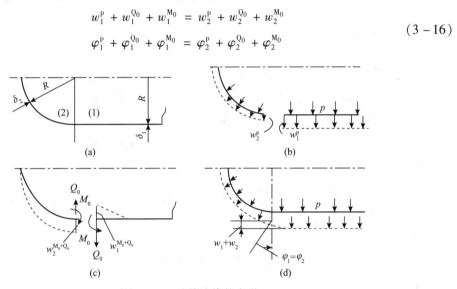

图 3 - 17　连接边缘的变形

式中，w^p、w^{Q_0}、w^{M_0} 分别表示在内压 p、边缘力 Q_0 和边缘力矩 M_0 作用下，在壳体连接处产生的平行圆的径向位移，单位是 mm；φ^p、φ^{Q_0}、φ^{M_0} 分别表示在内压 p、边缘力 Q_0、边缘力矩 M_0 作用下，在壳体连接处产生的经线转角，单位是(°)；下标 1 表示圆柱壳，下标 2 表示半球壳。式(3 - 16)是两个以 Q_0 和 M_0 为未知量的二元一次联立方程组，解此方程组可求得 Q_0、M_0。这组方程表示保持壳体中面连续的条件，称为变形协调方程。将 p、Q_0、M_0 和变形(位移和转角)的关系式带入以上两个方程，可求出 Q_0、M_0 两个未知边缘载荷，于是可求出边缘弯曲解，它与薄膜解叠加，即可得到问题的全解。

（2）圆柱壳受边缘力和边缘力矩作用的弯曲解

如图 3 - 17 所示，圆柱壳的边缘上，受到沿圆周均匀分布的边缘力 Q_0 和边缘弯矩 M_0 的作用。轴对称加载的圆柱壳有力矩理论基本微分方程为：

$$\frac{\mathrm{d}^4 w}{\mathrm{d}x^4} + 4\beta^4 w = \frac{p}{D'} + \frac{\mu}{RD'} N_x \tag{3-17}$$

式中 D'——壳体的抗弯刚度（N·mm）, $D' = \dfrac{E\delta^3}{12(1-\mu^2)}$ ；其中， E 为壳体材料的弹性模量，MPa； μ 为壳体材料的泊松比； δ 为壳体厚度，mm；

  w——径向位移，mm；

  N_x——单位圆周长度上的轴向薄膜内力，可直接由圆柱壳轴向力平衡关系求得N/mm；

  x——所考虑点离圆柱壳边缘的距离，mm；

  β——系数， $\beta = \sqrt[4]{\dfrac{3(1-\mu^2)}{R^2\delta^2}}$ ，mm^{-1}。

对于只受边缘力 Q_0 和 M_0 作用的圆柱壳， $p=0$ ，且 $N_x = 0$ ，于是式（3－17）可写为：

$$\frac{d^4 w}{dx^4} + 4\beta^4 w = 0 \tag{3-18}$$

式（3－18）通解为：

$$w = e^{\beta x}(C_1 \cos\beta x + C_2 \sin\beta x) + e^{-\beta x}(C_3 \cos\beta x + C_4 \sin\beta x) \tag{3-19}$$

式中 C_1 、 C_2 、 C_3 和 C_4 ——分别为积分常数，由圆柱壳两端边界条件确定。

当圆柱壳足够长时，随着 x 的增加，弯曲变形逐渐衰减以至消失，因此式（3－19）中 $e^{\beta x} = 0$ ，即要求 $C_1 = C_2 = 0$ ，于是式（3－19）可写成：

$$w = e^{-\beta x}(C_3 \cos\beta x + C_4 \sin\beta x) \tag{3-20}$$

圆柱壳的边界条件为：

$$(M_x)_{x=0} = -D'\left(\frac{d^2 w}{dx^2}\right)_{x=0} = M_0 , \quad (Q_x)_{x=0} = -D'\left(\frac{d^3 w}{dx^3}\right)_{x=0} = Q_0$$

利用边界条件，可得 w 表达式为：

$$w = \frac{e^{-\beta x}}{2\beta^3 D'}[\beta M_0(\sin\beta x - \cos\beta x) - Q_0 \cos\beta x] \tag{3-21}$$

最大挠度和转角发生在 $x=0$ 的边缘上，则：

$$(w)_{x=0} = -\frac{1}{2\beta^2 D'}M_0 - \frac{1}{2\beta^3 D'}Q_0$$

$$(\varphi)_{x=0} = \left(\frac{dw}{dx}\right)_{x=0} = \frac{1}{\beta D'}M_0 + \frac{1}{2\beta^2 D'}Q_0$$

$$w^{M_0} = -\frac{1}{2\beta^2 D'}M_0 \qquad w^{Q_0} = -\frac{1}{2\beta^3 D'}Q_0 \tag{3-22}$$

$$\varphi^{M_0} = \frac{1}{\beta D'}M_0 \qquad \varphi^{Q_0} = \frac{1}{2\beta^2 D'}Q_0$$

$$Q_x = \frac{dM_x}{dx} = -D'\frac{d^3 w}{dx^3}$$

由此，可得到的内力为：

$$N_x = 0$$

$$N_\theta = -E\delta\frac{w}{R} + \mu N_x = 2\beta R e^{-\beta x}[\beta M_0(\cos\beta x - \sin\beta x) + Q_0\cos\beta x]$$

$$M_x = -D'\frac{\mathrm{d}^2 w}{\mathrm{d}x^2} = \frac{e^{-\beta x}}{\beta}[\beta M_0(\cos\beta x + \sin\beta x) + Q_0\sin\beta x] \qquad (3-23)$$

$$M_\theta = \mu M_x$$

$$Q_x = -D'\frac{\mathrm{d}^3 w}{\mathrm{d}x^3} = -e^{-\beta x}[2\beta M_0\sin\beta x - Q_0(\cos\beta x - \sin\beta x)]$$

式中　　N_θ——单位长度上的周向薄膜内力，N/mm；

$\qquad\quad$ N_x——单位圆周长度上的轴向薄膜应力，N/mm；

$\qquad\quad$ Q_x——单位圆周长度上横向剪力，N/mm；

$\qquad\quad$ M_x——单位圆周长度上的轴向弯矩，N·mm/mm；

$\qquad\quad$ M_θ——单位长度上的周向弯矩，N·mm/mm。

上述各内力求解后，就可确定各应力分量。圆柱壳弯曲问题中的应力由两部分组成：一部分是薄膜内力引起的薄膜应力，这一应力沿厚度均匀分布；另一部分是弯曲应力，包括弯曲内力在同一矩形截面引起的沿厚度呈线性分布的正应力和抛物线分布的横向切应力。因此，圆柱壳轴对称弯曲应力计算公式为：

$$\sigma_x = \frac{N_x}{\delta} \pm \frac{12M_x}{\delta^3}z$$

$$\sigma_\theta = \frac{N_\theta}{\delta} \pm \frac{12M_\theta}{\delta^3}z$$

$$\sigma_z = 0 \qquad (3-24)$$

$$\tau_x = \frac{6Q_x}{\delta^3}\left(\frac{\delta^2}{4} - z^2\right)$$

式中　　z——离壳体中面的距离，mm。

正应力的最大值在壳体的表面上（$z = \mp\frac{\delta}{2}$），横向切应力的最大值发生在中面上（$z = 0$），即：

$$(\sigma_x)_{max} = \frac{N_x}{\delta} \mp \frac{6M_x}{\delta^2}$$

$$(\sigma_\theta)_{max} = \frac{N_\theta}{\delta} \mp \frac{6M_\theta}{\delta^2} \qquad (3-25)$$

$$(\tau_x)_{max} = \frac{3Q_x}{2\delta}$$

横向切应力与正应力相比数值较小，一般不予计算。

（3）组合壳不连续应力的计算举例

现以厚圆平板与圆柱壳连接时的边缘应力计算为例，说明边缘应力计算方法。如图 3-18 所示，内部作用均匀压力 p，用一假想截面将圆柱壳与圆平板在连接部位切开，在连接处受到边缘力 Q_0 和边缘力矩的作用。若平板较厚，则抵抗变形的能力远大于圆柱壳可假设连接处没有位移和转角，即：

$$w_1^{\mathrm{p}} = w_1^{Q_0} = w_1^{M_0} = 0$$

$$\varphi_1^{\mathrm{p}} = \varphi_1^{Q_0} = \varphi_1^{M_0} = 0$$

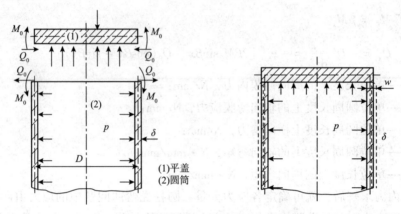

(1)平盖
(2)圆筒

图 3 – 18　圆平板与圆柱壳的连接

圆柱壳边缘力和边缘力矩引起的变形可按式(3 – 23)计算。内压 p 引起的变形可根据广义虎克定律和应变与位移关系式得到，内压 p 引起的转角为零，故：

$$w_2^{\mathrm{p}} = -\frac{pR^2}{2E\delta}(2 - \mu)$$

$$\varphi_2^{\mathrm{p}} = 0$$

根据变形协调条件，式(3 – 16)可转化为：

$$w_2^{\mathrm{p}} + w_2^{Q_0} + w_2^{M_0} = 0$$

$$\varphi_2^{\mathrm{p}} + \varphi_2^{Q_0} + \varphi_2^{M_0} = 0$$

将位移和转角代入上式，得：

$$-\frac{pR^2}{2E\delta}(2 - \mu) - \frac{1}{2\beta^2 D'}M_0 - \frac{1}{2\beta^3 D'}Q_0 = 0$$

$$\frac{1}{2\beta D'}M_0 + \frac{1}{2\beta^2 D'}Q_0 = 0$$

解得：

$$M_0 = \beta^2 D' \frac{pR^2}{E\delta}(2 - \mu)$$

$$Q_0 = -2\beta^3 D' \frac{pR^2}{E\delta}(2 - \mu)$$

利用式(3 – 8)、式(3 – 19)和式(3 – 25)，可求出圆柱壳中最大经向应力和周向应力(均在 $\beta x = 0$ 处，内表面)为：

$$(\sum \sigma_x)_{max} = 2.05 \frac{pR}{\delta}$$

$$(\sum \sigma_\theta)_{max} = 0.62 \frac{pR}{\delta}$$

可见，与厚平板连接的圆柱壳边缘处的最大应力为壳体内表面的轴向应力，远大于远离结构不连续处圆柱壳中的应力。

(4)不连续应力的特性

不同结构组合壳，在连接边缘处，有不同的边缘应力，它们都有一个共同特性，即影响范围小，这些应力只存在于连接处附近的局部区域。例如，受边缘力和力矩作用的圆柱壳，由式(3-26)可知，随着离边缘距离 x 的增加，各内力呈指数函数衰减以至消失，这种性质称为不连续应力的局部性。当 $x = \pi/\beta$ 时，圆柱壳中产生的纵向弯矩的绝对值为：

$$|(M_x)_{x=\pi/\beta}| = e^{-\pi}M_0 = 0.043M_0$$

可见，在离开边缘 π/β 处，其纵向弯矩已衰减 95.7%；$x > \pi/\beta$，则可忽略边缘力和边缘弯矩的作用。

对于一般钢材 $\mu = 0.3$，则：

$$x = \frac{\pi}{\beta} = \frac{\pi \sqrt{R\delta}}{\sqrt[4]{3(1-\mu^2)}} = 2.5\sqrt{R\delta}$$

在多数情况下，$2.5\sqrt{R\delta}$ 与壳体半径 R 相比是一个很小的数字，这说明边缘应力具有局部性。

不连续应力还有一个特性是自限性。不连续应力是由于相邻壳体，在连接处的薄膜变形不相等，两壳体连接边缘的变形受到弹性约束所致，因此对于用塑性材料制造的壳体，当连接边缘的局部区域产生塑性变形，这种弹性约束就开始缓解，变形不会连续发展，不连续应力也自动限制，这种性质称不连续应力的自限性。

不连续应力具有局部性和自限性两种特性，因此，对于受静载荷作用的塑性材料壳体，在设计中一般不作具体计算，仅采取结构上作局部处理的办法，以限制其应力水平。例如，不等厚的壳体采用单边削薄或双面削薄处理；尽量采用形状优化曲线过渡；局部区域补强；采用合适的开孔方位等。

3.3 圆平板应力分析

本节计算分析中所用的符号意义如下：

M_r——单位长度上的径向弯矩，N·mm/mm；

M_θ——单位长度上的周向弯矩，N·mm/mm；

Q_r——单位长度上的横向剪力，N/mm；

p_z——单位面积上的压力，N/mm²；

R_{eL}——材料的屈服强度，MPa；

r ——圆平板任意圆柱面的半径，mm；

θ ——两经线平面间的夹角，(°)；

z ——离平板中面的距离，mm。

ε_r ——径向应变，MPa；

ε_θ ——周向应变，MPa；

w ——法线方向的挠度，mm；

φ ——法线与回转轴的夹角，(°)；

E ——材料的弹性模量，MPa；

μ ——材料的泊松比；

σ_r ——径向应力，MPa；

σ_θ ——周向应力，MPa；

D' ——圆平板的抗弯刚度，$D' = \dfrac{E\delta^3}{12(1-\mu^2)}$，N·mm；

δ ——平板厚度，mm；

C_1、C_2、C_3 ——积分常数；

τ ——平板的横向切应力，MPa；

R ——平板半径，mm。

3.3.1 克希霍夫假设

容器的封头、人孔或手孔盖、反应器触媒床的支撑板以及板式塔的塔盘等形状通常是圆形平板或中心有孔的圆环形孔板，这是组成容器的一类重要构件。描述圆平板的几何特征也用中面、厚度和边界支承条件。圆平板与壳体相似之处是有中面，但其中面是一个平面。圆平板沿垂直于其中面方向的尺寸，即两表面之间的垂直距离，称为板的厚度。按照板的厚度与直径之比，以及板的挠度与其厚度之比，可以分为以下几类：厚板与薄板；小挠度薄板与大挠度薄板。厚板与薄板、小挠度薄板与大挠度薄板均无明显界限，通常将圆平板的厚度与直径之比≤1/5 的称之为薄板，反之称为厚板。薄板的挠度与厚度之比≤1/5时，认为可按小挠度薄板计算。

过程容器中常用的圆平板多属于受轴对称载荷的小挠度圆形薄板构件，本书仅讨论弹性薄板的小挠度理论。这是一种近似理论，建立在满足克希霍夫(Kirchhoff)假设基础上，具体如下。

①板弯曲时，其中面保持中性，即板中面内各点无伸缩和剪切变形，只有沿中面法线的挠度 w。

②板变形前位于中面的法线，变形后仍保持为直线，且垂直于变形后的中面。

③平行于中面的各层材料互不挤压，即垂直于板面的正应力较小，可略去不计。

因为弹性薄板的小挠度理论属于静不定问题，需要建立平衡方程、几何方程和物理方程，最后得到挠度微分方程，解得圆板中的应力。

3.3.2 圆板轴对称弯曲的微分方程

（1）圆板中的内力

如图3-19所示，半径为R、厚度为t、承受轴对称横向载荷p_z的圆平板，除满足克希霍夫假设外，还具有轴对称性。在r、θ、z坐标系中，圆平板内仅存在M_r、M_θ、Q_r三个内力分量，挠度w只是半径r的函数，与θ无关。

（2）平衡方程

如图3-19（b）所示，用相距$\mathrm{d}r$的两个同心圆柱截面和夹角为$\mathrm{d}\theta$的两个径向平面以及圆板的上下表面构成的微元体。因轴对称，板内无转矩，在半径r和$r+\mathrm{d}r$的两个圆柱面上的经向弯矩分别为M_r和$M_r + \left(\dfrac{\mathrm{d}M_r}{\mathrm{d}r}\right)\mathrm{d}r$；横向剪力分别为$Q_r$和$Q_r + \left(\dfrac{\mathrm{d}Q_r}{\mathrm{d}r}\right)\mathrm{d}r$外，其他截面上剪力均为零；两径向截面上所作用的周向弯矩均为M_θ；横向载荷p_z作用在微元体上表面的外力为P，其值为$p_z r\mathrm{d}\theta\mathrm{d}r$，如图3-19（c）、（d）所示。$M_r$、$M_\theta$为单位长度上的力矩，$Q_r$是单位长度上的剪力，$p_z$为单位面积上的外力。

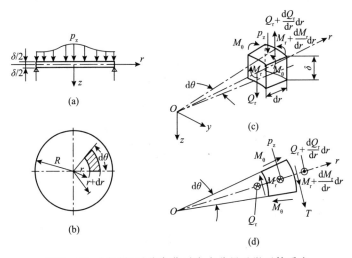

图3-19　圆平板对称弯曲时内力分量及微元体受力

根据微元体的力矩平衡条件，所有内力与外力矩对圆柱面切线 T 的力矩代数和应为零，即：

$$\left(M_r + \frac{\mathrm{d}M_r}{\mathrm{d}r}\mathrm{d}r\right)(r + \mathrm{d}r)\mathrm{d}\theta - M_r r\mathrm{d}\theta - 2M_\theta \mathrm{d}r\sin\frac{\mathrm{d}\theta}{2} + Q_r r\mathrm{d}\theta\mathrm{d}r + p_z r\mathrm{d}\theta\mathrm{d}r\frac{\mathrm{d}r}{2} = 0$$

其中第一、第二为径向弯矩矢量、第三项为周向弯矩矢量在y轴上投影；第四、四五项为剪力和外力对y轴的力矩。

将上述方程展开，取$\sin\dfrac{\mathrm{d}\theta}{2} \approx \dfrac{\mathrm{d}\theta}{2}$，略去高阶小量，并消去因子$\mathrm{d}r\mathrm{d}\theta$，得：

$$M_r + \frac{\mathrm{d}M_r}{\mathrm{d}r}r - M_\theta + Q_r r = 0 \qquad (3-26)$$

这就是圆平板在轴对称横向载荷作用下的平衡方程，它包含 M_r、M_θ 和 Q_r 三个未知量，下面需要利用几何方程和物理方程将 M_r 和 M_θ 用 w 来表达，进而得到只含一个未知量 w 的微分方程。

(3) 几何方程

受轴对称载荷的圆平板，板中面弯曲变形后的挠曲面也有轴对称性，即挠度 w 仅取决于坐标 r，与 θ 无关，因此，只需研究任一径向截面的变形情况即可建立应变与挠度之间的几何关系。

图 3-20 中，$\overline{AB}$ 是一径向截面上与中面相距为 z，半径为 r 与 $r+dr$ 两点 A 与 B 构成的微段，$\overline{AB} = dr$。$\overline{mn}$ 和 $\overline{m_1 n_1}$ 分别为过 A 点和 B 点并与中面垂直的直线。在板变形后，A 点和 B 点分别移至 A' 和 B' 位置，根据第二个假设，过 A' 点和 B' 点的直线 $m'n'$ 和 $m_1'n_1'$ 仍垂直于变形后的中曲面，但它们分别转过了角 φ 和 $\varphi + d\varphi$，故微段 $\overline{AB}$ 的径向应变为：

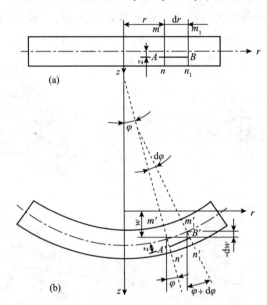

图 3-20 圆平板对称弯曲的变形关系

$$\varepsilon_r = \frac{z(\varphi + d\varphi) - z\varphi}{dr} = z\frac{d\varphi}{dr}$$

按照克希霍夫假设①，中面在圆平板弯曲过程中无应变。但中面上下各层弯曲后其周长都要发生相应的变化。距中面为 z 的那层，其半径由弯曲前的 r 变为 $r + z\varphi$，因此，过 A 点的周向应变为：

$$\varepsilon_\theta = \frac{2\pi(r + z\varphi) - 2\pi r}{2\pi r} = z\frac{\varphi}{r}$$

作为小挠度薄板，转角 $\varphi = -\dfrac{dw}{dr}$，式中负号表示随着半径 r 的增大，w 却减小，代入上述 ε_r 和 ε_θ 表达式，可得表示应变与挠度关系的几何方程为：

$$\varepsilon_r = -z \frac{\mathrm{d}^2 w}{\mathrm{d}r^2}$$

$$\varepsilon_\theta = -\frac{z}{r} \frac{\mathrm{d}w}{\mathrm{d}r}$$

(3-27)

(4)物理方程

根据克希霍夫假设③，圆平板弯曲后，其上任意一点均处于两向应力状态。由广义虎克定律可得圆平板的物理方程为：

$$\sigma_r = \frac{E}{1-\mu^2}(\varepsilon_r + \mu\varepsilon_\theta)$$

$$\sigma_\theta = \frac{E}{1-\mu^2}(\varepsilon_\theta + \mu\varepsilon_r)$$

(3-28)

(5)圆板轴对称弯曲的挠度微分方程

将式(3-27)代入式(3-28)，得：

$$\sigma_r = -\frac{Ez}{1-\mu^2}\left(\frac{\mathrm{d}^2 w}{\mathrm{d}r^2} + \frac{\mu}{r} \frac{\mathrm{d}w}{\mathrm{d}r}\right)$$

$$\sigma_\theta = -\frac{Ez}{1-\mu^2}\left(\frac{1}{r} \frac{\mathrm{d}w}{\mathrm{d}r} + \mu \frac{\mathrm{d}^2 w}{\mathrm{d}r^2}\right)$$

(3-29)

现根据圆平板截面上弯矩与应力的关系，将弯矩 M_r 和 M_θ 表示成 w 函数表达式。由式(3-29)可见，σ_r 和 σ_θ 沿着厚度(即 z 方向)均为线性分布，中性面处应力为零。图3-21所示为径向应力 σ_r 的分布图。

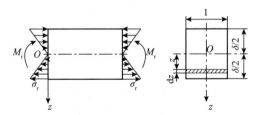

图 3-21　圆平板内的应力与内力之间的关系

σ_r、σ_θ 的线性分布力系便组成弯矩 M_r、M_θ。单位长度上的径向弯矩为：

$$M_r = \int_{-\frac{\delta}{2}}^{\frac{\delta}{2}} \sigma_r z \mathrm{d}z = -\int_{-\frac{\delta}{2}}^{\frac{\delta}{2}} \frac{E}{1-\mu^2}\left(\frac{\mathrm{d}^2 w}{\mathrm{d}r^2} + \frac{\mu}{r} \frac{\mathrm{d}w}{\mathrm{d}r}\right)z^2 \mathrm{d}z$$

其中 $\frac{\mathrm{d}w}{\mathrm{d}r}$ 和 $\frac{\mathrm{d}^2 w}{\mathrm{d}r^2}$ 均为 r 的函数，而与积分变量 z 无关，于是上式积分可得：

$$M_r = -D'\left(\frac{\mathrm{d}^2 w}{\mathrm{d}r^2} + \frac{\mu}{r} \frac{\mathrm{d}w}{\mathrm{d}r}\right)$$

(3-30a)

同理可得周向弯矩表达式：

$$M_\theta = -D'\left(\frac{1}{r} \frac{\mathrm{d}w}{\mathrm{d}r} + \mu \frac{\mathrm{d}^2 w}{\mathrm{d}r^2}\right)$$

(3-30b)

式中，$D' = \frac{E\delta^3}{12(1-\mu^2)}$，$D'$ 与圆平板的几何尺寸及材料性能有关，称为圆平板的"抗弯刚度"。

弯矩和应力的关系式为:

$$\sigma_{\mathrm{r}} = \frac{12M_{\mathrm{r}}}{\delta^3}z$$

$$\sigma_{\theta} = \frac{12M_{\theta}}{\delta^3}z$$

$$(3-31)$$

将式(3-30)代入平衡方程式(3-26),得:

$$\frac{\mathrm{d}^3 w}{\mathrm{d}r^3} + \frac{1}{r}\frac{\mathrm{d}^2 w}{\mathrm{d}r^2} - \frac{1}{r^2}\frac{\mathrm{d}w}{\mathrm{d}r} = \frac{Q_{\mathrm{r}}}{D'} \qquad (3-32)$$

上式可写为:

$$\frac{\mathrm{d}}{\mathrm{d}r}\left[\frac{1}{r}\frac{\mathrm{d}}{\mathrm{d}r}\left(r\frac{\mathrm{d}w}{\mathrm{d}r}\right)\right] = \frac{Q_{\mathrm{r}}}{D'} \qquad (3-33)$$

式(3-33)为受轴对称横向载荷圆形薄板下小挠度弯曲微分方程式,Q_{r} 值可依据不同载荷情况用静力法求得。

3.3.3 均布载荷下的圆板中的应力

用于容器的圆平板通常受到均布的横向载荷的作用,即 $p_z = p$ 为一常数,如图 3-22 所示,可确定作用在半径为 r 的圆柱截面上的剪力,即:

$$Q_{\mathrm{r}} = \frac{\pi r^2 p}{2\pi r} = \frac{pr}{2}$$

将 Q_{r} 代入式(3-32)中,得均布载荷作用下圆平板弯曲微分方程为:

$$\frac{\mathrm{d}}{\mathrm{d}r}\left[\frac{1}{r}\frac{\mathrm{d}}{\mathrm{d}r}\left(r\frac{\mathrm{d}w}{\mathrm{d}r}\right)\right] = \frac{pr}{2D'}$$

将上述方程连续对 r 积分两次得到挠曲面在半径方向的斜率:

$$\frac{\mathrm{d}w}{\mathrm{d}r} = \frac{pr^3}{16D'} + \frac{C_1 r}{2} + \frac{C_2}{r}$$

再积分一次,得到中面弯曲后的挠度:

$$w = \frac{pr^4}{64D'} + \frac{C_1 r^2}{4} + C_2 \ln r + C_3 \qquad (3-34)$$

式中的 C_1、C_2、C_3 均为积分常数。对于圆平板在板中心处($r=0$)挠曲面的斜率与挠度均为有限值,因而要求积分常数 $C_2 = 0$,于是上述方程改写为:

$$\frac{\mathrm{d}w}{\mathrm{d}r} = \frac{pr^3}{16D'} + \frac{C_1 r}{2}$$

$$(3-35)$$

$$w = \frac{pr^4}{64D'} + \frac{C_1 r^2}{4} + C_3$$

式中,C_1、C_3 由边界条件确定。

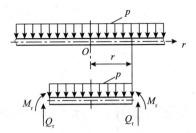

图 3 – 22　均布载荷作用时圆平板内 Q_r 的确定

下面讨论两种典型支承情况。

(1)周边固支圆平板。周边固支圆平板下表面的应力分布如图 3 – 23(a)所示,周边固支的圆平板,在支撑处不允许有挠度和转角,其边界条件为:

$$r = R, \quad \frac{\mathrm{d}w}{\mathrm{d}r} = 0$$

$$r = R, \quad w = 0$$

将上述边界条件代入式(3 – 35),解得积分常数:

$$C_1 = -\frac{pR^2}{8D'}, \quad C_3 = \frac{pR^4}{64D'}$$

代入式(3 – 35)得周边固支平板的斜率和挠度方程:

$$\frac{\mathrm{d}w}{\mathrm{d}r} = -\frac{pr}{16D'}(R^2 - r^2)$$

$$w = \frac{p}{64D'}(R^2 - r^2)^2 \tag{3 – 36}$$

周边固支时,最大挠度发生在圆平板的中心($r = 0$)处,为:

$$w_{\max} = \frac{pR^4}{64D'} \tag{3 – 37}$$

将挠度 w 对 r 的一阶导数和二阶导数代入式(3 – 30),得固支条件下的周边固支圆平板弯矩表达式:

$$M_r = \frac{p}{16}\left[R^2(1 + \mu) - r^2(3 + \mu)\right]$$

$$M_\theta = \frac{p}{16}\left[R^2(1 + \mu) - r^2(1 + 3\mu)\right] \tag{3 – 38}$$

由此代入式(3 – 31)弯曲应力计算试,可得 r 处上、下板面的应力表达式:

$$\sigma_r = \mp \frac{M_r}{\delta^2/6} = \mp \frac{3}{8}\frac{p}{\delta^2}\left[R^2(1 + \mu) - r^2(3 + \mu)\right]$$

$$\sigma_\theta = \mp \frac{M_\theta}{\delta^2/6} = \mp \frac{3}{8}\frac{p}{\delta^2}\left[R^2(1 + \mu) - r^2(1 + 3\mu)\right] \tag{3 – 39}$$

根据式(3 – 39)可知最大应力在板边缘上下表面,即:

$$(\sigma_r)_{\max} = \pm \frac{3pR^2}{4\delta^2} \tag{3 – 40}$$

（2）周边简支圆平板。周边简支圆平板下表面的边分布如图3-23（b）所示，周边简支的圆平板的支撑特点是只限制挠度而不限制转角，因而不存在径向弯矩，此时边界条件为：

$$r = R, \quad w = 0$$
$$r = R, \quad M_r = 0$$

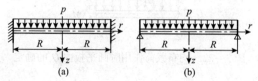

图3-23　承受均布横向载荷的圆平板

利用上述边界条件代入式（3-36），解得积分常数：

$$C_1 = -\frac{(3+\mu)}{(1+\mu)}\frac{pR^2}{8D'}, \quad C_3 = \frac{(5+\mu)}{(1+\mu)}\frac{pR^4}{64D'}$$

代入式（3-35）得周边简支圆平板在均布载荷作用下的挠度方程：

$$w = \frac{p}{64D'}\left[(R^2 - r^2)^2 + \frac{4R^2(R^2 - r^2)}{1+\mu}\right] \tag{3-41}$$

周边简支时，最大挠度发生在圆平板的边缘（$r = R$）处，为：

$$w_{\max} = \frac{pR^4}{64D'}\frac{(5+\mu)}{(1+\mu)} \tag{3-42}$$

弯矩表达式：

$$M_r = \frac{p}{16}(3+\mu)(R^2 - r^2)$$
$$M_\theta = \frac{p}{16}\left[R^2(3+\mu) - r^2(1+3\mu)\right] \tag{3-43}$$

应力表达式：

$$\sigma_r = \mp\frac{3}{8}\frac{p}{\delta^2}(3+\mu)(R^2 - r^2)$$
$$\sigma_\theta = \mp\frac{3}{8}\frac{p}{\delta^2}\left[R^2(3+\mu) - r^2(1+3\mu)\right] \tag{3-44}$$

根据式（3-44）可知最大应力在板中心上下表面，即：

$$(\sigma_r)_{\max} = (\sigma_\theta)_{\max} = \frac{3(3+\mu)}{8}\frac{pR^2}{\delta^2} \tag{3-45}$$

现画出周边简支圆平板下表面的应力分布，如图3-24（b）所示。

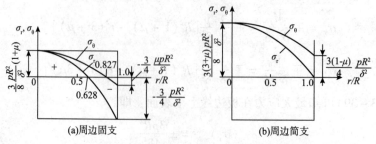

(a)周边固支　　　　　　　　(b)周边简支

图3-24　圆平板的弯曲应力分布（板下表面）

在工程设计中，要保证结构的强度和刚度，则应考虑最大挠度和最大应力。由上述分析可知，最大挠度和最大应力与圆平板的材料、半径、厚度、载荷有关。因此，当载荷和材料一定时，减小半径或增加厚度都可以减小挠度和降低应力；当圆平板的几何尺寸和载荷一定时，选用弹性模量及泊松比较大的材料，也可减小挠度和降低应力。然而，在工程实际中，由于材料的 E、μ 变化范围较小，故采用此法不能获得需要的挠度和应力状态。较多的是采用改变其周边支承结构，使其更趋近于固支条件；增加圆平板厚度或用正交栅格、圆环肋加固平板等方法来提高平板的强度与刚度。

根据周边简支与周边固支最大挠度之比为：

$$\frac{w_{max}^s}{w_{max}^f} = \frac{5 + \mu}{1 + \mu} \tag{3-46}$$

对于钢材，将 $\mu = 0.3$ 代入上式得：

$$\frac{w_{max}^s}{w_{max}^f} = \frac{5 + 0.3}{1 + 0.3} = 4.08$$

这表明，周边简支板的最大挠度远大于周边固支板的挠度。

根据周边简支与周边固支最大应力之比为：

$$\frac{(\sigma_r)_{max}^s}{(\sigma_r)_{max}^f} = \frac{3 + \mu}{2} \tag{3-47}$$

对于钢材，将 $\mu = 0.3$ 代入上式得：

$$\frac{(\sigma_r)_{max}^s}{(\sigma_r)_{max}^f} = \frac{3.3}{2} = 1.65$$

这表明，周边简支板的最大正应力大于周边固支板的应力。

圆平板受载后，除产生正应力外，还存在由内力 Q_r 引起的切应力。在均布载荷 p 作用下，圆平板柱面上的最大剪力 $(Q_r)_{max} = pR/2$ $(r = R)$，近似采用矩形截面梁中最大切应力公式，得：

$$\tau_{max} = \frac{3}{2}\frac{(Q_r)_{max}}{1 \times \delta} = \frac{3}{4}\frac{pR}{\delta}$$

将其与最大正应力对比，最大正应力与 $(R/\delta)^2$ 值为同一量级；而最大切应力则与 (R/δ) 值为同一量级。因而对于 $R \gg \delta$ 的薄板，板内的正应力远大于切应力。

通过对最大挠度和最大应力的比较，可以看出周边固支的圆平板在刚度和强度两方面均优于周边简支圆平板。

(3) 薄圆平板应力特点

综合前面分析可见，受轴对称均布载荷薄圆平板的应力有以下特点：

① 板内为二向应力 σ_r、σ_θ，平行于中面各层相互之间的正应力 σ_z 及剪力 Q_r 引起的切应力 τ 均可予以忽略。

② 正应力 σ_r、σ_θ 沿厚度呈直线分布，在板的上下表面有最大值，是纯弯曲应力。

③ 应力沿半径的分布与周边支承方式有关，工程实际中的圆平板周边支承是介于固支和简支两者之间的形式。

④ 薄板结构的最大弯曲应力 σ_{max} 与 $(R/\delta)^2$ 成正比，而薄壳的最大拉(压)应力 σ_{max} 与

(R/δ) 成正比。故在相同 (R/δ) 条件下，薄板所需厚度比薄壳大。

3.3.4 承受轴对称载荷时环板中的应力

环板是圆平板的特例，中心开有圆形孔的圆平板称为环板，孔边受均布力矩 M_1 和均布力 f 的圆平板如图 3 – 25 所示。通常环板主要受弯曲变形，仍可利用上述圆平板的基本方程求解环板的应力、应变，只是在内孔边缘上增加了一个边界条件。

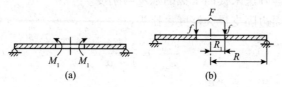

图 3 – 25 外周边简支内周边承受均布载荷的圆环板

需要注意，当环板内半径和外半径比较接近时，环板可简化为圆环。圆环在沿其中心线（通过形心）均布力矩 M 作用下，矩形截面只产生微小的转角而无其他变形，从而在圆环上产生周向应力。这类问题虽然为轴对称问题，但不能应用上述圆平板的基本方程求解。

3.4 内压薄壁容器设计

本节计算分析中所用的符号意义如下：

σ_1 ——壳体中的最大拉应力，MPa；

$[\sigma]^t$ ——设计温度下材料的许用应力，MPa

R_{eL} ——材料的屈服强度，MPa；

σ_3 ——壳体中的最小应力，MPa；

σ_2 ——壳体中的第二大应力，MPa；

σ_{eq} ——应力强度或相当应力，MPa

p_w ——工作压力，MPa；

D ——圆筒中径，mm；

δ_{min} ——最小厚度，mm；

$[p_w]$ ——最大允许工作压力，MPa；

R_m ——材料的抗拉强度，MPa；

R_{eL}^t ——设计温度下材料的屈服强度，MPa；

R_n^t ——高温下材料的蠕变极限，MPa；

R_D^t ——高温下材料的持久强度，MPa；

n ——安全系数，下角标 s、b、n、D 分别表示屈服强度、抗拉强度、蠕变极限、持久强度对应的安全系数；

L_1 ——锥壳加强段长度，mm；

L——筒体加强段长度，mm；

r——折边锥壳大端过渡段转角半径，mm；

δ_p——平盖计算厚度，mm。

3.4.1 概述

(1)压力容器设计要求

压力容器设计的基本要求是安全性和经济性。安全是前提和核心，经济是设计的目标，在充分保证压力容器安全的前提下应尽可能做到经济。安全性主要指结构完整性和密封性。结构完整性主要是指容器在满足功能要求的基础上，满足强度、稳定性、刚度、耐久性等要求；密封性是指容器的泄漏率应控制在允许的范围内。经济性包括较高的效率、节省原材料、经济的制造方法、简便的操作和较低维修成本等。对一家化工厂来说停工一天所造成的经济损失可能远超过单台设备的成本。因此，提高容器全寿命周期内的可靠性，减少容器的停产损失，本身就是提高经济效益。当然，确保一台压力容器安全运行，决定因素有很多。例如，操作人员能否严格执行规章制度，流程中是否有严格的安全措施等。但要讨论的重点是压力容器本身是否安全可靠。

充分保证安全并不等于保守。例如，采用过厚的壁厚，不仅浪费材料，而且原材料的焊接质量难以保证，反而会影响容器的安全性。因此，提高容器的安全性需从多方面考虑，如设计合理的容器结构，避免局部应力集中，采用不同的设计方法等。

(2)压力容器设计条件

压力容器应根据设计委托方以正式书面形式提供的设计条件进行设计。设计委托方可以是压力容器的使用单位(用户)、制造单位、工程公司或者设计单位自身的工艺室等。设计条件至少包含以下内容。

①操作参数(工作压力、工作温度范围、液位高度、接管载荷等)。

②压力容器使用地及其自然条件(环境温度、抗震设防烈度、风和雪载荷等)。

③介质组分和特性(介质名或分子式、密度及危害性等)。

④预期使用年限(设计委托方提出预期使用期限，设计者应当与委托方进行协商，根据压力容器使用工况进行选材，从安全性和经济性角度合理确定压力容器设计寿命)。

⑤几何参数和管口方位(常用容器结构简图表示，示意性画出容器本体与几何尺寸，主要内件形状，接管方位，支座形式等)。

⑥设计需要的其他必要条件(选材要求、防腐蚀要求、表面、特殊试验、安装运输要求等)。

为了便于填写和表达，设计条件常用设计条件图表示，主要包括简图、用户要求、接管表等内容。简图示意性地画出容器本体、主要内件形状、部分结构尺寸、接管位置、支座形式及其他需要表达的内容。设计条件图又分为容器基本条件图、换热器条件图、塔器条件图和搅拌容器条件图。

(3)压力容器设计文件

压力容器的设计文件，包括强度计算书或应力分析报告、设计图样、制造技术条件、风险评估报告(适用于第Ⅲ类压力容器或设计委托方要求时),必要时,还应当包括安装及使用维修说明。

设计计算书的内容至少应包括:设计条件、所用规范和标准、材料、腐蚀裕量、计算厚度、名义厚度、计算应力等。装设安全泄放装置的压力容器,还应计算压力容器安全泄放量、安全阀排量和爆破片泄放面积。

设计图样包括总图和零部件图。总图至少应注明以下内容:压力容器名称、类别,设计、制造所依据的主要法规、标准;工作条件;设计条件;主要受压元件材料牌号及材料要求;主要特性参数(容积、换热器换热面积与程数等);压力容器设计寿命(又称压力容器设计使用年限,疲劳容器标明循环次数);特殊制造要求;热处理要求;无损检测要求;耐压试验和气密性试验要求;预防腐蚀要求;安全附件的规格和订购特殊要求;压力容器铭牌的位置;包装、运输、现场组焊和安装要求;其他特殊要求。

(4)压力容器设计方法

常用的压力容器的设计方法有以下几种。

①常规设计。又称按规则设计,以区别于分析设计。常规设计只考虑单一的最大载荷工况,按一次施加的静力载荷处理,不考虑交变载荷,也不区分短期载荷和永久载荷,因而不涉及容器的疲劳寿命问题。

在求解压力容器各受压元件应力时,主要采用材料力学及板壳理论,按最大拉应力准则来推导受压元件的强度尺寸计算公式。强度校核时,大部分场合将受压元件的应力强度限制在材料的许用应力以内。对于结构不连续处的边缘应力,常规设计采用分析设计标准中的有关规定,确定元件结构的相关尺寸范围,或借助大量实践积累的经验引入各种系数来限制。

②分析设计。分析设计是通过解析法或数值法,将各种外载荷或变形约束产生的应力分别计算出来,然后进行应力分类,再按不同的设计准则来限制,保证容器在使用寿命内不发生任何形式的失效。

分析设计通常采用弹性应力分析和塑性理论相结合的方法,克服了常规设计的不足,可应用于承受各种载荷、任何结构形式的压力容器设计。

本教材主要介绍压力容器的常规设计方法。

3.4.2　压力容器设计准则

(1)压力容器失效

压力容器在规定的服役环境和寿命内,因尺寸、形状或材料性能发生改变而危及安全或者丧失功能的现象,称为压力容器的失效。虽然压力容器失效原因多种多样,但是失效的最终表现形式主要是过度变形、断裂和泄漏。按照失效原因,大致可分为强度失效、刚度失效、失稳失效和泄漏失效等四类。

①强度失效。因材料屈服或断裂引起的压力容器失效,称为强度失效。例如,韧性断裂、脆性断裂、疲劳断裂、蠕变断裂、腐蚀断裂等。压力容器的断裂就意味着泄漏或爆炸,后果十分严重。其中,韧性断裂和脆性断裂是两种常见的断裂形式。

韧性断裂是指压力容器在载荷作用下,产生的应力达到或接近所用材料的强度极限而发生的断裂。其特征是：破坏后有肉眼可见的宏观变形，如整体鼓胀，周长伸长率可达10%～20%，断口处厚度显著减薄；没有碎片，或者偶尔有少量碎片。在这种情况下，按实测厚度计算的爆破压力与实际爆破压力相当接近。

壁厚过薄和超压是引起压力容器韧性断裂的主要原因。导致壁厚过薄的情况大致有两种：厚度未经设计计算，以及厚度因腐蚀、冲蚀等原因而减薄；而操作失误、液体受热膨胀、化学反应失控等均可引起超压。

严格按照规范设计、制造，并配备相应的超压泄放装置，同时遵循有关规定进行运输、安装、使用、检修和检测，可以避免压力容器在设计寿命内发生韧性断裂。

脆性断裂是指压力容器未经明显的塑性变形而发生的断裂。这种断裂是在较低应力水平下发生的，断裂时的应力远低于材料强度极限，故又称为低应力脆断。其特征是：断裂时容器没有明显的膨胀；断口平齐，并与最大应力方向垂直；断裂的速度极快，易形成碎片。由于脆性断裂时容器往往没有超压，爆破片、安全阀等超压泄放装置无动作，其危险性要比塑性垮塌严重得多。

材料脆性和缺陷两种原因都会引起压力容器脆性断裂。除材料选用不当、焊接与热处理工艺不合理导致材料脆化外，低温、高压氢环境、中子辐照也会使材料脆化。压力容器用钢一般韧性较好，但若存在严重的原始缺陷（如原材料的夹渣、分层、折叠等）、制造缺陷（如焊接引起的未熔透、裂纹等）或使用中产生的缺陷，也会导致脆性断裂发生。

②刚度失效。指由于压力容器的变形大到足以影响其正常工作而引起的失效。例如，露天立置的塔在风载荷作用下，发生过大的弯曲变形，造成塔盘倾斜而影响塔的正常工作，或者塔体受到过大的弯曲应力引发刚性不足发生失效。

③失稳失效。指在压应力作用下，压力容器突然失去其原有的规则几何形状引起的失效。容器弹性失稳的一个重要特征是弹性挠度与载荷不成比例，且临界压力与材料的强度无关，主要取决于容器的尺寸和材料的弹性模量。但当容器中的应力水平超过材料的屈服强度而发生非弹性屈曲时，临界压力还与材料的强度有关。例如，承受外压或真空的容器，容易产生失稳失效。

④泄漏失效。指压力容器本体或连接件失去密封功能而引起的泄漏。泄漏不仅有可能引起中毒、燃烧和爆炸等事故，而且还会造成环境污染等。设计压力容器时，应重视各可拆式接头和不同压力腔之间的连接接头（如换热管和管板的连接）的密封性能。

随着社会的进步，压力容器失效的外延不断扩大。除危及安全、丧失功能外，振动、噪声等对操作和环境有影响的失效模式也越来越受到重视。

(2)压力容器设计准则

压力容器设计时，应首先确定其最有可能发生的失效形式，选择合适的失效判据和设计准则，确定适用的设计标准，再按照标准要求进行设计、校核。按照失效形式的不同，失效设计准则可以分为强度失效设计准则、刚度失效设计准则、失稳失效设计准则和泄漏失效设计准则。

现主要介绍压力容器强度失效设计准则中常用的弹性失效设计准则。

弹性失效设计准则是将容器总体部位的初始屈服视为失效。对于韧性材料，在单向拉

伸应力 σ 作用下，屈服失效判据的数学表达式为：

$$\sigma = R_{eL} \tag{3-48}$$

用许用应力 $[\sigma]^t$ 代替式(3-48)中的材料的屈服强度，得到相应的设计准则：

$$\sigma \leq [\sigma]^t \tag{3-49}$$

压力容器设计中，常用最大拉应力 σ_1 来代替式(3-49)中的应力 σ，建立设计准则，即：

$$\sigma_1 \leq [\sigma]^t \tag{3-50}$$

式(3-50)为基于最大拉应力的弹性失效设计准则，简称为最大拉应力准则。

处于任意应力状态的韧性材料，工程上常采用的屈服失效判据主要有：Tresca 屈服失效判据和 Misses 屈服失效判据。

Tresca 屈服失效判据又称为最大切应力屈服失效判据或第三强度理论。这一判据认为材料屈服的条件是最大切应力达到某一极限值，其数学表达式为：

$$\sigma_1 - \sigma_3 = R_{eL}$$

相应的设计准则为：

$$\sigma_1 - \sigma_3 \leq [\sigma]^t \tag{3-51}$$

式(3-51)为最大切应力的弹性失效设计准则，简称为最大切应力准则。

Misses 屈服失效判据又称为形状改变比能屈服失效判据或第四强度理论。这一判据认为材料屈服的条件是与应力偏量有关的形状改变比能，其数学表达式为：

$$\sqrt{\frac{1}{2}[(\sigma_1-\sigma_2)^2 + (\sigma_2-\sigma_3)^2 + (\sigma_3-\sigma_1)^2]} = R_{eL}$$

相应的设计准则为：

$$\sqrt{\frac{1}{2}[(\sigma_1-\sigma_2)^2 + (\sigma_2-\sigma_3)^2 + (\sigma_3-\sigma_1)^2]} \leq [\sigma]^t \tag{3-52}$$

式(3-52)为形状改变比能屈服失效设计准则，简称为形状改变比能准则。

工程上，常将强度设计准则中直接与许用应力 $[\sigma]^t$ 比较的量，称为应力强度或相当应力，用 σ_{eqi} 表示，$i=1,3,4$，分别表示了最大拉应力、最大切应力和形状改变比能准则的序号。将许用应力称为设计应力强度。综合式(3-50)~式(3-52)，可以把弹性失效设计准则写成统一形式为：

$$\sigma_{eq1} \leq [\sigma]^t$$

应力强度是由三个主应力按一定形式组合而成的，它本身没有确切的物理含义，只是为了方便而引入的名词和记号。与最大拉应力、最大切应力和形状改变比能准则相对应的应力强度分别为：

$$\sigma_{eq1} = \sigma_1$$
$$\sigma_{eq3} = \sigma_1 - \sigma_3$$
$$\sigma_{eq4} = \sqrt{\frac{1}{2}[(\sigma_1-\sigma_2)^2 + (\sigma_2-\sigma_3)^2 + (\sigma_3-\sigma_1)^2]}$$

(3)刚度失效设计准则

在载荷作用下，要求构件的弹性位移、转角不超过规定的数值。于是，刚度失效设计准则为：

$$w \leqslant [w]$$
$$\theta \leqslant [\theta] \tag{3-53}$$

式中　w——载荷作用下产生的位移，mm；

　　$[w]$——许用位移，mm；

　　　θ——载荷作用下产生的转角，(°)；

　　$[\theta]$——许用转角，(°)。

(4)失稳失效设计准则

压力容器设计中，应防止失稳发生。例如，仅受均布外压的圆筒，外压应小于周向临界压力；由弯矩或弯矩和压力共同引起的轴向压缩，压应力应小于轴向临界应力。

$$p \leqslant \frac{p_{cr}}{m} \text{ 或 } \sigma \leqslant [\sigma]_{cr} \tag{3-54}$$

式中　p——设计外压力，MPa；

　　p_{cr}——临界压力，MPa；

　　m——稳定系数；

　　σ——圆筒的轴向压缩应力，MPa；

　　$[\sigma]_{cr}$——材料最大轴向许用临界压应力，MPa。

(5)泄漏失效设计准则

对于泄漏，常用紧密性这一概念来比较或评价密封的有效性。紧密性用被密封流体在单位时间内通过泄漏通道的体积或质量，即泄漏率来表示。漏与不漏(或零泄漏)是相对于某种泄漏检测仪器的灵敏度范围而言的。不漏的含义是指容器泄漏率小于所有泄漏检测仪器可以分辨的最低泄漏率。因此，泄不泄漏只是一个相对的概念。

泄漏失效设计准则是指容器发生的介质泄漏率不得超过允许泄漏率，即 $L \leqslant [L]$。一般根据容器内介质的价值、对人员和设备的危害性及环境保护的要求，确定允许泄漏率。介质危害性越大，环保要求越高，要求的紧密性等级越高，密封设计的要求也越严格。

由于泄漏是一个受众多因素，包括安装、设计、制造和检验、运行以及维护等影响的复杂问题，现有的设计规范中有关密封装置或连接部件的设计多数没有与泄漏发生定量的关系，而是用强度或刚度失效设计准则替代泄漏失效设计准则，并结合使用经验，以满足设备接头的密封要求。

3.4.3　内压薄壁圆筒设计

3.4.3.1　设计准则

前两节讨论了回转薄壳容器的应力求法。本节将介绍承受内压(设计压力不大于35MPa)的容器筒体和封头等元件的强度计算方法。

实际应用中的容器不仅受内压介质压力作用，而且包括容器及其物料和内件的重量、风载、地震、温度差、附加外载荷等作用。设计中一般以介质压力作为确定壁厚的基本载荷，然后校核在其他载荷下器壁中的应力，使容器对它们有足够的安全裕度。此外，作为常规设计，一般仅考虑静载荷，不考虑循环载荷和振动的影响。

按照材料力学中的强度理论，对于钢制容器适宜采用第三、第四强度理论，但是由于第一强度理论在容器设计历史上使用最早，有成熟的实践经验，而且由于强度条件不同而引起的误差已考虑在安全系数内，所以至今在容器常规设计中仍采用第一强度理论，即：

$$\sigma_1 \leqslant [\sigma]$$

在对容器壳体各元件进行强度计算时，主要是确定 σ_1，并将其控制在许用应力范围内，进而求得容器的厚度。

3.4.3.2 圆筒强度计算

对于承受均匀内压作用的薄壁圆筒，设圆筒的中面直径为 D，壁厚为 δ，其器壁中产生周向薄膜应力和经向薄膜应力为：

$$\sigma_\theta = \frac{pD}{2\delta}$$

$$\sigma_\varphi = \frac{pD}{4\delta}$$

按照第一强度理论可得：

$$\sigma_1 = \sigma_\theta = \frac{pD}{2\delta} \leqslant [\sigma]^t$$

因工艺设计中一般给出内直径 D_i，$D = D_i + \delta$，将此代入上式，得：

$$\frac{p(D_i + \delta)}{2\delta} \leqslant [\sigma]^t$$

承受内压圆筒计算厚度的计算式中，压力 p 应采用计算压力 p_c，实际圆筒由钢板卷焊而成，考虑到焊接可能引起的强度削弱，$[\sigma]^t$ 应乘以焊接接头系数 ϕ 经化简后可得圆筒的厚度计算值。

$$\delta = \frac{p_c D_i}{2[\sigma]^t \phi - p_c} \quad\quad (3-55)$$

式中　δ——计算厚度，mm；

p_c——计算压力，MPa；

D_i——圆筒内直径，mm；

ϕ——焊接接头系数 $\phi \leqslant 1.0$；

$[\sigma]^t$——设计温度下材料的许用应力，MPa。

其次，考虑到容器内部介质或周围大气腐蚀，设计厚度应比计算厚度 δ 增加腐蚀裕量 C_2。于是得到设计厚度：

$$\delta_d = \frac{p_c D_i}{2[\sigma]^t \phi - p_c} + C_2 \quad\quad (3-56)$$

式中　δ_d——设计厚度，mm；

C_2——腐蚀裕度，mm。

在圆筒设计厚度的基础上，考虑供货钢板可能出现的钢板厚度负偏差 C_1，并向上圆整至钢板的标准规格厚度，便可得到圆筒的名义厚度，即：

$$\delta_n = \delta_d + C_1 + \Delta = \delta + C_1 + C_2 + \Delta \tag{3-57}$$

式中　δ_n——名义厚度，mm；

　　　C_1——钢板厚度负偏差，mm；

　　　Δ——圆整至钢板标准规格的厚度圆整值，mm。

上述计算是根据给定的工艺条件，确定容器筒体所需的壁厚。在工程实际中常遇到的另一种情况是，当已知圆筒内径 D_i、名义厚度 δ_n 或实测最小厚度 δ_{min} 时，即可对容器进行强度校核。此时，其应力强度判别按式(3-58)进行。

$$\sigma^t = \frac{p_c(D_i + \delta_e)}{2\delta_e} \leqslant [\sigma]^t \phi \tag{3-58}$$

式中　σ^t——校核温度下圆筒器壁中的计算应力，MPa；

　　　δ_e——有效厚度，等于名义厚度减去厚度附加量，即 $\delta_e = \delta_n - C_1 - C_2$；对在用容器，当已知实测最小壁厚 δ_{min} 时，$\delta_e = \delta_{min} - C_2$，其中 C_2 为容器在下一个检验周期的腐蚀裕度，mm。

因此，圆筒的最大允许工作压力 $[p_w]$ 为：

$$[p_w] = \frac{2\delta_e[\sigma]^t \phi}{D_i + \delta_e} \tag{3-59}$$

3.4.3.3 设计参数的规定

上述设计计算公式中的有关参数，应根据 GB/T 150—2011《压力容器》的有关规定正确选定，下面分别予以介绍。

(1)设计压力 p

设计压力指设定的容器顶部的最高压力，与相应的设计温度一起作为容器的基本设计载荷条件，其值不得低于工作压力。而工作压力 p_w 是指容器在正常工作过程中顶部可能产生的最高压力。

设计压力的大小与容器上超压泄放装置的类型、盛装介质等有关。当内压容器上装设有安全阀的容器，考虑到安全阀开启动作的滞后，容器不能及时泄压，设计压力不应低于安全阀的整定压力，通常可取最高工作压力的 1.05~1.10 倍；装设爆破片时，设计压力不得低于爆破片的设计爆破压力。

对于盛装液化气体的容器，由于容器内介质压力为液化气体的饱和蒸汽压，在规定的装量系数范围内，与体积无关，仅取决于温度的变化，故设计压力与周围的大气环境温度密切相关。具体可参照 TSG 21—2016《固定式压力容器安全技术监察规程》。

(2)计算压力 p_c

计算压力是指在相应的设计温度下，用以确定元件最危险截面厚度的压力，其中包括液柱静压力。通常，计算压力等于设计压力加上液柱静压力。当元件所承受的液柱静压力小于 5% 设计压力时，可忽略不计。

(3)设计温度

设计温度是指容器在正常工作情况下，设定的元件的金属温度(沿元件金属截面的温度平均值)。当元件金属温度不低于0℃时，设计温度不得低于元件金属可能达到的最高温度；当元件金属温度低于0℃时，设计温度不得高于元件金属可能达到的最低温度。GB/T 150.3—2011规定设计温度低于 -20℃的碳素钢和低合金钢制容器，以及设计温度低于 -196℃的奥氏体型钢材制容器属于低温容器。

值得注意的是，金属温度与容器内的物料温度、环境温度、保温条件和物料的物理状态等有关。因此，元件的金属温度可以通过传热计算或实测得到，也可按内部介质的最高(最低)温度确定，或在此基准上增加(或减少)一定数值。

设计温度与设计压力存在对应关系。当压力容器具有不同的操作工况时，应按最苛刻的压力与温度的组合确定容器的设计条件，而不能按其在不同工况下各自的最苛刻条件来确定设计温度和设计压力。

(4)厚度附加量 C

设计时要考虑的厚度附加量 C 由钢材的厚度负偏差 C_1 和腐蚀裕量 C_2 组成，即 $C = C_1 + C_2$，不包括加工减薄量 C_3。加工减薄量一般根据具体制造工艺和板材的实际厚度由制造厂而并非设计人员确定。

钢板或钢管厚度负偏差 C_1 应按相应钢材标准的规定选取。按GB/T 709—2019《热轧钢板和钢带的尺寸、外形、重量及允许偏差》的规定，热轧钢板按厚度偏差可分为 N、A、B、C 四个类别。GB 713—2014《锅炉和压力容器用钢板》和 GB 3531—2014《低温压力容器用钢板》中列举的压力容器专用钢板的厚度负偏差按 GB/T 709—2019 中的 B 类要求，即Q245R、Q345R 和 16MnDR 等压力容器常用钢板的负偏差均为 0.3mm。

腐蚀裕量主要是防止容器受压元件由于均匀腐蚀、机械磨损而导致厚度削弱减薄。与腐蚀介质直接接触的筒体、封头、接管等受压元件，均应考虑材料的腐蚀裕量。腐蚀裕量一般可根据容器的预期设计使用寿命和介质对钢材的腐蚀速率确定。

介质为压缩空气、水蒸气、水的碳素钢和低合金钢制容器，腐蚀裕量不小于1mm；对于不锈钢，当介质的腐蚀性极微时，可取 $C_2 = 0$。

腐蚀裕量只对防止发生均匀腐蚀破坏有意义；对于应力腐蚀、氢脆和缝隙腐蚀等非均匀腐蚀，用增加腐蚀裕量的办法来防止腐蚀的效果不佳，此时应着重选择耐腐蚀材料或进行适当防腐蚀处理。

(5)最小厚度 δ_{min}

对于压力较低的容器，按强度公式计算出来的厚度很薄，往往会给制造、运输以及吊装带来困难，因此对壳体元件规定了不包括腐蚀裕量的最小厚度 δ_{min}。对碳素钢、低合金钢制的容器：$\delta_{min} \geq 3mm$；对高合金制的容器：$\delta_{min} \geq 2mm$。

(6)焊接接头系数 ϕ

通过焊接制成的容器，焊缝中可能存在夹渣、未熔透、裂纹、气孔等焊缝缺陷，且在焊缝热影响区很容易形成粗大晶粒而使母材强度或塑性有所降低，因此焊缝往往成为容器强度比较薄弱的环节。为弥补焊缝对容器整体强度的削弱，在强度计算中需引入焊接接头系数。

焊接接头系数 ϕ 表示焊缝金属与母材强度的比值，反映容器强度受削弱的程度，是焊接接头力学性能的综合反应。影响焊接接头系数大小的因素较多，主要与焊接接头形式和焊缝无损检测的要求及长度比例有关。中国钢制压力容器的焊接接头系数可按表 3 - 1 选取。

表 3 - 1 　焊接接头系数

焊接接头形式	无损检测要求	ϕ 值
双面焊对接接头和相当于双面焊的全焊透对接接头	100%	1.00
	局部	0.85
单面焊对接接头(沿焊缝根部全长有紧贴基本金属的垫板)	100%	0.90
	局部	0.80

(7)许用应力与安全系数

许用应力是容器壳体、封头等受压元件的材料许用强度，取材料强度失效判据的极限值与相应的安全系数之比。设计时必须合理地选择材料的许用应力，采用过小的许用应力，会使设计的部件过分笨重而浪费材料，反之则使部件过于单薄而容易被破损。

材料强度失效判据的极限值可以用各种不同的方式表示，如屈服强度 R_{eL}（或无明显屈服点时产生 0.2% 永久形变对应的应力值 $R_{p0.2}$、无明显屈服点时产生 1.0% 永久变形对应的应力值 $R_{p1.0}$）、抗拉强度 R_m、持久强度 R_D、蠕变极限 R_n 等。应根据失效类型来确定极限值。

在蠕变温度以下，通常取材料常温下最低抗拉强度 R_m、常温或设计温度下标准屈服强度 R_{eL} 或 R_{eL}^t 除以各自的安全系数后，取得到的最小值作为压力容器受压元件设计时的许用应力，即：

$$[\sigma] = \min\left\{\frac{R_m}{n_b}, \frac{R_{eL}}{n_s}, \frac{R_{eL}^t}{n_s}\right\} \qquad (3-60)$$

也就是说在设计受压元件时，以抗拉强度和屈服强度同时来控制许用应力。因为对于韧性材料制造的容器，按弹性失效设计准则，容器总体部位的最大应力强度应低于材料的屈服强度，故许用应力应以屈服强度为基准。目前在压力容器设计中，不少规范同时用抗拉强度作为计算许用应力的基准，其目的是为能在一定程度上防止断裂失效。

当碳素钢或低合金钢的设计温度超过 420℃，铬钼合金钢设计温度高于 450℃，奥氏体不锈钢设计温度高于 550℃时，有可能产生蠕变，因而必须同时考虑基于高温蠕变极限 R_n^t 或持久强度 R_D^t 的许用应力，即：

$$[\sigma]^t = \frac{R_D^t}{n_D} \quad 或 \quad [\sigma]^t = \frac{R_n^t}{n_n} \qquad (3-61)$$

安全系数主要是为了保证受压元件强度有足够的安全储备量，其大小与材料性能、载荷性质、制造工艺和使用管理的先进性以及检验水平等因素有着密切关系。近年来，随着生产的发展和科学研究的深入，对压力容器设计、制造、检验和使用的认识日益全面、深刻，安全系数也逐步降低。以常规设计为例，20 世纪 50 年代我国取 $n_b \geq 4.0$，$n_s \geq 3.0$，

20 世纪 90 年代取 $n_b \geqslant 3.0$，$n_s \geqslant 1.6$（或 1.5），目前取 $n_b \geqslant 2.7$，$n_s \geqslant 1.5$。

GB/T 150.2—2011 给出了钢板、钢管、锻件以及螺栓材料在设计温度下的许用应力值，同时也列出了确定钢材许用应力的依据，钢材（除螺栓材料外）许用应力的确定依据如表 3-2 所示。螺栓的许用应力应依据材料的不同状态和直径大小而定。为保证螺栓法兰连接结构的密封性，须严格控制螺栓的弹性变形。一般情况下，螺栓材料的许用应力取值比其他受压元件材料低；同时为防止小直径螺栓在安装时断裂，小直径螺栓的许用应力也应比大直径的低。

表 3-2　钢制压力容器用材料许用应力的取值方法

材　料	许用应力（取下列各值中的最小值）/MPa
碳素钢、低合金钢、铁素体高合金钢	$\dfrac{R_m}{2.7}$, $\dfrac{R_{eL}}{1.5}$, $\dfrac{R_{eL}^t}{1.5}$, $\dfrac{R_D^t}{1.5}$, $\dfrac{R_n^t}{1.0}$
奥氏体高合金钢	$\dfrac{R_m}{2.7}$, $\dfrac{R_{eL}(R_{p0.2})}{1.5}$, $\dfrac{R_{eL}^t(R_{p0.2}^t)}{1.5}$[①], $\dfrac{R_D^t}{1.5}$, $\dfrac{R_n^t}{1.0}$

①对奥氏体高合金钢制受压元件，当设计温度低于蠕变范围，且允许有微量的永久变形时，可适当提高许用应力至 $0.9R_{eL}^t(R_{0.2}^t)$，但不得超过 $\dfrac{R_{eL}(R_{0.2})}{1.5}$。此规定不适用于法兰或其他有微量永久变形就产生泄漏或故障的场合。

3.4.3.4　耐压试验

GB/T 150—2011 中规定，压力容器制成后或定期检验中，应进行耐压试验，以考核容器在制造（特别是焊接过程）和使用中会产生的各种缺陷对压力容器安全性的影响。耐压试验可分为液压试验、气压试验及气液组合试验。

试验目的是在超设计压力下，考察容器的整体强度、刚度和稳定性，检查焊接接头的致密性，验证密封结构的密封性，消除或降低焊接残余应力、局部不连续区的峰值应力，同时对微裂纹产生闭合效应，钝化微裂纹尖端。

（1）试验介质

耐压试验是容器在使用之前的第一次承压，且试验压力要比容器最高工作压力高，容器发生爆破的可能性比使用时大。由于在相同压力和容积下，试验介质的压缩系数越大，容器所储存的能量也越大，发生爆炸的危险性就越高，故应选用压缩系数小的流体作为试验介质。常温时，水的压缩系数比气体要小得多，且来源丰富，因而是常用的试验介质。只有因结构或支承等原因，不能向压力容器内充灌水或其他液体，以及运行条件不允许残留液体时，才采用气压试验。

以水为介质进行液压试验时，其所用的水必须是洁净的。奥氏体不锈钢制容器用水进行液压试验时，应严格控制水中氯离子含量不超过 25mg/L，以防止氯离子的腐蚀。试验合格后，还应立即将水渍清除干净。新制造的压力容器液压试验完毕后，应当用压缩空气将其内部吹干。进行气压试验时，试验所用气体应当为干燥洁净的空气、氮气或其他惰性气体。

气液组合试验是近年来为适应容器大型化需要新增的试验种类。需进行气液组合试验的容器，多指压力低、容积大、主要盛装气态介质的容器。这类容器需在使用现场制造或组装并进行耐压试验。由于承重等原因，这类容器可能无法进行液压试验。若进行气压试验，则会因气体的可压缩性大而导致试验耗时过长，甚至难以实现。气液组合试验则是解决这一问题的有效途径。气液组合试验可根据容器及其基础的承重能力，先向容器内部注入一定量的液体，然后再注入气体直到指定的试验压力。

（2）耐压试验温度

一般情况下，为防止材料发生低应力脆性破坏，在进行耐压试验时，容器器壁金属温度应当比容器器壁金属的韧脆转变温度高30℃。如果因板厚等因素造成材料韧脆转变温度升高，则需相应提高试验温度。考虑到气体快速充放有可能引起温度升降，必要时还应在气压试验或者气密性试验过程中监测器壁金属温度，并考虑温度变化对容器强度的影响。小容积容器尤应注意这种温度的变化。

（3）耐压试验压力

试验压力应当符合设计图样要求，并且不小于式(3-62)的计算值。

$$p_{\text{T}} = \eta p \cdot \frac{[\sigma]}{[\sigma]^{\text{t}}} \tag{3-62}$$

式中　p_{T}——耐压试验压力，当设计考虑液柱静压力时，应当加上液柱静压力，MPa；

　　p——压力容器的设计压力或者压力容器铭牌上规定的最大允许工作压力（对在用压力容器为工作压力），MPa；

　　η——耐压试验压力系数，钢和有色金属进行液压试验时$\eta = 1.25$，气压和气液组合试验时$\eta = 1.10$；

　　$[\sigma]$——试验时器壁金属温度下材料的许用应力，MPa；

　　$[\sigma]^{\text{t}}$——设计温度下材料的许用应力，MPa。

注意，式(3-62)中，当容器各元件（圆筒、封头、接管、设备法兰及其紧固件等）所用材料不同时，应取各元件材料$[\sigma]/[\sigma]^{\text{t}}$比值中最小者。

（4）耐压试验时容器强度校核

为保证在进行耐压试验时，容器材料处于弹性状态，在耐压试验前应按式(3-63)校核试验时筒体的薄膜应力σ_{T}。

$$\sigma_{\text{T}} = \frac{p_{\text{T}}(D_{\text{i}} + \delta_{\text{e}})}{2\delta_{\text{e}}} \tag{3-63}$$

式中　σ_{T}——试验压力下的圆筒的应力，MPa。

液压试验时，σ_{T}应满足式(3-64)的要求。

$$\sigma_{\text{T}} \le 0.9\phi R_{\text{eL}}(R_{\text{p0.2}}) \tag{3-64}$$

气压试验时，σ_{T}应满足式(3-65)的要求。

$$\sigma_{\text{T}} \le 0.8\phi R_{\text{eL}}(R_{\text{p0.2}}) \tag{3-65}$$

3.4.3.5 泄漏试验

（1）试验目的

泄漏试验是考察焊接接头的致密性和密封结构的密封性能，检查的重点是可拆的密封装置和焊接接头等部位。泄漏试验应在耐压试验合格后进行。其并不是每台压力容器制造过程中必做的试验项目，这是因为多数压力容器没有严格的致密性要求，且耐压试验具备一定的检漏功能。

TSG 21—2016《固定式压力容器安全技术监察规程》规定，当介质毒性程度为极度、高度危害或设计上不允许有微量泄漏的压力容器（如真空度要求较高时），必须进行泄漏试验。

（2）试验方法

根据试验介质的不同，泄漏试验可分为气密性试验、氨检漏试验、卤素检漏试验和氦检漏试验等。

①气密性试验。气密性试验一般采用干燥洁净的空气、氮气或者其他惰性气体作为试验介质，试验压力为压力容器的设计压力。应视具体情况确定气密性试验时是否装配齐全安全阀、爆破片等安全附件。如果安全附件由制造单位选购，进行气密性试验时应装配齐全安全附件。通常情况下安全附件的动作压力低于设计压力，气密性试验难以进行，此时应采用设计给出的容器最高允许工作压力作为安全附件动作压力的最高值，以保证试验能够进行。有时在制造单位进行气密性试验时安装了安全阀，但出厂时，为便于运输，也可能拆下安全附件。在现场安装后，运行试验时仍需检查安全附件连接处的密封性能。

②氨检漏试验。由于氨具有较强的渗透性且极易在水中扩散被水吸收，因此对有较高致密性要求的容器，如液氨蒸发器、衬里容器等，常进行以氨为试验介质的泄漏试验。具体可根据设计要求选用氨—空气法、氨—氮气法和100%氨气法等方法。试验前在待检部位贴上5%硝酸亚汞或酚酞水溶液浸渍过的试纸，试验后若试纸变为黑色或红色，即表示该部位有泄漏。

③卤素检漏试验。这是一种高灵敏度的检漏方法，常用于不锈钢及钛设备的泄漏试验。试验时需将容器抽成真空，利用氟利昂和其他卤素压缩气体作为示踪气体，在容器待检部位用铂离子吸气探针进行探测，以发现泄漏。

④氦检漏试验。这是一种特高灵敏度的检漏方法，试验费用较高，一般仅用于对泄漏有特殊要求的场合。试验时需将容器抽成真空，利用氦压缩气体作为示踪气体，在待检部位用氦质谱分析仪的吸气探针进行探测，以发现泄漏。该方法对试验容器和试验环境的清洁度较高要求。

气压试验合格的容器在某些情况下还必须开展泄漏试验，主要是考虑到空气、氨、卤素及氦的渗透性强弱差异大，用空气进行气压试验时显示不泄漏，并不能保证用氨、卤素或氦进行泄漏试验时也不泄漏。这类容器是否还需要进行泄漏试验，需要设计者根据气压试验与泄漏试验所选择的介质进行判断，如两者选择的介质相同，则气压试验合格后的容器无须再进行泄漏试验。

【例3－1】有一圆筒形锅炉汽包，内径1400mm，操作压力4MPa，此时蒸汽温度为250℃，汽包上装有安全阀，材料Q245R，腐蚀裕量取2mm，筒体采用带垫板的对接焊接，全部探伤，试求该汽包的厚度。

解：（1）计算压力

$$p_c = 1.1 p_w = 1.1 \times 4 = 4.4 \text{MPa}$$

（2）设计厚度

假设材料的许用应力$[\sigma]^t = 111\text{MPa}$（厚度为$16 \sim 36\text{mm}$时），计算筒体厚度按式（3-55）进行。

$$\delta = \frac{p_c D_i}{2[\sigma]^t \phi - p_c} = \frac{4.4 \times 1400}{2 \times 111 \times 0.9 - 4.4} = 31.53\text{mm}$$

设计厚度$\delta_d = \delta + C_2 = 31.53 + 2 = 33.53\text{mm}$

名义厚度$\delta_n = \delta_d + C_1 + \Delta = 33.53 + 0.3 + 0.17 = 34\text{mm}$

（3）检查

$\delta_n = 34\text{mm}$，$[\sigma]^t$没有变化，故取名义厚度34mm合适。

【例3-2】某内压圆柱形筒体，其设计压力为0.5MPa，设计温度为$100℃$，圆筒内径为1200mm，总高为2600mm，盛装液体介质，介质密度1000kg/m^3，圆筒材料为Q345R，腐蚀裕量取2mm，筒体采用带垫板的对接焊，焊接接头系数1.0。试求该筒体的厚度并进行水压试验校核。

解：（1）根据设计压力和液柱静压力确定计算压力

液柱静压力：$\rho g h = 1000 \times 10 \times 2.6 / 10^6 = 0.026\text{MPa}$

设计压力p的5% $5\% \times 0.5 = 0.025\text{MPa}$

$$\rho g h > 5\% p$$

$$p_c = p + \rho g h = 0.5 + 0.026 = 0.526\text{MPa}$$

（2）设计厚度

假设材料的许用应力$[\sigma]^t = 189\text{MPa}$（厚度为$3 \sim 16\text{mm}$时），计算筒体厚度按式（3-55）进行。

$$\delta = \frac{p_c D_i}{2[\sigma]^t \phi - p_c} = \frac{0.526 \times 1200}{2 \times 189 \times 1.0 - 0.526} = 1.67\text{mm}$$

设计厚度$\delta_d = \delta + C_2 = 1.67 + 2 = 3.67\text{mm}$

名义厚度$\delta_n = \delta_d + C_1 + \Delta = 3.67 + 0.3 + 0.11 = 4\text{mm}$

对于低合金钢制的容器，规定不包括腐蚀裕量的最小厚度应不小于3mm，若加上2mm的腐蚀裕量，名义厚度至少应取5mm。根据钢板标准规格，名义厚度取为6mm。

（3）检查

$\delta_n = 6\text{mm}$，$[\sigma]^t$没有变化，故取名义厚度6mm合适。

$\delta_e = \delta_n - C_1 - C_2 = 6 - 0.3 - 2 = 3.7\text{mm}$

（4）水压试验压力及校核

$$p_T = \eta p \cdot \frac{[\sigma]}{[\sigma]^t} = 1.25 \times 0.5 \times \frac{189}{189} + 1000 \times 10 \times 2.6 / 10^6 = 0.651\text{MPa}$$

$$\sigma_T = \frac{p_T(D_i + \delta_e)}{2\delta_e} = \frac{0.651 \times (1200 + 3.7)}{2 \times 3.7} = 105.89\text{MPa}$$

$\sigma_T \leq 0.9\phi R_{eL} = 0.9 \times 1.0 \times 345 = 310.5\text{MPa}$

水压试验合格。

3.5 内压封头设计

压力容器封头的种类较多，分为凸形封头、锥壳、变径段、平盖及紧缩口等，其中凸形封头包括半球形封头、椭圆形封头、碟形封头和球冠形封头。封头的选用要根据工艺条件的要求、制造的难易程度和材料的消耗等情况来决定。

对受均匀内压封头的强度计算，由于封头和圆筒相连接，因而不仅需要考虑封头本身因内压引起的薄膜应力，还要考虑与圆筒连接处的不连续应力。连接处总应力的大小与封头的几何形状和尺寸，封头与圆筒厚度的比值大小有关。但在确定封头厚度设计公式时，主要利用内压薄膜应力作为依据，将因不连续效应产生的应力增强影响以应力增强系数的形式引入厚度计算式中。应力增强系数由有力矩理论解析导出，并辅以实验修正。

3.5.1 凸形封头

（1）半球形封头

半球形封头是半个球壳，如图 3 - 26（a）所示。在均匀内压作用下，薄壁球形容器的薄膜应力为相同直径圆筒的一半，故从受力分析来看，球形封头是最理想的结构形式。但缺点是深度大，直径小时，整体冲压困难，大直径采用分瓣冲压其拼焊工作量也较大。半球形封头常用在高压容器上。

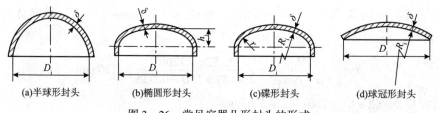

(a)半球形封头 (b)椭圆形封头 (c)碟形封头 (d)球冠形封头

图 3 - 26 常见容器凸形封头的形式

式(3 - 66)为受内压的半球形封头厚度计算公式，其推导过程与球壳厚度计算公式相同。

$$\delta = \frac{p_c D_i}{4 [\sigma]^t \phi - p_c} \qquad (3 - 66)$$

式中 D_i ——球壳的内直径，mm。

（2）椭圆形封头

椭圆形封头是由半个椭球面和短圆筒组成，如图 3 - 26（b）所示。直边段的作用是避免封头和圆筒的连续焊缝处出现经向曲率半径突变，以改善焊缝的受力状况。由于封头的椭球部分经线曲率变化平滑连接，故应力分布比较均匀，且椭圆形封头深度较半球形封头小得多，易于冲压成型，是目前中、低压容器中应用较多的封头之一。

受内压椭圆形封头中的应力包括由内压引起的薄膜应力和封头与圆筒连接处不连续应力。研究表明，在一定条件下，椭圆形封头中的最大应力和圆筒周向薄膜应力的比值，与椭圆形封头长轴与短轴之比 $\frac{a}{b}$ 的值有关。封头中最大应力的位置和大小均随 $\frac{a}{b}$ 的改变而变化，故在 $\frac{a}{b} = 1.0 \sim 2.6$ 时，工程设计采用引入应力增强系数 K 对计算厚度进行修正。

$$\delta = \frac{Kp_cD_i}{2[\sigma]^t\phi - 0.5p_c} \tag{3-67}$$

式中　K——椭圆形封头应力增强系数，又称形状系数。

$$K = \frac{1}{6}\left[2 + \left(\frac{D_i}{2h_i}\right)^2\right] \tag{3-68}$$

式中　h_i——椭圆形封头的内曲面深度，mm。

当 $D_i/2h_i = 2$ 时，为标准椭圆形封头，此时 $K = 1$，厚度计算式为：

$$\delta = \frac{p_cD_i}{2[\sigma]^t\phi - 0.5p_c} \tag{3-69}$$

椭圆形封头的最大允许工作压力：

$$[p_w] = \frac{2[\sigma]^t\phi\delta_e}{KD_i + 0.5\delta_e} \tag{3-70}$$

式(3-70)，若计算压力小于最大允许工作压力，从强度上避免了封头发生屈服。然而根据应力分析，承受内压的标准椭圆形封头在过渡转角区存在着较高的周向压应力，这样内压椭圆形封头虽然满足强度要求，但仍可能发生周向皱褶而导致局部屈曲失效。特别是大直径、薄壁椭圆形封头，很容易在弹性范围内因屈曲而被破坏。目前，工程上一般采用限制椭圆形封头最小厚度的方法，如 GB/T 150.3—2011 规定 $D_i/2h_i \leq 2$ 的椭圆形封头的有效厚度应不小于封头内直径的 0.15%，$D_i/2h_i > 2$ 的椭圆形封头的有效厚度应不小于封头内直径的 0.30%。

（3）碟形封头

碟形封头是带折边的球面封头，由半径为 R_i 的球面体、半径为 r 的过渡环壳和短圆筒等三部分组成，如图 3-26(c)所示。从几何形状看，碟形封头是不连续曲面，在经线曲率半径突变的两个曲面连接处，由于曲率的较大变化而存在较大的边缘弯曲应力。该边缘弯曲应力与薄膜应力叠加，使该部位的应力远远高于其他部位，故受力状况不佳。但过渡环壳的存在降低了封头的深度，方便了成型加工，且压制碟形封头的钢模加工简单，使碟形封头的应用范围较为广泛。

受内压的碟形封头，由于存在较大的边缘应力，严格地讲受内压碟形封头的应力分析计算应采用有力矩理论，但其求解甚为复杂。对碟形封头的失效研究表明，在内压作用下，过渡环壳包括不连续应力在内的总应力比中心球面部分的总应力大。过渡环壳的最大应力和中心球面部分的最大总应力之比与 $\frac{R_i}{r}$ 的值有关。工程设计采用引入应力增强系数 M 对计算厚度进行修正。

$$\delta = \frac{Mp_cR_i}{2[\sigma]^t\phi - 0.5p_c} \tag{3-71}$$

式中　　M——碟形封头应力增强系数，又称形状系数。

$$M = \frac{1}{4}\left(3 + \sqrt{\frac{R_i}{r}}\right) \qquad (3-72)$$

碟形封头的最大允许工作压力按式(3-73)确定：

$$[p_w] = \frac{2[\sigma]^t\phi\delta_e}{MR_i + 0.5\delta_e} \qquad (3-73)$$

碟形封头的强度与过渡区半径 r 有关，r 过小，则封头应力过大。因而，封头的形状限于 $r \geqslant 0.01D_i$，$r \geqslant 3\delta$，且 $R_i \leqslant D_i$。对于标准碟形封头，$R_i = 0.9D_i$，$r = 0.17D_i$。

与椭圆形封头相仿，内压作用下的碟形封头过渡区也存在着周向屈曲问题，GB/T 150.3—2011 规定，对于 $R_i/r \leqslant 5.5$ 的碟形封头的有效厚度应不小于封头内直径的 0.15%，其他碟形封头的有效厚度应不小于封头内直径的 0.30%。

(4)球冠形封头

当 $r = 0$ 时的碟形封头即成为球冠形封头，它是部分球面与圆筒直接连接而成，如图 3-26(d)所示，因结构简单、制造方便，常用作容器中两独立受压室的中间封头，也可用作端盖。由于球面与圆筒连接处没有转角过渡，所以在连接处附近的封头和圆筒上都存在相当大的不连续应力，其应力分布不甚合理，这种封头一般只能用于压力不高的场合。

3.5.2　锥壳

轴对称锥壳可分为两种形式，无折边锥壳和折边锥壳，具体如图 3-27 所示。由于结构不连续，锥壳的应力分布并不理想，但其特殊的结构形式有利于固体颗粒，悬浮和黏稠液体的排放，可作为不同直径圆筒的中间过渡段，因而在中、低压容器中使用较为普遍。

在结构设计时，对于锥壳大端，当锥壳半顶角 $\alpha \leqslant 30°$ 时，可以采用无折边结构，如图 3-27(a)所示；当 $\alpha > 30°$，应采用带过渡段的折边结构，如图 3-27(b)和(c)所示；否则按应力分析方法设计。大端折边锥壳的过渡段转角半径 r 应不小于封头大端内直径 D_i 的 10%，且不小于该过渡厚度的 3 倍。对于锥壳小端，当锥壳半顶角 $\alpha \leqslant 45°$ 时，可以采用无折边结构；当 $\alpha > 45°$ 时，应采用带过渡段的折边结构。小端折边锥壳的过渡段转角半径 r_s 应不小于封头小端内径 D_{is} 的 5%，且不小于该过渡段厚度的 3 倍。当锥壳半顶角 $\alpha > 60°$ 时，其厚度按平盖计算，也可用应力分析方法。

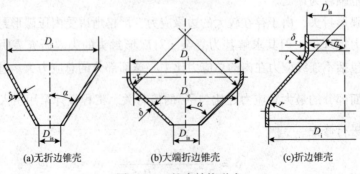

(a)无折边锥壳　　　　(b)大端折边锥壳　　　　(c)折边锥壳

图 3-27　锥壳结构形式

（1）无折边锥壳

①锥壳厚度。按无力矩理论，最大薄膜应力为锥壳大端的周向应力 σ_θ，即：

$$\sigma_\theta = \frac{p_c D}{2\delta\cos\alpha}$$

由第一强度理论，并取 $D = D_c + \delta_c\cos\alpha$，可得厚度计算式：

$$\delta = \frac{p_c D_c}{2[\sigma]^t\phi - p_c} \times \frac{1}{\cos\alpha} \tag{3-74}$$

式中 D_c——锥壳计算内直径，mm；

δ_c——锥壳计算厚度，mm；

α——锥壳半顶角，(°)。

当锥壳由同一半顶角的几个不同厚度的锥壳段组成时，D_c 为各锥壳段大端内直径。

②锥壳大端。在锥壳大端与筒体连接处，曲率半径发生突变，同时两壳体的经向内力不能完全平衡，锥壳将附加给圆柱壳边缘一横向推力。由于连接处的几何不连续和横向推力的存在，使两壳体连接边缘产生显著的边缘应力。边缘应力具有自限性，可将最大应力限制在 $3[\sigma]^t$ 内。按此条件求得的 $p_c/([\sigma]^t\phi)$ 及 α 之间关系见图 3-28。若坐标点 $[p_c/([\sigma]^t\phi)，\alpha]$ 位于图中曲线上方，则无须加强，厚度仍按式(3-74)计算；若坐标点 $[p_c/([\sigma]^t\phi)，\alpha]$ 位于图中曲线下方，则需要增加厚度予以加强，应在锥壳与圆筒之间设置加强段。锥壳加强段与圆筒加强段应具有相同的厚度，其厚度计算如下：

$$\delta_r = \frac{Q p_c D_i}{2[\sigma]^t\phi - p_c} \tag{3-75}$$

式中 D_i——锥壳大端内直径，mm；

δ_r——锥壳及其相邻圆筒的加强段的计算厚度，mm；

Q——应力增强系数，由图 3-29 查取。

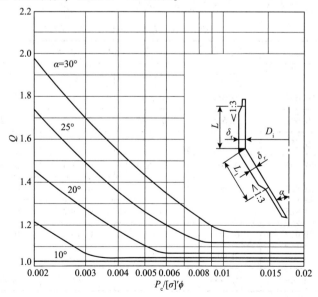

图 3-28　确定锥壳大端连接处的加强图

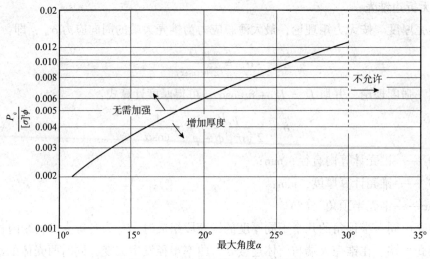

图 3 - 29 锥壳大端连接处的 Q 值

在任何情况下，加强段的厚度不得小于相连接的锥壳厚度。锥壳加强段的长度 $L_1 \geqslant 2 \sqrt{\dfrac{0.5D_i\delta_r}{\cos\alpha}}$；筒体加强段的长度 $L \geqslant 2 \sqrt{0.5D_i\delta_r}$。

③锥壳小端具体算法参照 GB/T 150—2011《压力容器》。

(2)折边锥壳

①锥壳厚度仍按式(3 - 74)计算。

②锥壳大端。其厚度按式(3 - 76)、式(3 - 77)计算，并取较大值。

锥壳大端过渡段厚度为：

$$\delta = \frac{Kp_c D_i}{2[\sigma]^t\phi - 0.5p_c} \tag{3 - 76}$$

式中　K——系数，查表3 - 3(遇中间值时用内插法)。

表3 - 3　系数 K 值

α	r/D_i					
	0.10	0.15	0.20	0.30	0.40	0.50
10°	0.664	0.611	0.578	0.54	0.5168	0.50
20°	0.695	0.635	0.5986	0.5522	0.5223	0.50
30°	0.754	0.6819	0.6357	0.5749	0.5329	0.50
35°	0.798	0.7161	0.6629	0.5914	0.5407	0.50
40°	0.854	0.7604	0.6981	0.6127	0.5506	0.50
45°	0.925	0.8181	0.744	0.6402	0.5635	0.50
50°	1.027	0.8944	0.8045	0.6765	0.5804	0.50
55°	1.16	0.998	0.8859	0.7249	0.6028	0.50
60°	1.35	1.1433	1	0.7923	0.6337	0.50

与过渡段相接处锥壳厚度为：

$$\delta = \frac{f p_c D_i}{[\sigma]^t \phi - 0.5 p_c}$$
(3－77)

式中 f——系数，$f = \dfrac{1 - \dfrac{2r}{D_i}(1 - \cos\alpha)}{2\cos\alpha}$ 查表3－4(遇中间值时用内插法)；

r——折边锥壳大端过渡段转角半径，mm。

③锥壳小端具体算法参照参考文献[1]。

表3－4 系数 f 值

α	r/D_i					
	0.10	0.15	0.20	0.30	0.40	0.50
10°	0.5062	0.5055	0.5047	0.5032	0.5017	0.5000
20°	0.5257	0.5225	0.5193	0.5128	0.5064	0.5000
30°	0.5619	0.5542	0.5465	0.5310	0.5155	0.5000
35°	0.5883	0.5573	0.5663	0.5442	0.5221	0.5000
40°	0.6222	0.6069	0.5916	0.5611	0.5305	0.5000
45°	0.6657	0.6450	0.6243	0.5828	0.5414	0.5000
50°	0.7223	0.6945	0.6668	0.6112	0.5556	0.5000
55°	0.7973	0.7602	0.7230	0.6486	0.5743	0.5000
60°	0.9000	0.8500	0.8000	0.7000	0.6000	0.5000

3.5.3 平板封头

平板封头(又称平盖)的几何形状有圆形、椭圆形、长圆形、矩形及方形等，最常用的还是圆形平板封头。平板封头与其他封头相比，结构最为简单，制造也最方便。但是平板封头的受力状况最差。例如圆平板封头在内压作用下将发生弯曲，不像其他凸形封头仅承受拉应力。因此，在相同的受压条件下，平板封头要比其他形式的封头厚得多。它一般用于直径较小和压力较低的情况，如平盖常用作低压容器和贮罐的平底、人孔盖及浮头换热器的管箱盖等。它们基本上属于承受均布载荷的圆形薄板。

(1)圆形平盖厚度

因平盖与筒体的连接结构形式和筒体的尺寸参数的不同，平盖的最大应力可能出现在中心部位，也可能在圆筒与平盖的连接部位，但都可用下式计算：

$$\sigma_{max} = \pm K p \left(\frac{D}{\delta}\right)^2$$
(3－78)

考虑到平盖可能由钢板拼焊而成，在许用应力中引入焊接接头系数。得到圆平盖的厚度计算公式：

$$\delta = D_c \sqrt{\frac{Kp_c}{[\sigma]^t \phi}} \quad\quad (3-79)$$

式中 δ_p ——平盖计算厚度，mm；

　　　D_c ——平盖计算直径，mm；

　　　K ——结构特征系数，查表3-5。

表3-5　平盖系数 K 选择表

固定方法	符号	简图	结构特征系数 K	备注
与圆筒一体或对焊	1	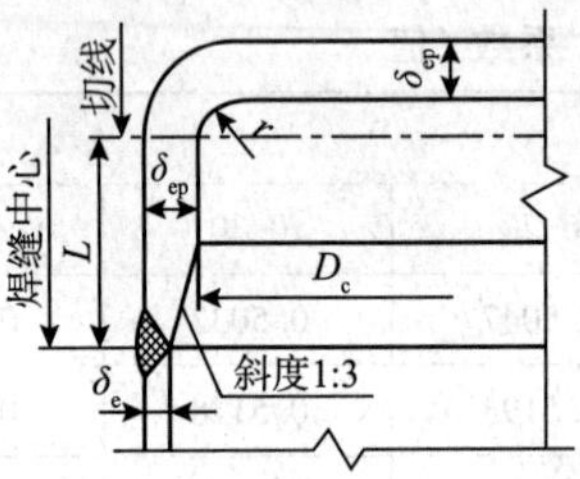	0.145	仅适用于圆形平盖 $p_c \leqslant 0.6\text{MPa}$ $L \leqslant 1.1\sqrt{D_c\delta_{ep}}$ $r \geqslant 3\delta_{ep}$
与圆筒角焊或者其他焊接	2	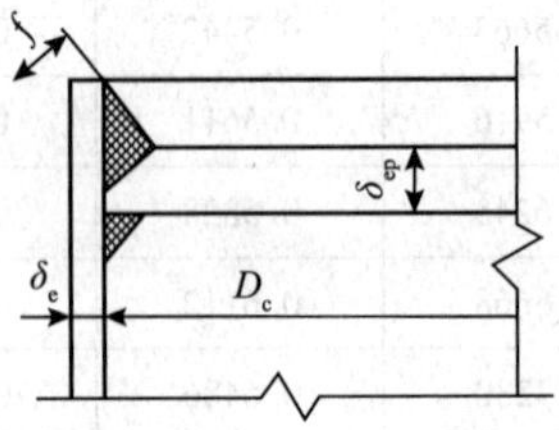	圆形平盖： $0.44m(m=\delta/\delta_e)$ 且不小于0.3； 非圆形平盖 0.44	$f \geqslant 1.4\delta_e$
	3	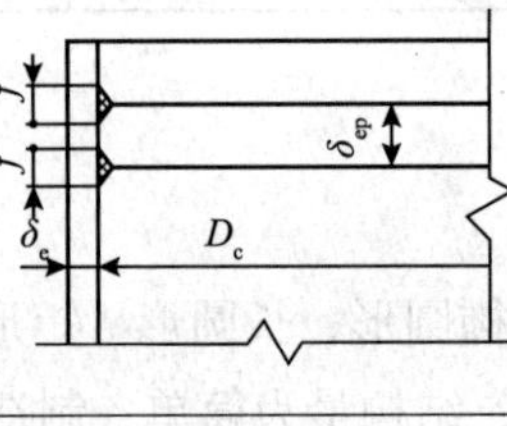	圆形平盖： $0.44m(m=\delta/\delta_e)$ 且不小于0.3； 非圆形平盖 0.44	$f \geqslant \delta_e$
	4	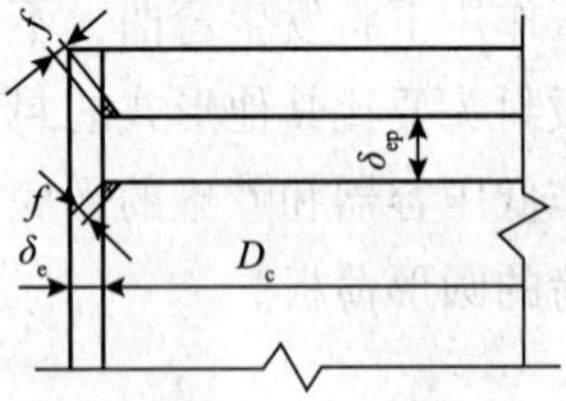	圆形平盖： $0.5m(m=\delta/\delta_e)$ 且不小于0.3； 非圆形平盖 0.5	$f \geqslant 0.7\delta_e$
	5	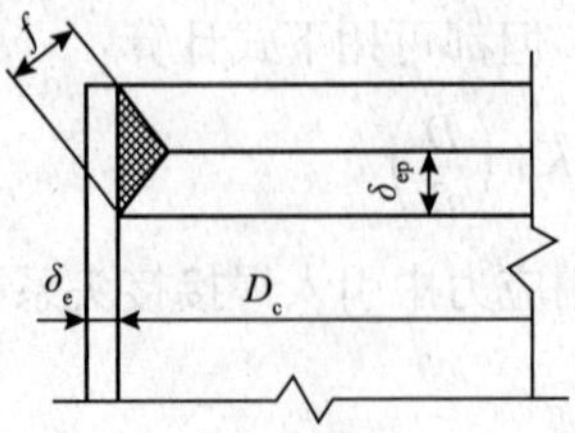		$f \geqslant 1.4\delta_e$

续表

固定方法	符号	简图	结构特征系数 K	备注
螺栓连接	6		圆形平盖：操作时，$$0.3 + \frac{1.78WL_G}{p_c D_c^3}$$ 预紧时，$\frac{1.78WL_G}{p_c D_c^3}$	
	7		非圆形平盖：操作时，$0.3Z + \dfrac{6WL_G}{p_c L\alpha^2}$ 预紧时，$\dfrac{6WL_G}{p_c L\alpha^2}$	

（2）非圆形平盖

不同连接形式的非圆形平盖应采用不同的计算公式。

①表 3-5 中序号 2~5 所示平盖，计算如下：

$$\delta_p = a\sqrt{\frac{KZp_c}{[\sigma]^t\phi}}\qquad(3-80)$$

式中　Z——形状系数，$Z = 3.4 - 2.4(a/b)$，且 $Z \leqslant 2.5$；

　　a，b——分别为非圆形平盖的长轴和短轴长度。

②表 3-5 中序号 6、7 所示平盖，计算如下（当预紧时 $[\sigma]^t$ 取常温的许用应力）

$$\delta_p = a\sqrt{\frac{Kp_c}{[\sigma]^t\phi}}\qquad(3-81)$$

3.5.4　锻制平封头

锻制平封头结构如图 3-30 所示，主要用于直径较小、压力较高的容器。为了减少边缘应力以及相互之间的影响，平封头的直边高度 L 一般不小于 50mm；过渡区的圆弧半径 $r \geqslant 0.5\delta_p$，且 $r \geqslant \dfrac{1}{6}D_c$；封头与筒体连接处的厚度不小于与其相对接筒节的厚度。

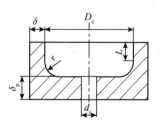

图 3-30　锻制平封头

锻制平封头底部厚度 δ_p 计算如下：

$$\delta_p = D_c\sqrt{\frac{0.27p_c}{[\sigma]^t\eta}}\qquad(3-82)$$

式中　η——开孔削弱系数，$\eta = \dfrac{D_c - \sum d_i}{D_c}$；

　　$\sum d_i$——D_c 范围内沿直径断面开孔内径总和的最大值，mm。

综上所述，从受力情况来看，半球形最好，椭圆形、碟形其次，锥形更次之，而平板最差；从制造角度来看，平板最容易，锥形其次，碟形、椭圆形更次，而半球形最难；就使用而论，锥形有其特色。因此在实际生产中，大多数中低压容器采用椭圆形封头，常压或直径不大的高压容器常用平板封头，半球形封头一般用于低压，但随着制造技术水平的提高，高压容器中亦逐渐采用这种封头，锥形封头用于压力不高的设备。

思考题

1. 什么叫设计压力？液化气体储存压力容器的设计压力如何确定？

2. 一容器壳体的内壁温度为 T_i，外壁温度为 T_o，通过传热计算得出的元件金属截面的温度平均值为 T，请问设计温度取哪个？选材以哪个温度为依据？

3. 根据定义，用图标出计算厚度、设计厚度、名义厚度和最小厚度之间的关系；在上述厚度中，满足强度(刚度、稳定性)及使用寿命要求的最小厚度是哪一个？为什么？

4. 影响材料设计系数的主要因素有哪些？

5. 压力试验的目的是什么？为什么要尽可能采用液压试验？

6. 椭圆形封头、碟形封头为何均设置短圆筒？

7. 从受力和制造两方面比较半球形、椭圆形、碟形、锥壳和平盖封头的特点，并说明其主要应用场合。

习题

1. 一内压容器，设计(计算)压力为 0.85MPa，设计温度为 50℃，圆筒内径为 1200mm，对接焊缝采用双面全熔透焊接接头，并进行局部无损检测。工作介质无毒性，非易燃，但对碳素钢有轻微腐蚀，腐蚀速率 0.1mm/a，设计寿命 20 年。选用 Q245R 作为筒体材料，试计算圆筒的厚度，并进行水压试验校核其强度。

2. 某化工厂反应釜，内径为 1600mm，设计温度 120℃，工作压力为 1.6MPa，釜体材料选用 S30408。对接焊缝采用双面全熔透焊接接头，并进行局部无损检测；标准椭圆封头上装有安全阀，试设计筒体和封头的厚度，并进行水压试验校核其强度。

3. 设计容器筒体和封头的厚度。已知内径 1200mm，设计压力 1.8MPa，设计温度 40℃，材料 Q345R，介质腐蚀裕量 2mm，对接焊缝采用双面全熔透焊接接头，并进行 100% 无损检测。封头按半球形、标准椭圆形和标准碟形三种形式计算出所需厚度，并确定最佳方案。

4 高压及超高压容器设计

4.1 高压容器

TSG 21—2016《固定式压力容器安全技术监察规程》中规定设计压力为 10～100MPa 的压力容器称为高压容器，压力为 100MPa 以上的称为超高压容器。高压容器一般都属于三类容器(除非体积特别小)。高压容器和超高压容器在筒体结构、材料选用、制造工艺、端盖与法兰、密封结构等方面与中低压容器均有区别，设计、制造与使用的管理方面也更为严格。

4.1.1 高压容器的应用

高压容器在化工与石油化工企业中有很广泛的应用。例如，合成氨、合成甲醇、合成尿素、油类加氢等合成反应所使用的高压反应器，这类反应器耐高温高压，合成氨就常在压力为 15～32MPa 和温度为 500℃环境条件下进行合成反应。应用广泛的还有高压缓冲与贮存容器，例如，高压压缩机的级间油气分离器，废热锅炉装置中的高压蒸汽包等。同时，高压容器在其他工业行业也有应用，例如，核动力装置中的反应堆就有许多高压容器等。

4.1.2 高压容器的结构特点

高压容器设计与制造技术的发展始终围绕着既要随着生产的发展能制造出大壁厚的容器，又要设法尽量减小壁厚以方便制造这一核心问题。因此高压容器在结构上具有如下特点。

①结构细长。容器直径越大，壁厚也越大。这就需要大锻件、厚钢板，相应地要有大型冶、锻设备，大型轧机和大型加工机械。这也对焊接的缺陷控制、残余应力消除、热处理设备及生产成本等带来许多不利因素。此外因介质对端盖的作用力与直径的平方成正比，直径越大，密封就越困难。因此高压容器在结构上设计得较细长，长径比达 12～15，有的高达 28，这样制造和密封较可靠。

②采用平盖或球形封头。早先由于制造水平和密封结构形式的限制，一般较小直径的可拆封头不采用凸形而采用平盖。但平盖受力条件差、材料消耗多、笨重，且大型锻件质

量难保证，故平盖仅在直径为1m以下的高压容器中采用。目前大型高压容器趋向采用不可拆的半球形封头，结构更为合理经济。

③密封结构特殊多样。高压容器的密封结构是最为特殊的结构。一般采用金属密封圈，而且密封元件型式多样。高压容器应尽可能利用介质的高压作用来帮助将密封圈压紧，因此出现了多种型式的"自紧式"密封结构。此外为尽量减少可拆结构给密封带来的困难，一般仅可拆一端，则另一端不可拆。

④高压筒身限制开孔。为使筒身不致因开孔而受削弱，以往规定在筒身上不开孔，只允许将孔开在法兰或封头上，或只允许开小孔(如测温孔)。目前由于生产上迫切需要，随着设计与制造水平的提高，允许在有合理补强的条件下开较大直径的孔。

4.1.3 高压容器的材料

与中低压容器类似，高压容器所用钢材在使用条件下需满足强度、塑性、韧性、硬度、冷弯性能以及耐腐蚀性能等方面的要求。但高压容器筒体与封头还有一些特殊的要求。

①强度与韧性。高压容器筒体之所以有许多种结构形式，其原因主要是考虑既要增加壁厚以满足容器强度的需要，又要尽量减薄壁厚以降低材料消耗、重量和制造成本。因此，对于高压容器尽可能提高材料的强度以减少壁厚比中低压容器显得格外突出。目前高压容器沿用优质低碳钢的历史已基本结束，一般均采用低合金钢。例如，中小型高压容器较多采用 Q345R 或 Q370R，大型高压容器倾向于采用 18MnMoNbR 或相近级别的国外钢种。当设计压力不大于 35MPa 时，各种材料的性能及相关要求可参照 GB/T 150.2—2011《压力容器 第二部分：材料》，当设计压力大于 35MPa 时，可参考国内外分析设计标准，例如 JB 4732—1995(2005 年确认)《钢制压力容器——分析设计标准》。

②制造工艺性能。焊接结构的高压容器用钢，必须具有良好的焊接性能，包括可焊性、吸气性、热裂与冷裂倾向，晶粒粗大倾向等。一般凡可作为焊接容器用钢者均已具备较好的焊接性能，但仍应注意的是，强度越高、板材越厚时，越应考虑如何避免产生延迟裂纹(冷裂纹)。一般应在焊前预热、焊后保温及排除氢气、焊后热处理消除应力等方面作充分考虑。一般来说，焊接结构的高压容器还需要有良好的塑性，以保证卷制成形时不产生裂纹。而锻造式高压容器的材料必须具有良好的可锻性。

③耐腐蚀及耐高温性能。一般来说高压容器的材料选择主要关注强度，同时注意高强度下的韧性及可焊性问题。而介质的腐蚀性问题则主要依靠用耐腐蚀材料做衬里来解决。例如，在内壁衬上 18-8 型的奥氏体钢衬里或采用带极堆焊的方法覆盖上 18-8 型钢的堆焊层。大型的尿素合成塔内壁是堆焊含钼的超低碳不锈钢(如 316L 或 0Cr18Ni12Mo2Ti) 以防止尿素母液的强腐蚀。

化工高压容器的工作条件除高压外还常伴有高温，加氢反应器还可能带来高温高压下的氢腐蚀问题。高温容器主要应选用高温下具有较高强度、抗珠光体球化与石墨化能力较强、抗直接火氧化甚至抗蠕变能力较强的 Cr - Mn 低合金钢。例如，可以允许用到温度为

550℃的 15CrMnR。在高温高压临氢环境下用于制造热壁加氢反应器的板材可以采用 12Cr2Mo1R、12Cr1MoVR 等，在高温高氢分压下具有良好的抗氢腐蚀性能。使用温度在 600℃以上的高温高压容器一般采用奥氏体类的高镍铬合金钢，如 S30408、S31608 等。但长期在温度为 600～700℃使用会导致碳化物相沿晶析出，致使材料明显脆化。

④其他要求。高压容器用钢在制造投料前对原材料的各种检验要求比中低压容器要严格。例如，应进行化学成分和力学性能的复验、冷弯与冲击性能的复验、钢板厚度负偏差的复验，还需要对钢板逐张进行 100% 超声波检验以剔除有严重分层缺陷的板料或有严重缺陷的锻件，以保证投料的钢材是合格的。

4.1.4　高压容器的筒体结构

高压容器的筒体结构形式多样，其设计追求获得足够的壁厚，其中关键问题在于权衡制造上的可能性与经济性。

（1）整体锻造式

整体锻造式高压容器是最早采用的筒体形式，这是沿用整体锻造炮筒的技术来制造的高压容器，由于焊接技术不发达，筒体与法兰可整锻而出或用螺纹连接。显然这需要大型钢锭锻压机械、车床与镗床，且毛坯净重是成品的 2～2.5 倍。高压容器趋向大型化后锻造更难。焊接技术发展后曾出现过分段锻造然后焊接拼合成整体的高压容器，称为锻焊式高压容器。但仍受到锻造条件的限制。相比于锻焊式容器，锻造容器的质量更好，适合于焊接性能较差的高强钢所制造的超高压容器。锻造式高压容器直径一般为 $\phi 300～800mm$，长度不超过 12m。根据各国国情也有所区别，德国和美国的大型锻压设备较多，有较好的基础，多采用锻造式。随着制造技术的发展，我国锻造式结构的应用也越来越多。

（2）单层式

单层的厚壁高压容器的制造决定于是否有足够的卷板或锻压能力，其主要有如下三种结构形式。

①单层卷焊式。将厚板加热后到大型卷板机上卷成圆筒，再将纵缝焊接成筒节，然后由几个筒节再组焊成高压容器。单层卷焊式由于工序少，因而周期短效率高。由于采用大型卷板机，若圆筒直径过小便无法卷筒，因此直径 400mm 以下的圆筒难于采用单层卷焊式结构。另外可卷制的板厚也受到卷板机能力的限制，厚度达 110mm 而直径不小于 1000mm 的筒体，国内均可卷制。

②单层瓦片式。没有大型卷板机而有大型水压机时，可将厚板加热后在水压机上压制成半个圆筒节或小于半个圆筒节的"瓦片"。然后将"瓦片"用焊接纵缝的方法拼成圆筒节，再组焊成筒体，此时每一筒节上必有 2 条或 2 条以上的纵焊缝，单层瓦片式的生产效率比单层卷焊式，较费工费时。

③无缝钢管式。用厚壁无缝钢管也可制造单层的厚壁容器，具有效率高、周期短等特点。我国小型化肥厂的小型高压容器多采用此结构。但高压无缝钢管的直径不超过 500mm。

以上三种单层厚壁容器的选择需要考虑：厚壁原材料的来源；大型加工装备的条件；纵向或环向深厚焊缝中缺陷检测与消除的可能性。由于这些因素的制约，又出现了许多组合壁厚的高压容器。

（3）多层式

由于单层厚板制造高压容器带来的问题，多层组合式的高压筒体相继出现。常见的结构形式如下。

①层板包扎式。先由薄壁圆筒作为内筒（一般内筒厚 14～20mm），在其外面逐层包扎上层板以形成必要的厚度。层板选用 4～8mm 的薄板，经逐张检验合格后下料并卷成半圆形板片或若干分之一圆周的板片，形同"瓦片"。经校圆及表面喷砂处理后在专用的包扎机上包扎。层板包扎式结构具有以下优点：原材料供应方便，不需厚板只需薄板，质量比厚板容易达到要求；制造中不需大型加工设备，只需一般卷板机和一台结构并不复杂的包扎机；改善了筒体的应力分布，因为每包扎一层，纵缝焊完时的收缩便使层板贴紧内筒并形成压应力，层数越多，内层压应力越大，受载后筒体内外壁应力趋于均匀，于强度有利；较单层安全，薄板韧性易保证，爆破时仅是层板撕开大缺口，而无碎片，同时各层纵缝错开后避免产生纵向的深焊缝，消除了沿深厚纵缝裂开的危险；内筒可采用与层板不同的材料，以适应介质的要求。

层板包扎式高压容器一直是国内中型高压容器所采用的主要结构形式，制造厂家也较多，但也有不足之处：生产效率低、工序繁琐；不适合制造大型容器，壁厚越厚包扎量也越多；层板材料利用率低，除因质量不合格被剔除外，还有层板下料后的边角余料也较多；层板间的间隙较难控制，有松有紧。有专家认为有间隙不影响强度，因而不需要严格控制松动面积，或制造后用内压试验使其间隙贴紧；但因有间隙使导热性差，器壁不宜作传热之用。

②热套式。大型高压容器的壁厚很厚，常在 100mm 以上，多层包扎式显得极为费时，工程上迫切需要以较厚的板材组合成层数不多的厚壁筒，热套式厚壁筒便是其中之一。采用双层或多层数中厚板（30mm 以上）卷焊成直径不同但可过盈配合的筒节，然后将外层筒加热到计算好的温度，便可进行套合，冷却收缩后便配合紧密。逐层套合到所需厚度。套合好的筒节加工出环缝坡口再拼焊成整台容器。

热套式特点：生产效率高，主要是采用了中厚板，层数少（一般 2～3 层），明显优于层板包扎式；材料来源广泛且材料利用率高，中厚板的来源比厚板来源多，且质量比厚板好，材料利用率比层板包扎式高约 15%～20%；焊缝质量易保证，每层圆筒的纵焊缝均可分别探伤，且热套之前均可作热处理。虽然热套时的预应力可以改善筒体受内压后的应力状态，但对于一般的高压容器来说，这一点并不重要。这种热套筒体不是在经过精密切削加工后再进行套合的，因此热套后的预应力各处的分布不均匀。需要在套合或组装成整个筒体后再放入炉内进行退火处理，以消除套合或组焊后的残余应力。只是在超高压容器采用热套结构时才期望以过盈套合应力来改善筒体的应力分布状态。

③绕板式。为克服层板包扎式效率低的缺点，可采用钢厂专门轧制成卷的薄板（2～3mm），将薄板的一端与内筒相焊，接着将薄板连续地缠绕在内筒上，达到需要的厚度时

停止缠绕，并将薄板割断再焊死在筒体上，便形成筒节。为了使绕板的开始端与终止端能与圆筒形成光滑连接，分别置有楔形过渡段。最外层往往再加焊一层套筒作为保护层。绕板式筒节与多层包扎式相比有以下特点：效率高，不需一片一片地下料成型；材料利用率高，绕板时基本上没有边角余料；机械化程度高，内筒制成后便可在绕板机上一次绕制完毕，而且绕板机占地小；一般说绕板容器所用钢板太薄，不适合于绕制成大型的壁厚较厚的高压容器。

④无深环焊缝的层板包扎式。上述的各种多层容器均先制成筒节，筒节与筒节之间不可避免地需要采用深环缝焊接。深环焊缝的焊接质量对容器的制造质量和安全有重要影响，这是因为一是探伤困难，由于环缝的两侧均有多层板，影响了超声波探伤的进行，仅能依靠射线检验；二是有较大的焊接残余应力，且焊缝晶粒极易变得粗大而使韧性下降；环缝的坡口切削工作量大，焊接较复杂。

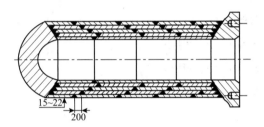

15~22

200

图 4 - 1 无深环焊缝的多层包扎式高压容器

因此，去除高压筒体上的深环焊缝是核心问题。图 4 - 1 是一种无深环焊缝的多层包扎式高压容器结构，它是将内筒先拼接到所需的长度，两端便可焊上法兰或封头，再在整个内筒上逐层包扎层板，每层包扎好并焊好磨平后再包扎下一层，直至包扎到所需厚度。这种方法包扎时各层的环焊缝可以相互错开，至少可错开 200mm 的距离，另外每层包扎时还应将层板的纵焊缝也错开一个较大的角度，以使各层板的纵向焊缝不在同一个方位。上述做法均可起到保障结构安全的作用。

（4）绕带式

这是一种以钢带缠绕在内筒上以获得大厚度筒壁的方法，绕带有两种基本形式。

①槽形绕带。内筒的外表面先车削成与槽形钢带形状相吻合的螺旋槽，在专用的机床上缠绕上经电加热的钢带，冷却后收缩，可保证每层钢带贴紧。每层钢带的两头均焊在筒身上。每层钢带之间靠凹槽相互扣住，故槽形钢带可以承受一部分由内压形成的轴向力。

②扁平绕带。这种绕带容器的制造比槽形绕带容器方便得多，结构简单，内筒不需加工出螺旋槽，也不采用经特殊轧制的槽形钢带，而用扁平钢带。为使钢带借助带间摩擦力能承受轴向力，特将缠绕角度由小倾角变为大倾角，因此也称"倾角错绕扁平钢带式"容器。

（5）设计选型原则

各种结构形式的高压容器主要是围绕如何用经济的方法获得大厚度这一中心问题而逐步发展出来的。我国能制造各种结构形式的高压容器，并具有一定的生产能力。但在设计选型时必须综合原材料来源，配套的焊条焊丝、制造厂所具备的设备条件和工夹具条件，以及对特殊材料的焊接能力、热处理要求及工厂装备条件等。在做充分调查论证后才能做到选型正确，确有把握。必要时也可以开发研制新型结构容器，但必须先调查国内外现状，充分论证新型结构的合理性、可行性与经济性。

4.2　厚壁圆筒应力分析

本节计算分析中所用的符号意义如下：

σ_z——经向应力或轴向应力，MPa；

σ_θ——周向应力或环向应力，MPa；

σ_r——径向应力，MPa；

ε_φ——经向应变或轴向应变，MPa；

ε_θ——周向应变或环向应变，MPa；

ε_r——径向应变，MPa；

p_i——内压载荷，MPa；

p_o——外压载荷，MPa；

p_c——弹塑性层交界面上的压力，MPa；

R_i，R_o——圆筒的内半径及外半径，mm；

r——圆筒内任意点的半径，mm；

K_c——筒体的外半径与弹塑性层交界面处半径之比，$K_c = R_o/R_c$；

σ_z^t——温度载荷作用下的经向应力或轴向应力，MPa；

σ_θ^t——温度载荷作用下的周向应力或环向应力，MPa；

σ_r^t——温度载荷作用下的径向应力，MPa；

R_{eL}——材料单向拉伸屈服强度，MPa；

R_m——材料的抗拉强度，MPa；

p_s——圆筒初始屈服压力，MPa；

p_{so}——圆筒全屈服压力或极限压力，MPa；

p_b——爆破压力，MPa；

p——中经公式中容器内压，MPa；

D_i——圆筒内直径，mm；

$[\sigma]$——设计温度下的材料许用应力，MPa。

厚壁容器常指容器的外直径与内直径之比 $K > 1.1 \sim 1.2$ 的压力容器。一般用在高温、高压场合，其在筒体结构、材料选用、制造工艺、端盖与法兰、密封结等方面有特殊要求，应力状态也较复杂，本节主要介绍单层厚壁容器的设计方法。

4.2.1　单层厚壁圆筒的弹性应力分析

与薄壁容器相比，厚壁容器承受压力载荷作用时所产生的应力具有如下特点。

①薄壁容器中的应力只考虑轴（经）向和周（环）向两向应力，忽略径向应力。但厚壁容器中因压力很高，径向应力难以忽略，因而应考虑作三向应力分析。

②薄壁容器中将两向应力视为沿壁厚均匀分布薄膜应力，而厚壁容器沿壁厚出现应力梯度，薄膜假设将不成立。

③内外壁间的温差随壁厚的增大而增加，由此产生的温差应力相应变化，因此厚壁容器中的温差应力就不应忽视。

本节首先分析单层厚壁圆筒中由内压产生的弹性应力，然后分析温差应力，这是厚壁圆筒强度设计的基础。

4.2.1.1　受内压单层厚壁圆筒中的弹性应力

由于厚壁圆筒具有几何轴对称性，其应力和变形也对称于轴线。图 4-2(a) 是一个切出的沿轴向为单位长度的厚壁筒薄片，其中任一单元体上作用的径向应力 σ_r 和周向应力 σ_θ，还有轴向应力 σ_z。虽然是三向应力，但其中的轴向应力 σ_z 是不随半径 r 变化的量。

σ_θ 与 σ_r 的求解以位移为基本未知量较为方便。即以变形的几何关系（几何方程）导出应变表达式，再以虎克定律所表达的应力 - 应变关系（物理方程）导出应力表达式，另外再以微体平衡关系导出周向应力和径向应力的关系式（平衡方程），最后便可求解各向应力。

①几何方程。图 4-2(b) 中单元体两条圆弧边的径向位移分别为 w 和 $w+\mathrm{d}w$，可导出其应变表达式为：

$$\left.\begin{array}{l} 径向应变：\varepsilon_r = \dfrac{(w+\mathrm{d}w)-w}{\mathrm{d}r} = \dfrac{\mathrm{d}w}{\mathrm{d}r} \\[3mm] 周向应变：\varepsilon_\theta = \dfrac{(r+w)\mathrm{d}\theta - r\mathrm{d}\theta}{r\mathrm{d}\theta} = \dfrac{w}{r} \end{array}\right\} \qquad (4-1)$$

对式 (4-1) 中的第二式求导并变换可得：

$$\frac{\mathrm{d}\varepsilon_\theta}{\mathrm{d}r} = \frac{1}{r}(\varepsilon_r - \varepsilon_\theta) \qquad (4-2)$$

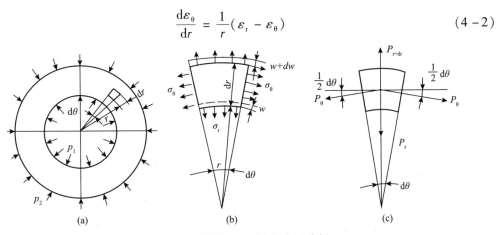

图 4-2　厚壁圆筒的应力与变形分析

②物理方程。根据广义虎克定律得：

$$\left.\begin{array}{l} \varepsilon_r = \dfrac{1}{E}[\sigma_r - \mu(\sigma_\theta + \sigma_z)] \\[3mm] \varepsilon_\theta = \dfrac{1}{E}[\sigma_\theta - \mu(\sigma_r + \sigma_z)] \end{array}\right\} \qquad (4-3)$$

式中的 E、μ 分别为材料的弹性模量和泊松比。

由上两式得：

$$\varepsilon_r - \varepsilon_\theta = \frac{(1+\mu)}{E}(\sigma_r - \sigma_\theta) \qquad (4-4)$$

对式(4-3)中的第二式求导，可得：

$$\frac{\mathrm{d}\varepsilon_\theta}{\mathrm{d}r} = \frac{1}{E}\left(\frac{\mathrm{d}\sigma_\theta}{\mathrm{d}r} - \mu\frac{\mathrm{d}\sigma_r}{\mathrm{d}r}\right)$$

另外，将式(4-4)代入式(4-2)得：

$$\frac{\mathrm{d}\varepsilon_\theta}{\mathrm{d}r} = \frac{(1+\mu)}{rE}(\sigma_r - \sigma_\theta)$$

由式(4-3)与式(4-4)可得：

$$\frac{\mathrm{d}\sigma_\theta}{\mathrm{d}r} - \mu\frac{\mathrm{d}\sigma_r}{\mathrm{d}r} = \frac{1+\mu}{r}(\sigma_r - \sigma_\theta) \qquad (4-5)$$

(3)平衡方程。由图4-2(c)的微体平衡方程关系可得：

$$(\sigma_r + \mathrm{d}\sigma_r)(r + \mathrm{d}r)\mathrm{d}\theta - \sigma_r r\mathrm{d}\theta - 2\sigma_\theta \mathrm{d}r\sin\frac{\mathrm{d}\theta}{2} = 0$$

因 $\mathrm{d}\theta$ 极小，故 $\sin\dfrac{\mathrm{d}\theta}{2} \approx \dfrac{\mathrm{d}\theta}{2}$，再略去两级微量 $\mathrm{d}\sigma_r\mathrm{d}r$，上式可简化为：

$$\sigma_\theta - \sigma_r = r\frac{\mathrm{d}\sigma_r}{\mathrm{d}r} \qquad (4-6)$$

为消去 σ_θ，将式(4-5)代入式(4-6)，整理得：

$$r\frac{\mathrm{d}^2\sigma_r}{\mathrm{d}r^2} + 3\frac{\mathrm{d}\sigma_r}{\mathrm{d}r} = 0$$

由该微分方求解，便可得 σ_r 的通解，将 σ_r 再代入式(4-6)得 σ_θ：

$$\sigma_r = A - \frac{B}{r^2}, \; \sigma_\theta = A + \frac{B}{r^2} \qquad (4-7)$$

根据边界条件可求出积分常数 A 和 B：

当 $r = R_i$ 时，$\sigma_r = -p_i$；

当 $r = R_o$ 时，$\sigma_r = -p_o$。

$$A = \frac{p_i R_i^2 - p_o R_o^2}{R_o^2 - R_i^2}, \; B = \frac{(p_i - p_o)R_i^2 R_o^2}{R_o^2 - R_i^2}$$

由变形观察可知，圆筒上的横截面在变形后仍保持平面。假设轴向应力 σ_z 沿壁厚方向均匀分布，按截面法求得 σ_z 为：

$$\sigma_z = \frac{\pi p_i R_i^2 - \pi p_o R_o^2}{\pi(R_o^2 - R_i^2)} = \frac{p_i R_i^2 - p_o R_o^2}{R_o^2 - R_i^2} = A$$

将 A 与 B 代入式(4−7)便可得到 σ_r 和 σ_θ 的表达式, 现将已经得到的在内外压作用下厚壁圆筒的三向应力表达式汇总如下:

周向应力:
$$\sigma_\theta = \frac{p_i R_i^2 - p_o R_o^2}{R_o^2 - R_i^2} + \frac{(p_i - p_o) R_i^2 R_o^2}{R_o^2 - R_i^2} \times \frac{1}{r^2}$$

径向应力:
$$\sigma_r = \frac{p_i R_i^2 - p_o R_o^2}{R_o^2 - R_i^2} - \frac{(p_i - p_o) R_i^2 R_o^2}{R_o^2 - R_i^2} \times \frac{1}{r^2} \qquad (4-8)$$

轴向应力:
$$\sigma_z = \frac{p_i R_i^2 - p_o R_o^2}{R_o^2 - R_i^2}$$

当仅有内压作用时式(4−11)可以简化, 即令 $p_o = 0$, 将 $r = R_i$ 和 $r = R_o$ 分别代入式(4−8), 便可得到仅在内压作用下厚壁圆筒的内、外壁应力, 见表4−1。表中各式采用了壁厚比 $K = \dfrac{R_o}{R_i}$, K 值表示为厚壁筒的壁厚特征。同理可得仅外压作用下厚壁圆筒的内、外壁应力, 见表4−2。

表4−1 单层厚壁圆筒在内压作用下的筒壁应力

应力	任意半径 r 处	内表面 $r = R_i$ 处	外表面 $r = R_o$ 处
径向应力 σ_r	$\dfrac{p_i}{K^2 - 1}\left(1 - \dfrac{R_o^2}{r^2}\right)$	$-p_i$	0
周向应力 σ_θ	$\dfrac{p_i}{K^2 - 1}\left(1 + \dfrac{R_o^2}{r^2}\right)$	$p_i\left(\dfrac{K^2 + 1}{K^2 - 1}\right)$	$p_i\left(\dfrac{2}{K^2 - 1}\right)$
轴向应力 σ_z	$p_i\left(\dfrac{1}{K^2 - 1}\right)$	$p_i\left(\dfrac{1}{K^2 - 1}\right)$	$p_i\left(\dfrac{1}{K^2 - 1}\right)$

表4−2 单层厚壁圆筒在外压作用下的筒壁应力

应力	任意半径 r 处	内表面 $r = R_i$ 处	外表面 $r = R_o$ 处
径向应力 σ_r	$\dfrac{-p_o}{K^2 - 1}\left(1 - \dfrac{R_i^2}{r^2}\right)$	0	$-p_o$
周向应力 σ_θ	$\dfrac{-p_o}{K^2 - 1}\left(1 - \dfrac{R_i^2}{r^2}\right)$	$-p_o\left(\dfrac{2K^2}{K^2 - 1}\right)$	$-p_o\left(\dfrac{K^2 + 1}{K^2 - 1}\right)$
轴向应力 σ_z	$-p_o\left(\dfrac{K^2}{K^2 - 1}\right)$	$-p_o\left(\dfrac{K^2}{K^2 - 1}\right)$	$-p_o\left(\dfrac{K^2}{K^2 - 1}\right)$

式(4−8)即为著名的拉美(Lame)公式。现讨论三向应力沿厚度的分布规律。式

(4-1)中的 r 为从 R_i 到 R_o 范围内的半径变量，则分布规律可参见图4-3。仅在内压作用下的分布规律可归纳为：

①周向应力 σ_θ 及轴向应力 σ_z 为正值(拉应力)，径向应力为负值(压应力)。

②在数值上有如下规律：内壁周向应力 σ_θ 为所有应力中的最大值，其值为 $\sigma_\theta = p_i \dfrac{K^2+1}{K^2-1}$，内外壁 σ_θ 之差为 p_i；径向应力内壁处为 $\sigma_r = -p_i$(中低压容器中由于 p_i 很小而可忽略)，外壁处 $\sigma_r = 0$；轴向应力是周向应力和径向应力的平均值，且为常数，即 $\sigma_z = \dfrac{1}{2}(\sigma_\theta - \sigma_r)$，$\sigma_z$ 沿壁厚均匀分布，在外壁处 $\sigma_z = \dfrac{1}{2}\sigma_\theta$。

③应力沿壁厚的不均匀程度与径比 K 值有关，以 σ_θ 为例，内壁与外壁处的 σ_θ 之比为 $\dfrac{(\sigma_\theta)_i}{(\sigma_\theta)_o} = \dfrac{K^2+1}{2}$，$K$ 值越大，表示不均匀程度越严重，当 K 值趋近于1时，σ_θ 比值接近1，说明薄壁容器的应力沿壁厚接近于均布。

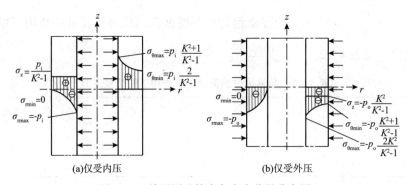

(a)仅受内压　　　　　　　　　(b)仅受外压

图4-3　单层厚壁筒中各应力分量分布图

4.2.1.2　单层厚壁圆筒中的温差应力

(1)温差应力方程

对无保温层的高压容器，若内部有高温介质，内外壁面必然形成温差，由于内外壁材料的热膨胀变形存在相互约束，就会出现温差应力，又叫热应力，即因温度变化引起的自由膨胀或收缩受到约束，在弹性体内所引起的应力。例如，内壁温度高于外壁时(内加热)，内层材料的自由热膨胀变形必大于外层，但内层变形又受到外层材料的限制，因此内层材料出现了压缩温差应力，而外层材料则出现拉伸温差应力。当外加热时，内外层温差应力的方向则相反。可以想象，当壁厚越厚时，沿壁厚的传热阻力越大，内外壁的温差也相应增大，温差应力便随之增大。

单层厚壁圆筒中的温差应力是弹性力学中的典型问题，其推导过程与拉美公式的推导有许多相似之处，即也必须应用几何方程、物理方程和微体平衡方程，也需要应用一些边界条件。但其中的物理方程和边界条件有所不同。当厚壁圆筒处于对称于中心轴且沿轴向不变的温度场时，稳态传热状态下，三向热应力的表达式为周向温差应力：
$$\sigma_\theta^t = \frac{E\alpha\Delta t}{2(1-\mu)}\left(\frac{1-\ln K_r}{\ln K} - \frac{K_r^2+1}{K^2-1}\right)$$

径向温差应力：
$$\sigma_r^t = \frac{E\alpha\Delta t}{2(1-\mu)}\left(-\frac{\ln K_r}{\ln K} + \frac{K_r^2-1}{K^2-1}\right)$$

轴向温差应力：
$$\sigma_z^t = \frac{E\alpha\Delta t}{2(1-\mu)}\left(\frac{1-2\ln K_r}{\ln K} - \frac{2}{K^2-1}\right)$$

$$(4-9)$$

式中　E ——材料的弹性模量，MPa；

　　　α ——材料的线膨胀系数；

　　　μ ——材料的泊松比；

　　　Δt ——筒体内外壁的温差，$\Delta t = t_i - t_0$；

　　　K ——筒体的外半径与内半径之比，$K = R_o/R_i$；

　　　K_r ——筒体的外半径与任意半径之比，$K_r = R_o/r$。

根据公式(4-9)可计算出内外壁面处的温差应力，令 $\dfrac{E\alpha\Delta t}{2(1-\mu)} = P_t$，则各处的温差应力见表4-3，具体分布情况可见图4-4。

表4-3　厚壁圆筒中的热应力

热应力	任意半径 r 处	圆筒内壁 $K_r = K$ 处	圆筒外壁 $K_r = 1$ 处
σ_r^t	$p_t\left(-\dfrac{\ln K_r}{\ln K} + \dfrac{K_r^2-1}{K^2-1}\right)$	0	0
σ_θ^t	$p_t\left(\dfrac{1-\ln K_r}{\ln K} - \dfrac{K_r^2+1}{K^2-1}\right)$	$p_t\left(\dfrac{1}{\ln K} - \dfrac{2K^2}{K^2-1}\right)$	$p_t\left(\dfrac{1}{\ln K} - \dfrac{2}{K^2-1}\right)$
σ_z^t	$p_t\left(\dfrac{1-2\ln K_r}{\ln K} - \dfrac{2}{K^2-1}\right)$	$p_t\left(\dfrac{1}{\ln K} - \dfrac{2K^2}{K^2-1}\right)$	$p_t\left(\dfrac{1}{\ln K} - \dfrac{2}{K^2-1}\right)$

(2)圆筒中的热应力分布规律

①内壁面或外壁面处的温差应力最大。虽然径向温差应力 σ_r^t 在内外壁面均为0，且 σ_r^t 在各任意半径处的数值均很小，但周向和轴向温差应力在壁面处均较大，从安全分析角度是首先需要考虑的。内加热时，最大拉伸温差应力在外壁面；外加热时，则在内壁面。但不论是内加热还是外加热，内壁的 σ_θ^t 与 σ_z^t 相等，外壁的 σ_θ^t 与 σ_z^t 也相等。沿壁厚各点 $\sigma_z^t = (\sigma_\theta^t + \sigma_r^t)$，内外壁温差应力之差 $|\sigma_i^t - \sigma_0^t| = 2P_t$。

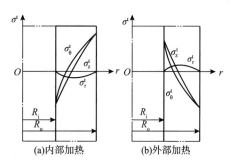

图4-4　厚壁圆筒中的热应力分布

②温差应力的大小主要取决于内外壁的温差 Δt，其次也与材料的线膨胀系数等常数有关。然而 Δt 又取决于壁厚，K 值越大 Δt 值也将越大，表4-2中的 p_t 值也越大。还应注意，温差应力的正负与内加热或外加热有关，这取决于 Δt 的正负符号，应该是 $\Delta t = t_i -$

t_o，内加热时 Δt 为正，外加热时 Δt 为负。

（3）热应力的特点

①热应力随约束程度的增大而增大。由于材料的线膨胀系数、弹性模量与泊松比随温度变化而变化，热应力不仅与温度变化量有关，而且受初始温度的影响。

②热应力与零外载相平衡，是由热变形受约束引起的自平衡应力，在温度高处发生压缩，温度低处发生拉伸变形。由于温度场不同，热应力既有可能在整台容器中出现，也有可能只在局部区域产生。

③热应力具有自限性，屈服流动或高温蠕变可使热应力降低。对于塑性材料热应力不会导致构件断裂，但交变热应力有可能导致构件发生疲劳失效或塑性变形累积。

需要指出的是：热壁设备在开车、停车或变动工况时，温度分布随时间而改变，即处于非稳态温度场，此时的热应力往往要比稳态温度场时大得多，在温度急剧变化时尤为显著。因此，应严格控制热壁设备的加热、冷却速度。除此之外，为减少热应力，工程上应尽量采取以下措施：避免外部对热变形的约束、设置膨胀节或柔性元件、采用良好的保温层等。

4.2.1.3 内压与温差同时作用的厚壁圆筒中的应力

当厚壁筒既受内压又受温差作用时，在弹性变形前提下筒壁的综合应力为两种应力的叠加，叠加时按各向应力计算代数和，即：

$$\sum \sigma_r = \sigma_r + \sigma_r^t, \quad \sum \sigma_\theta = \sigma_\theta + \sigma_\theta^t, \quad \sum \sigma_z = \sigma_z + \sigma_z^t$$

厚壁圆筒内压与温差应力作用下总应力见表 4-4，具体分布情况见图 4-5。内加热与外加热的情况取决于 P_t 的正负号，内加热时，Δt 为正；外加热时，Δt 为负。

表 4-4　厚壁圆筒中内压与温差的综合应力

综合应力	筒体内表面 $r = R_i$	筒体外表面 $r = R_o$
径向 $\sum \sigma_r$	$-p$	0
周向 $\sum \sigma_\theta$	$(p - p_t)\dfrac{K^2 + 1}{K^2 - 1} + p_t\dfrac{1 - \ln K}{\ln K}$	$(p - p_t)\dfrac{2}{K^2 - 1} + p_t\dfrac{1}{\ln K}$
轴向 $\sum \sigma_z$	$(p - 2p_t)\dfrac{1}{K^2 - 1} + p_t\dfrac{1 - 2\ln K}{\ln K}$	$(p - p_t)\dfrac{1}{K^2 - 1} + p_t\dfrac{1}{\ln K}$

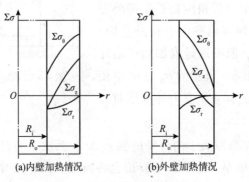

(a)内壁加热情况　　　　(b)外壁加热情况

图 4-5　厚壁筒内的综合应力

由图可知，内加热情况下，内壁应力综合后得到改善，而外壁有所恶化。外加热时，内壁的综合应力恶化，而外壁应力得到很大改善。

4.2.2 单层厚壁圆筒的弹塑性应力分析

根据拉美公式可知，超高压的厚壁筒中由于内压过高，须考虑径向应力的存在，所以必须考虑三向应力。且随着径比 K 值的增大，沿壁厚的应力分布不均匀程度更为显著。但只增大壁厚，对超高压容器提高屈服承载能力是有限的，甚至是徒劳的。因此超高压容器设计时一方面要采用高强钢，另一方面又要在设计理念上有所突破，即不受"弹性设计"准则的束缚。厚壁筒承受内压时应力沿壁厚的分布有较大的不均匀性，如果设计时允许内壁材料发生屈服，并形成一定深度的屈服层，允许整个筒体在承受内部超高压时处于弹塑性状态，甚至允许人为先加载，使内侧材料事先发生屈服，并使卸载后屈服层形成足够的压缩残余应力，到工作升压时便可明显提高内壁的屈服压力。所以首先要讨论厚壁筒的弹塑性应力分析。

当内压大到使内壁材料屈服后，再增加压力时屈服层向外扩展，从而在近内壁处形成塑性层，塑性层之外仍为弹性层，筒体处于弹塑性状态。弹塑性的交界面应为与圆筒同心的圆柱面，界面圆柱的半径为 R_c。现分析该 R_c 与内压 p_i 的关系及弹性区、塑性区内的应力分布。

设想从单层厚壁圆筒上远离边缘处的区域切取一筒节，并沿 R_c 处分成弹性层与塑性层，具体分解如图 4-6 所示。设弹塑性层界面上的压力为 p_c（相互间的径向应力），则弹性层所受外压为 0，内压为 p_c，而塑性层所受外压力为 p_c，内压为 p_i。

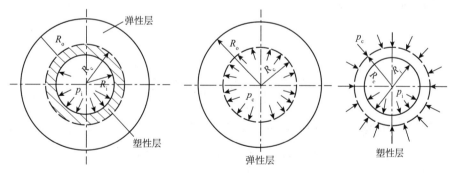

图 4-6 处于弹塑性状态的单层厚壁圆筒的分解

（1）塑性层

处于塑性状态时，式（4-6）的微体平衡方程仍旧成立，即：

$$\sigma_\theta - \sigma_r = r \frac{d\sigma_r}{dr}$$

当材料的拉伸屈服行为符合理想塑性体的情况下，按 Tresca 的屈服条件，当最大剪应力达到材料的剪切屈服强度 τ_y 时便进入屈服状态：

$$\tau_{max} = \frac{1}{2}(\sigma_\theta - \sigma_r) = \tau_y = \frac{1}{2}R_{eL} \qquad (4-10)$$

此处取 τ_y 为材料单向拉伸屈服强度 R_{eL} 的一半。代入式(4-6)得积分式：

$$\sigma_r = R_{eL}\ln r + A$$

积分常数 A 按边界条件确定：

① $r = R_i$ 处，$\sigma_r = -p_i$；

② $r = R_o$ 处，$\sigma_r = -p_c$。

利用第①边界条件代入积分式后，便可得塑性层内 σ_r 的表达式；然后代入 Tresca 屈服条件，则可得塑性层内的 σ_θ 表达式；再利用 $\sigma_z = \dfrac{1}{2}(\sigma_\theta - \sigma_r)$ 关系可得到塑性层内 σ_z 的表达式。具体表达如下：

$$\left. \begin{aligned} \sigma_r &= R_{eL}\ln\frac{r}{R_i} - p_i \\[2mm] \sigma_\theta &= R_{eL}\left(1 + \ln\frac{r}{R_i}\right) - p_i \\[2mm] \sigma_z &= R_{eL}\left(0.5 + \ln\frac{r}{R_i}\right) - p_i \end{aligned} \right\} \tag{4-11}$$

利用第②边界条件代入式(4-11)中的第一式，便可得弹塑性层交界面上的压力 p_c：

$$p_c = -R_{eL}\ln\frac{R_c}{R_i} + p_i \tag{4-12}$$

(2)弹性层

弹性层相当于承受 p_c 内压的弹性圆筒，设 $K_c = \dfrac{R_o}{R_c}$，按照式(4-8)计算或表4-1查阅可得弹性层内壁 $r = R_c$ 处的应力表达式：

$$(\sigma_r)_{r=R_c} = -p_c$$

$$(\sigma_\theta)_{r=R_c} = p_c\left[\frac{\left(\dfrac{R_o}{R_c}\right)^2 + 1}{\left(\dfrac{R_o}{R_c}\right)^2 - 1}\right] = p_c\left(\frac{K_c^2 + 1}{K_c^2 - 1}\right)$$

因该弹性层的内壁是处于屈服状态，应符合屈服条件式(4-10)：

$$(\sigma_\theta)_{r=R_c} - (\sigma_r)_{r=R_c} = 2\tau_y = R_{eL}$$

将 $(\sigma_\theta)_{r=R_c}$ 及 $(\sigma_\theta)_{r=R_c}$ 代入，则可得：

$$p_c = \frac{R_{eL}}{2}\frac{R_o^2 - R_c^2}{R_o^2} = \frac{R_{eL}}{2}\frac{K_c^2 - 1}{K_c^2} \tag{4-13}$$

式中，$K_c = R_o/R_c$。

考虑到弹性层与塑性层是同一连续体内的两部分，界面上的 p_c 应为同一数值，令式(4-12)与式(4-13)相等，可导出塑性层达 R_c 处时的内压 p_i 的表达式：

$$p_i = R_{eL}\left(0.5 - \frac{R_c^2}{2R_o^2} + \ln\frac{R_c}{R_i}\right) \tag{4-14}$$

弹性区内各应力随半径 r 的分布可按弹性应力分析中的式(4-8)列出, 其内压, 此处应改为 p_c, 而 p_c 按式(4-13)代入得:

$$\left.\begin{aligned} \sigma_r &= \frac{R_{eL}}{2}\frac{R_c^2}{R_o^2}\left(1-\frac{R_o^2}{r^2}\right) = \frac{R_{eL}}{2K_c^2}(1-K_r^2) \\ \sigma_\theta &= \frac{R_{eL}}{2}\frac{R_c^2}{R_o^2}\left(1+\frac{R_o^2}{r^2}\right) = \frac{R_{eL}}{2K_c^2}(1+K_r^2) \\ \sigma_z &= \frac{R_{eL}}{2}\frac{R_c^2}{R_o^2} = \frac{R_{eL}}{2K_c^2} \end{aligned}\right\} \tag{4-15}$$

若按 Mises 屈服条件 $\left(\sigma_\theta-\sigma_r=\frac{2}{\sqrt{3}}R_{eL}\right)$ 可导出类似的上述各表达式。

现将弹塑性分析中所导出的各种表达式列于表4-5中, 应力分布情况如图4-7所示。

表4-5 整体式厚壁圆筒弹塑性状态的应力

屈服条件	应力	塑性区 $(R_i \le r \le R_c)$	弹性区 $(R_c \le r \le R_o)$
Tresca	径向应力 σ_r	$R_{eL}\ln\frac{r}{R_i}-p_i$	$\frac{R_{eL}}{2}\frac{R_c^2}{R_o^2}\left(1-\frac{R_o^2}{r^2}\right)$
	径向应力 σ_θ	$R_{eL}(1+\ln\frac{r}{R_i})-p_i$	$\frac{R_{eL}}{2}\frac{R_c^2}{R_o^2}\left(1+\frac{R_o^2}{r^2}\right)$
	径向应力 σ_z	$R_{eL}(0.5+\ln\frac{r}{R_i})-p_i$	$\frac{R_{eL}}{2}\frac{R_c^2}{R_o^2}$
	P_i 与 R_c 关系	$p_i = R_{eL}(0.5-\frac{R_c}{2R_o^2}+\ln\frac{R_c}{R_i})$	
Mises	径向应力 σ_r	$\frac{2}{\sqrt{3}}R_{eL}\ln\frac{r}{R_i}-p_i$	$\frac{R_{eL}}{\sqrt{3}}\frac{R_c^2}{R_o^2}\left(1-\frac{R_o^2}{r^2}\right)$
	径向应力 σ_θ	$\frac{2}{\sqrt{3}}R_{eL}(1+\ln\frac{r}{R_i})-p_i$	$\frac{R_{eL}}{\sqrt{3}}\frac{R_c^2}{R_o^2}\left(1+\frac{R_o^2}{r^2}\right)$
	径向应力 σ_z	$\frac{R_{eL}}{\sqrt{3}}(1+2\ln\frac{r}{R_i})-p_i$	$\frac{R_{eL}}{\sqrt{3}}\frac{R_c^2}{R_o^2}$
	P_i 与 R_c 关系	$p_i = \frac{R_{eL}}{\sqrt{3}}(1-\frac{R_c}{R_o^2}+2\ln\frac{R_c}{R_i})$	

(3)残余应力

当厚壁圆筒进入弹塑性状态后, 这时若将内压力 p_i 全部卸除, 塑性区因存在残余变形不能恢复到原来尺寸, 而弹性区由于本身弹性收缩, 力图恢复原来的形状, 但受到塑性区残余变形的阻挡, 从而在塑性区中出现压缩应力, 在弹性区内产生拉伸应力, 这种自平衡的应力就是残余应力。把这种卸载后保留下来的变形称为残余变形。残余应力的计算, 需根据卸载定理进行。卸载定理是: 以载荷的改变量为假想载荷, 按弹性理论计算该载荷所引起的应力和应变，此应力和应变实际是应力和应变的改变量。从卸载前的应力和应变减去这些改变量就得到卸载后的应力和应变。卸载过程的应力和应变如图 4 - 8 所示。

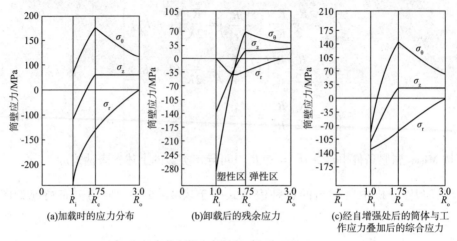

(a)加载时的应力分布　　(b)卸载后的残余应力　　(c)经自增强处后的简体与工
作应力叠加后的综合应力

图 4 - 7　弹 - 塑性区的应力分布

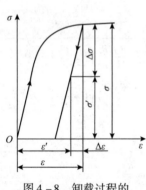

图 4 - 8　卸载过程的
应力和应变

在载荷作用下应力连续增长到 σ，继而卸载应力下降到 σ'，此应力即为卸载后构件中的残余应力。应力改变量为 $\Delta\sigma = \sigma - \sigma'$，应变的改变量为 $\Delta\varepsilon = \varepsilon - \varepsilon'$，$\Delta\sigma$ 与 $\Delta\varepsilon$ 之间存在着弹性关系 $\Delta\varepsilon = \Delta\sigma/E$。因此，厚壁圆筒残余应力 σ'，为卸载前的应力 σ 与在卸载压力 $\Delta p = p_i - 0 = p_i$ 情况下产生的弹性应力 $\Delta\sigma$ 之差。

内压 p_i 引起的弹性应力可利用式（4 - 8）确定。将表 4 - 5 中基于 Mises 屈服失效判据的塑性区和弹性区中的应力分别减去内压引起的弹性应力，得塑性区（$R_i \leqslant r \leqslant R_c$）中的残余应力为：

$$\sigma'_\theta = \frac{R_{eL}}{\sqrt{3}}\left\{1 + \left(\frac{R_c}{R_o}\right)^2 + 2\ln\frac{r}{R_c} - \frac{R_i^2}{R_o^2 - R_i^2}\left[1 + \left(\frac{R_o}{r}\right)^2\right]\left[1 - \left(\frac{R_c}{R_o}\right)^2 + 2\ln\frac{R_c}{R_i}\right]\right\}$$

$$\sigma'_r = \frac{R_{eL}}{\sqrt{3}}\left\{\left(\frac{R_c}{R_o}\right)^2 - 1 + 2\ln\frac{r}{R_c} - \frac{R_i^2}{R_o^2 - R_i^2}\left[1 - \left(\frac{R_o}{r}\right)^2\right]\left[1 - \left(\frac{R_c}{R_o}\right)^2 + 2\ln\frac{R_c}{R_i}\right]\right\} \quad (4 - 16)$$

$$\sigma'_\varepsilon = \frac{R_{eL}}{\sqrt{3}}\left\{\left(\frac{R_c}{R_o}\right)^2 + 2\ln\frac{r}{R_c} - \frac{R_i^2}{R_o^2 - R_i^2}\left[1 - \left(\frac{R_c}{R_o}\right)^2 + 2\ln\frac{R_c}{R_i}\right]\right\}$$

弹性区（$R_c \leqslant r \leqslant R_o$）中的残余应力为：

$$\sigma'_\theta = \frac{R_{eL}}{\sqrt 3} \left[1 + \left(\frac{R_o}{r} \right)^2 \right] \left\{ \left(\frac{R_c}{R_o} \right)^2 - \frac{R_i^2}{R_o^2 - R_i^2} \left[1 - \left(\frac{R_c}{R_o} \right)^2 + 2\ln \frac{R_c}{R_i} \right] \right\}$$

$$\sigma'_r = \frac{R_{eL}}{\sqrt 3} \left[1 - \left(\frac{R_o}{r} \right)^2 \right] \left\{ \left(\frac{R_c}{R_o} \right)^2 - \frac{R_i^2}{R_o^2 - R_i^2} \left[1 - \left(\frac{R_c}{R_o} \right)^2 + 2\ln \frac{R_c}{R_i} \right] \right\} \qquad (4-17)$$

$$\sigma'_\varepsilon = \frac{R_{eL}}{\sqrt 3} \left\{ \left(\frac{R_c}{R_o} \right)^2 - \frac{R_i^2}{R_o^2 - R_i^2} \left[1 - \left(\frac{R_c}{R_o} \right)^2 + 2\ln \frac{R_c}{R_i} \right] \right\}$$

由图 4-8 可知，在内压作用下，弹塑性区的应力和卸除内压后所产生的残余应力在分布上有明显的不同。不难发现，残余应力与应力应变关系简化模型、屈服失效判据以及弹塑性交界面的半径等因素有关。

4.2.3 屈服压力和爆破压力

(1)爆破过程

对于塑性材料制造的压力容器，压力与容积变化量的关系曲线如图 4-9 所示。在弹性变形阶段(OA 线段)，器壁应力较小，产生弹性变形，内压与容积变化量成正比，到 A 点时容器内表面开始屈服，与 A 点对应的压力为初始屈服压力 p_s，在弹塑性变形阶段(AC 线段)，随着内压的继续提高，材料从内壁向外壁屈服，此时，一方面因塑性变形而使材料强化导致承压能力提高，另一方面因厚度不断减小而使承压能力下降，但材料强化作用大于厚度减小作用，到 C 点时两种作用已接近，C 点对

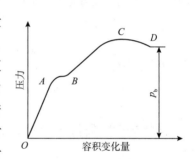

图 4-9　厚壁圆筒中压力与容积变化量的关系

应的压力是容器所能承受的最大压力，称为塑性垮塌压力(plastic collapse pressure)；在爆破阶段(CD 线段)，容积突然急剧增大，使容器继续膨胀所需要的压力也相应减小，压力降落到 D 点，容器爆炸，D 点所对应的压力为爆破压力 p_b(bursting pressure)。

对于内压容器，爆破过程中内压和容积变化量的关系与材料塑性、加压速率、温度、容器容积和厚度等因素有关。对于脆性材料，不会出现弹塑性变形阶段。虽然塑性垮塌压力大于爆破压力，但工程上往往把塑性垮塌压力视为爆破压力。

(2)屈服压力

①初始屈服压力。受内压作用的厚壁圆筒，基于 Mises 屈服失效判据的圆筒初始屈服压力 p_s，表达式为：

$$p_s = \frac{R_{eL}}{\sqrt 3} \frac{K^2 - 1}{K^2} \qquad (4-18)$$

②全屈服压力。假设材料为理想弹塑性，承受内压的厚壁圆筒，当筒壁达到整体屈服状态时所承受的压力，称为圆筒全屈服压力或极限压力(limit pressure)，用 p_{so} 表示。

筒壁整体屈服时，弹塑性界面的半径等于外半径。按 Mises 屈服失效判据，可导出全屈服压力 p_{so} 表达式：

$$p_{so} = \frac{2}{\sqrt{3}} R_{eL} \ln K \qquad (4-19)$$

式(4-19)又称为 Nadai 式。若采用 Tresca 屈服失效判据，利用表4-1和表4-5中的公式可以导出相应的初始屈服压力和全屈服压力表达式。基于 Tresca 屈服失效判据的全屈服压力计算公式，称为 Turner 公式。

注意，不要把全屈服压力和塑性垮塌压力等同起来。前者假设材料为理想弹塑性，后者是用材料的实际应力应变关系。

（3）爆破压力

厚壁圆筒爆破压力的计算公式较多，但真正在工程设计中应用的并不多，最有代表性的是 Faupel 公式。

Faupel 曾对碳素钢、低合金钢、不锈钢及铝青铜等材料制成的厚壁圆筒做过爆破试验，材料的抗拉强度范围为 $R_m = 460 \sim 1320 MPa$，断后伸长率范围 $A = 12\% \sim 80\%$。在整理数据时，他发现爆破压力的上限值为：

$$p_{bmax} = \frac{2}{\sqrt{3}} R_m \ln K$$

下限值为：

$$p_{bmin} = \frac{2}{\sqrt{3}} R_{eL} \ln K$$

且爆破压力随材料的屈强比 R_{eL}/R_m 呈线性规律变化。于是，Faupel 将爆破压力 P_b 归纳为：

$$p_b = p_{bmin} + \frac{R_{eL}}{R_m}(p_{bmax} - p_{bmin})$$

即：

$$p_b = \frac{2}{\sqrt{3}} R_{eL}\left(2 - \frac{R_{eL}}{R_m}\right)\ln K \qquad (4-20)$$

式(4-20)即为 Faupel 公式，形式简单、计算方便。我国及日本等国把它作为厚壁圆筒强度设计的基本方程。其缺点是计算值与实测值之间的误差较大，最大误差达 ±15%。为提高厚壁圆筒爆破压力计算精度，研究者提出了许多爆破压力计算公式，可参阅黄载生主编的《化工机械力学基础》。

4.2.4 提高屈服承载能力的措施

由单层厚壁圆筒的应力分析可知，在内压力作用下，筒壁内应力分布是不均匀的，内壁处应力最大，外壁处应力最小，随着厚度或径比 K 值的增大，应力沿厚度方向非均匀分布更为突出，内外壁应力差值也增大。如按内壁最大应力作为强度设计的控制条件，那么除内壁外，其他点处，特别是外层材料，均处于远低于控制条件允许的应力水平，致使大部分筒壁材料没有充分发挥其承受压力载荷的能力。同时，从表 4 - 1 可见，随厚度的增加，K 值亦相应增加，但应力计算式 $p_i \dfrac{K^2+1}{K^2-1}$ 中，分子和分母值都要增加，因此，当径比大到一定程度后，用增加厚度的方法降低壁中应力的效果不明显。

为此，对于承受压力较高的容器，工程上通常对圆筒施加外压或自增强处理，使内层材料受到压缩预应力作用，而外层材料处于拉伸状态。当厚壁圆筒承受工作压力时，筒壁内的应力分布由按拉美公式确定的弹性应力和残余应力叠加而成。内壁处的总应力有所下降，外壁处的总应力有所上升，均化沿筒壁厚度方向的应力分布。从而提高圆筒的初始屈服压力，更好地利用材料。

对圆筒施加外压的方法有多种，最常用的是采用多层圆筒结构。在内筒外，采用钢板、型带、钢丝等作外层材料，用过盈套合、包扎、缠绕等方法，将内圆筒与外层材料组合成一整体。在施加外层过程中，内筒受到外压作用，处于压缩状态。

需要注意的是，实际的多层厚壁圆筒，由于层间存在间隙，且不均匀，特别是经过水压试验后，层间又有不同程度的间隙改变，应力分布十分复杂。因此，在大多数情况下，多层厚壁圆筒不以得到满意的预应力为主要目的，而是为了得到较大的厚度，在设计中不考虑预应力存在的有利影响(除超高压容器)，而只是作为强度储备。

将厚壁圆筒在使用之前进行加压处理，使其内压力超过初始屈服压力。如前所述，当压力卸除后，塑性区中形成残余压缩应力，弹性区中形成残余拉伸应力。这种通过超工作压力处理，由筒壁自身外层材料的弹性收缩引起残余应力的方法，称为自增强。

4.3 厚壁圆筒强度设计

厚壁圆筒主要应用于高压及超高压容器的筒体设计当中，下面主要讨论这两方面内容。

4.3.1 高压筒体强度失效及强度设计准则

就高压容器而言可能碰到的失效类型大体有：强度不足引起的塑性变形甚至韧性破坏、材料脆性或严重缺陷引起的脆性破坏、环境因素引起的腐蚀失效、高温下的蠕变失效以及交变载荷下的疲劳失效等。就高压容器常规设计而言，主要考虑的是使高压容器具有足够的防止发生过度塑性变形及爆破等强度失效的能力，其核心即要具有足够的强度。防止高压筒体的强度失效应考虑厚壁筒应力分布的两个重要特点，一是沿壁厚的应力分布不均匀，弹性状态下内壁的应力状态是最恶劣的；二是处于三向应力状态，其径向应力 σ_r 此时不应忽略。因此对筒体进行强度的设计计算时必然会碰到这样的问题，即采用何种强度失效的设计准则和强度理论来处理三向应力。

针对强度失效的设计准则一般有 3 种，即弹性失效设计准则、塑性失效设计准则和爆破失效设计准则。而考虑三向应力的相当应力(应力强度)一般可按第一强度理论、第三强度理论和第四强度理论的方法求出。下面作简要介绍。

（1）弹性失效设计准则

为防止筒体内壁发生屈服，以内壁相当应力达到屈服状态时为发生弹性失效。这就应将内壁的应力状态限制在弹性范围，此为弹性失效设计准则。这是目前世界各国使用最多的设计准则，我国高压容器设计也习惯采用此准则。

设计计算时，如何表达内壁三向应力的相当应力（应力强度）需要采用各种强度理论。将相当应力限制在设计许用应力内，以此作为强度条件，即可防止筒体发生弹性失效，并有足够的安全裕度。

按拉美公式将内壁面各向应力值代入第3章所述强度理论表达式。按第一强度理论计算所得的壁厚偏薄，而按第三强度理论计算时最厚。但从实验结果来看，按第四强度理论计算出的内壁开始屈服的压力与实验较为接近。

①若要较准确计算筒体内壁开始屈服的压力建议用第四强度理论式：

$$p_{si} = \frac{K^2 - 1}{\sqrt{3}K^2} R_{eL} \qquad (4-21)$$

②在壁厚较薄时即压力较低时各种强度理论差别不大。

（2）塑性失效设计准则

高压圆筒发生整体塑性失效的极限载荷即称为圆筒的全屈服压力，其推导过程如前所述，采用特雷斯卡（Tresca）屈服条件，称 Turner 公式：

$$p_{so} = R_{eL} \ln K \qquad (4-22)$$

若采用米赛斯（Mises）屈服条件，称 Nadai 公式，即式（4-19）。将所得 p_{so} 除以安全系数 n 时，即可得许用压力。

（3）爆破失效设计准则

非理想塑性材料在筒体整体屈服后仍有继续承载的能力。这是因为随着压力的增加筒体的屈服变形增大，筒体材料不断发生屈服强化。当筒体出现塑性大变形时，如果筒体因材料强化而使承载能力继续上升的因素与因塑性大变形造成壁厚减薄而使承载能力下降的因素相抵消，此时筒体便无法增加承载能力，筒体即将爆破，此时的压力即为筒体的最大承载压力，称为爆破压力。

若以容器爆炸作为失效状态，以爆破压力作为设计基准，再适当考虑安全系数便可确定能安全使用的压力或确定筒体的设计壁厚，这便称为爆破失效设计准则。

需要注意的是，除弹性失效设计准则外，采用塑性失效准则时，并非容许筒体可以整体进入塑性状态，甚至也未必可以使内壁进入塑性状态。同样采用爆破失效准则时，也并非意味着容许筒体发生塑性较大的变形，这均取决于所采用的安全系数。各国所采用的对各种设计准则的安全系数虽不同，但当考虑各自的安全系数后，各种准则设计出的高压筒体实际上连内壁也不会发生屈服，整个筒体全部处于弹性状态。这说明设计准则的出发点虽然反映了设计思想不同的先进观点，但至今尚由于种种因素（例如材料因素、制造因素及操作因素等）的复杂性，规范的制订者仍不容许内壁出现屈服，控制安全系数后反映在筒体设计壁厚上只有不大的差别。

4.3.2　单层高压圆筒的强度计算

内压作用下单层高压圆筒的强度计算方法。以上分析了各种失效形式的设计准则及失效压力计算式，各国设计规范所用的设计准则及设计公式各不相同。美国 ASME Ⅷ-2（第八卷　第二分篇）及中国压力容器相关标准均采用弹性失效设计准则，而且设计公式又是第一强度理论式。但是具体采用以拉美公式计算的应力表达式为基础的第一强度理论式还是中径式，可以作如下分析。

前已述及，各种强度理论的计算结果的差异与 K 值有关，K 值越小，差异越小。当设计压力低于 35MPa（我国 GB/T 150—2011《压力容器》规定的最高适用范围）时，容器的 K 值一般不会超过 1.5，因而按不同强度理论设计出的壁厚差值不会超过 1.25 倍。实际若采用 Q345R 级以上的钢材所得的 K 值不会超过 1.2，各种强度理论式的差别更小。但各种计算式中又以中径公式最为简便，故我国的容器标准采用的是中径公式。

中径公式是用沿壁厚的平均应力按第三强度理论导出的：

$$\sigma_{eq} = \sigma_{max} - \sigma_{min} \leqslant [\sigma]，\quad 即\ \sigma_\theta - \sigma_r \leqslant [\sigma]$$

周向平均应力 $\sigma_\theta = \dfrac{pD_i}{2\delta}$，此即为三向应力中的 σ_{max}。径向平均应力 σ_r 应为 σ_{min}，该 $\sigma_r = \dfrac{1}{2}$
$\left[(\sigma_r)_{r=R_i} + (\sigma_r)_{r=R_o} \right] = \dfrac{1}{2}[-p+0] = -\dfrac{p}{2}$ 代入第三强度理论式得：

即：
$$\frac{pD_i}{2\delta} + \frac{p}{2} \leqslant [\sigma]^t$$

$$\frac{p(D_i + \delta)}{2\delta} \leqslant [\sigma]^t \tag{4-23}$$

因 $(D_i + \delta)$ 为中径，故式（4-23）为中径公式。该中径公式与中低压容器的壁厚计算式在形式上是一致的。因此压力在 35MPa 以下或壁厚比 $K < 1.2$ 的高压筒体计算方法与中低压时一样。

中国 GB/T 150—2011《压力容器》中规定，当设计压力低于 35MPa 时，可以采用中径公式计算。当选用的钢材强度越高时，壁厚比 K 值将下降，内外壁的应力差值将缩小，更接近于薄壁容器，因此采用中径公式更为合适。在 35MPa 压力以上的高压容器，则应考虑采用拉美公式为基础的强度设计方法，或者采用塑性失效、爆破失效的设计方法，而不应采用中径公式。

4.3.3　多层圆筒的强度计算

多层圆筒包括层板包扎式、绕板式及热套式等结构形式。不论在包扎、缠绕或热套时都会在逐层紧缩过程中产生一定大小的预应力，这些预应力使内层材料受到周向压缩预应力作用，而外层材料的收缩（如包扎中纵焊缝收缩、绕带收紧、热套冷却收缩）受到内层的抑制时便产生拉伸预应力。这些预应力将使筒体在受内压的工作状态下的应力分布由不均匀趋向于均匀。但这是理论分析的情况，实际的多层容器在层间要做到无间隙是较为困难的，通常间隙或大或小，且不均匀，因此应力分布是复杂的。在水压试验时又有不同程度地贴紧而能消除部分间隙，应力分布情况又发生了改变。目前压力在35MPa以下的多层容器不以得到满意的预应力为主要目的，而是以得到较大壁厚为目的，例如，热套容器在热套后再作热处理，反使预应力被消除。因此在设计时不必考虑多层容器中预应力的影响。

目前对层板包扎式、绕板式和绕带式多层容器的强度计算按以下简化方法进行（不包括热套式容器）：壁厚计算式仍按中径公式，将许用应力按组合许用应力考虑，组合许用应力为：

$$[\sigma]'\phi = \frac{\delta_i - C_i}{\delta_n - C}[\sigma]'_i\phi_i + \frac{\delta_o - C_o}{\delta_n - C}[\sigma]'_o\phi_o \qquad (4-24)$$

式中 C_i、C_o——分别为内筒及外壁材料的壁厚附加量，mm；

C——壁厚附加量，$C = C_i + C_o$，mm；

δ_n——圆筒的名义厚度，mm；

δ_i、δ_o——分别为内筒的厚度和外层材料的总厚度，mm；

$[\sigma]'_i$、$[\sigma]'_o$——分别为内筒材料及外层材料在设计温度下的许用应力，N/mm；

ϕ_i、ϕ_o——分别为内筒及外层材料的焊缝系数，层板的 $\phi_i = 0.95$，绕板或绕带的 $\phi_o = 1.0$。

多层厚壁筒体的强度计算方法是一种粗糙的工程化方法。采用这种方法并非是对多层圆筒应力的分析困难，而是由于实际多层圆筒并非理想的组合圆筒，其贴紧度、层间预应力不可能达到理想的均匀的状况，因此采用简化的工程化方法反而是合理的。

对于直径不太大的双层或多层热套的超高压容器，可以用机加方法保证过盈量的精度，所得预应力或承压后的应力均可计算出来。再采用优化的设计方法求得各层等强度情况下最小总厚度。

4.3.4 超高压容器圆筒的强度设计

（1）超高压容器筒体结构

由于超高压容器所受压力极高，应力水平较高，又由于所用钢材的强度级别较高，不适合于焊接，所以超高压容器的圆筒多采用锻造式结构。常见的超高压筒体的结构有如下几种。

①单层式厚壁容器。有整体锻造筒体和单层自增强筒体。

②多层缩套容器（有过盈配合的）。有双层缩套、多层缩套以及缩套加自增强处理的筒体。

③绕丝式筒体（利用筒外多层绕丝增厚的）。有绕丝式筒体和绕丝式框架。

④剖分式筒体。在内外筒之间夹有剖分式的扇形块以分离主应力，外筒是缩套在扇形块上的。

⑤压力夹套式容器。系在同心的内外筒之间的夹套环隙内注入压力可控的液体，可使内筒的应力得到夹套压力的平衡而提高内筒的操作压力。

超高压容器筒体结构的选择，不仅取决于容器的大小和操作条件，还取决于制造厂的装备条件。但不论何种形式，重要的是必须保证容器在运行条件下能够长期地安全使用。

我国将100MPa压力以上的容器划分为超高压容器。GB/T 150—2011《压力容器》规范中不包括超高压容器。超高压容器设计可参考TSG R0002—2005《超高压容器安全技术监察规程》和美国ASME Ⅷ-3(第八卷，第三分篇)。

(2)超高压容器的自增强处理

自增强处理就是将厚壁筒在使用前进行大于工作压力的超压处理，目的是形成预应力使工作时壁内应力趋于均匀。如前所述，超压时可形成塑性层和弹性层。卸压后，塑性层将有残余应变，而弹性层又受到该残余应变的阻挡也恢复不到原来的位置，两层之间便形成相互作用力。无疑，塑性层中形成残余压应力，弹性层中形成残余拉应力，也就是筒壁中形成了预应力。

重新加载到工作压力时，筒壁内重新建立由拉美公式所确定的弹性应力，与残留的预应力叠加后内层的总应力有所下降，外层的总应力有所上升，沿整个筒壁的应力分布就比较均匀，即应力分布得到改善。这样厚壁筒经自增强处理后增大了弹性承载的范围，也提高了屈服承载能力。这种自增强处理技术在超高压容器中常有应用。

厚壁筒自增强处理的方法一种是液压法，另一种是机械挤压法。液压法是采用超高压的液压泵对已密闭的厚壁筒进行加压使内层筒壁发生塑性变形。挤压法是用冲头或水压机将有过盈的芯轴压入厚壁筒，或用桥式起重机将芯轴拉过厚壁筒等方法使筒壁内层发生塑性变形。此外，还有爆炸胀压法，其是利用高能源的炸药在极短时间内产生高压和冲击波，使圆筒迅速产生塑性变形。

思考题

1. 高压容器的筒体结构与中低压容器的筒体结构通常有什么区别？

2. 单层厚壁圆筒承受内压时，其应力分布有哪些特征？当承受的内压较高时，能否仅用增加壁厚来提高承载能力，为什么？

3. 单层厚壁圆筒在内压与温差同时作用时，其综合应力沿壁厚如何分布？筒壁屈服发生在何处？为什么？

4. 高压容器和超高压容器的筒体壁厚设计与中低压容器壁厚设计有什么区别？

5. 预应力方法提高厚壁圆筒屈服承载能力的基本原理是什么？

习题

一台内压为30MPa的高压容器，内盛干燥氮气。内径$D_i=500mm$，若采用Q245R材料制筒体，试求出高压圆筒的计算壁厚；若采用15MnNbR材料制筒体时，计算壁厚。并回答以下问题：

(1)选用什么材料比较合理？

(2)若该容器的长度约14m，则采用什么结构形式(单层卷焊、单层锻焊、整体锻造、多层包扎等)较为合理，说出理由。

5　外压容器设计

5.1　外压容器

外压容器是指外壁压力高于内壁压力的容器。例如：真空操作的冷凝器、蒸馏塔等壳体，外表面承受大气压，内部在真空状态下操作；夹套容器的内层壳体、管壳式换热器的换热管等壳体，外表面承受的压力高于大气压且大于内表面所受的压力。

5.1.1　外压容器的失稳

外压容器的失效原理与内压容器有所不同。容器在均匀内压的作用下，壳体会产生拉伸应力，此时对同一容器施以均匀外压，壳体又会产生压缩应力，其值大小与拉伸应力相等，但方向相反。外压状态下，容器有两种可能的失效形式，一是具有足够厚度的壳体，当压缩应力超过了材料的极限强度，容器将发生塑性压缩变形或破裂，这种属于强度问题；二是厚度相当薄的壳体，当外压力达到某一特定数值时，壳体会产生突然的挠曲（也称翘曲），这种失效现象称为外压容器的失稳或屈曲。

外压圆筒发生失稳时，在圆筒的横截面上呈现出一定数目有规则的波形，如图 5 - 1 所示。容器除了侧向受到均匀分布的外压力作用外，同样会在受到轴向压缩载荷时发生失稳，如图 5 - 2 所示。本章仅介绍侧向受到均匀分布外压力的情况。

图 5 - 1　侧向外压作用下圆筒的失稳形态

图 5 - 2　轴向外压作用下圆筒的失稳形态

对于外压容器而言，失稳是容器失效的主要形式。因此确保容器的稳定性是外压容器能够正常操作的必要条件。

5.1.2　稳定性的基本概念

物体的平衡状态分为三种即稳定平衡状态、不稳定平衡状态和随遇平衡状态。稳定平衡状态通常是物体在平衡位置发生无限小的移动后，仍能恢复到原状态；不稳定平衡状态通常是物体在平衡位置发生无限小的移动后，不能恢复到原状态，而是继续移动下去；随遇平衡状态通常是从稳定平衡状态向不稳定平衡状态过渡的一种状态。

以受均匀外压力作用的薄壁圆筒为例，处于稳定平衡状态的圆筒还未发生失稳前，其受到的是薄膜压缩应力。当外压力很小时，壳体内部的基本应力状态一直保持是薄膜应力，如果施加若干侧向干扰载荷作用，壳体内部的基本应力状态将发生改变，取消侧向干扰载荷后，壳体内部的应力和外部的变形可以完全恢复到受干扰之前的状态。如果继续逐渐施加这种侧向干扰载荷作用，当增加到某一临界数值时，壳体虽然处于薄膜应力状态下，维持着暂时的静力平衡，但这种平衡是不稳定的。这种状态下，不论多么微小的侧向干扰，壳体就会立即发生突然的屈曲。此时，即使彻底撤去施加的侧向干扰，这种屈曲也不会消失。换句话说，当外压力的作用达到某一临界数值时，壳体的应力状态成为一种新的稳定平衡状态。

5.1.3　临界压力

通过上述分析可得，这种使壳体失去原有平衡状态（即失稳）的最小外压力，称为临界（外）压力，以 p_{cr} 表示。壳体在临界压力作用下产生的应力称为临界应力，以 σ_{cr} 表示。本章讨论的外压容器的稳定性问题，实际上就是求解容器壳体的最小临界压力的问题。

受侧向均布外压力作用的薄壁圆筒，在达到临界压力时，在其周向将产生一定数目有规则的波形，如图 5－3 所示。对于已知尺寸的圆筒，波形数主要由圆筒端部的约束条件和约束之间的距离决定。当四周约束条件一定的前提下，临界压力不但与圆筒材料的机械性能有关，还与圆筒长度与直径的比值、壁厚与直径的比值有关。

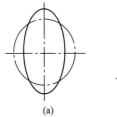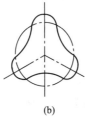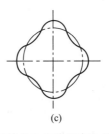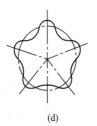

| (a) | (b) | (c) | (d) |

图 5－3　受均布周向外压圆筒发生失稳时产生的波纹

圆筒的形状缺陷主要有不圆和局部区域中的折皱、鼓胀或凹陷。内压作用下的圆筒有消除不圆度的趋势。这些缺陷，对于内压圆筒的强度影响很小。而外压作用下的圆筒，在缺陷处会产生附加的弯曲应力，使得圆筒中的压缩应力增大，临界压力降低，这是实际失稳压力与理论计算结果不能很好吻合的主要原因之一。因此，应严格限制外压作用下圆筒的初始不圆度。

小挠度线性理论下得到的临界压力，假设其在几何结构上是完善的（无初始缺陷），在载荷上是理想的（无偏心）。但是实际情况总是存在不同程度的缺陷，所以小挠度线性理论下得到的临界载荷不能直接作为设计依据。因此在外压容器的设计规范中，容器的操作压力 p 不大于临界压力，即：

$$p \leqslant [p] \leqslant \frac{p_{cr}}{m}$$

式中　　$[p]$——许用设计外压力，MPa；

　　　　p_{cr}——临界压力，MPa；

　　　　m——稳定(安全)系数，对于受均匀外压的圆筒，在 GB/T 150—2011《压力容器》，取 $m = 3$。

5.2　外压薄壁圆筒稳定性分析

本章公式推导过程中涉及的符号意义如下：

E——圆环材料的弹性模量，MPa；

J——圆环横截面的惯性矩，mm^4；

R——圆环 $abcd$ 的曲率半径，mm；

R_1——圆环 $ABCD$ 的曲率半径，mm；

F_0——下半圆环对上半圆环的压缩力，N；

M_0——下半圆环对上半圆环的弯曲力矩，N·mm；

$\overline{AD}, \overline{AB}$——三角形 ABD 的边长，mm；

$\overline{AO}, \overline{OB}$——三角形 AOB 的边长，mm；

θ——三角形 ABD 中 AD 边与 AB 边夹角，°；

w, w_0——圆环受外压作用变形成为椭圆环后的径向位移，mm；

p_{cr}——临界压力，MPa；

σ_{cr}——临界应力，MPa；

μ——材料的泊松比；

δ_e——圆筒的有效厚度，mm；

D——圆筒的中面直径，计算时可近似取圆筒外径，$D \approx D_0$；

L——外压圆筒的计算长度，mm；

L_{cr}——临界长度，mm；

K——椭圆形封头的当量曲率半径折算系数。

5.2.1　外压圆筒的分类

不同几何尺寸的外压圆筒失稳规律是不同的，分析时可以把受到外压作用的圆筒分为长圆筒、短圆筒和刚性圆筒三种。

长圆筒是指当圆筒的长度与直径之比 L/D_0 较大时，圆筒的中间部分不会受到两端封头或加强圈的支持作用。长圆筒失稳时，在筒体横截面上形成 $n=2$ 的波纹，如图 5-3 (a)所示，其临界压力不仅与材料的机械性能(E，μ)有关，还与圆筒的厚度与直径之比 δ_e/D_o 有关，与圆筒的长度与直径之比 L/D_o 无关。

短圆筒是指当圆筒的相对长度较小时，圆筒会受到两端封头或加强圈的支持作用。短圆筒失稳时，在圆筒横截面上形成 $n>2$ 的波纹数，如图 5-3(b)、(c)、(d)所示。其临界压力不仅与材料的机械性能(E，μ)和圆筒的厚度与直径之比 δ_e/D_o 有关，而且与圆筒的长度与直径之比 L/D_o 有关。

刚性圆筒是指当圆筒的长度与直径之比 L/D_o 较小，而圆筒的厚度与直径之比 δ_e/D_o 较大，即圆筒的刚性很大时，外压圆筒已经不是失稳失效，而是压缩强度破坏失效。

5.2.2　受侧向均布外压力的长圆筒的临界压力

长圆筒在失稳时不会受到两端边界条件的约束作用，因此计算其临界压力时，可以取该圆筒中远离两端边界处的圆环进行临界压力的计算。

5.2.2.1　圆环的临界压力

如图 5-4 所示，图中的长圆筒中取半径为 R 的单位长度的圆环 $abcd$，沿周向均匀分布外压载荷，变形成曲率半径为 R_1 的椭圆环 $ABCD$，圆环上的圆弧 $\overset{\frown}{mn}$，变形至 $\overset{\frown}{m_1 n_1}$。弯矩 M 与曲率变化的关系为：

$$\frac{1}{R_1} - \frac{1}{R} = -\frac{M}{EJ} \qquad (5-1)$$

注：上式中等号右边的负号表示当曲率减小时弯矩为正。

圆弧 $\overset{\frown}{mn}$ 的长度为：

$$ds = Rd\phi \qquad (5-2)$$

式中　ds ——$\overset{\frown}{mn}$ 的长度，mm；

　　$d\phi$ ——$\overset{\frown}{mn}$ 所对的圆心角，(°)。

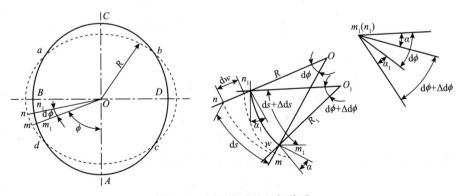

图 5-4　圆环变形的几何关系

圆弧$\overset{\frown}{mn}$的曲率为：

$$\frac{1}{R} = \frac{\mathrm{d}\phi}{\mathrm{d}s} \tag{5-3}$$

圆弧$\overset{\frown}{m_1 n_1}$的曲率为：

$$\frac{1}{R_1} = \frac{\mathrm{d}\phi + \Delta\mathrm{d}\phi}{\mathrm{d}s + \Delta\mathrm{d}s} \tag{5-4}$$

式中　$\mathrm{d}s + \Delta\mathrm{d}s$——圆弧$\overset{\frown}{m_1 n_1}$的长度，mm；

$\mathrm{d}\phi + \Delta\mathrm{d}\phi$——圆弧$\overset{\frown}{m_1 n_1}$所对的圆心角，(°)。

如果 w 表示圆环受外压作用变形成为椭圆环后点 m 的径向位移。变形后的椭圆环在点 m_1 处的切线与 mm_1 的垂线之间的夹角为 α，$\alpha = \dfrac{\mathrm{d}w}{\mathrm{d}s}$。变形后的椭圆环在点 n_1 处的切线与 nn_1 的垂线之间的夹角为 α_1，$\alpha_1 = \dfrac{\mathrm{d}w}{\mathrm{d}s} + \dfrac{\mathrm{d}^2 w}{\mathrm{d}s^2}\mathrm{d}s$。因为 $\alpha + \mathrm{d}\phi + \Delta\mathrm{d}\phi = \alpha_1 + \mathrm{d}\phi$，得：

$$\Delta\mathrm{d}s = \frac{\mathrm{d}^2 w}{\mathrm{d}s^2}\mathrm{d}s \tag{5-5}$$

相较圆弧$\overset{\frown}{mn}$与圆弧$\overset{\frown}{m_1 n_1}$的长度，忽略 α 的影响，圆弧$\overset{\frown}{m_1 n_1}$的长度为$(R - w)\mathrm{d}\phi$，得：

$$\Delta\mathrm{d}s = -w\mathrm{d}\phi = -\frac{w\mathrm{d}s}{R} \tag{5-6}$$

将式(5-5)和式(5-6)代入式(5-4)，得：

$$\frac{1}{R_1} = \frac{\mathrm{d}\phi}{\mathrm{d}s\left(1 - \dfrac{w}{R}\right)} + \frac{\mathrm{d}^2 w}{\mathrm{d}s^2\left(1 - \dfrac{w}{R}\right)} \tag{5-7}$$

在式(5-7)右边乘以 $\dfrac{1 + \dfrac{w}{R}}{1 + \dfrac{w}{R}}$，得：

$$\frac{1}{R_1} = \frac{\mathrm{d}\phi}{\mathrm{d}s}\frac{1 + \dfrac{w}{R}}{1 - \left(\dfrac{w}{R}\right)^2} + \frac{\mathrm{d}^2 w}{\mathrm{d}s^2}\frac{1 + \dfrac{w}{R}}{1 - \left(\dfrac{w}{R}\right)^2} \tag{5-8}$$

忽略高阶无穷小，得：

$$\frac{1}{R_1} = \frac{\mathrm{d}\phi}{\mathrm{d}s}\left(1 + \frac{w}{R}\right) + \frac{\mathrm{d}^2 w}{\mathrm{d}s^2} = \frac{1}{R}\left(1 + \frac{w}{R}\right) + \frac{\mathrm{d}^2 w}{\mathrm{d}s^2}$$

即：

$$\frac{1}{R_1} - \frac{1}{R} = \frac{w}{R^2} + \frac{\mathrm{d}^2 w}{\mathrm{d}s^2} \tag{5-9}$$

将式(5-1)代入式(5-9)，得到圆环挠度曲线微分方程为：

$$\frac{\mathrm{d}^2 w}{\mathrm{d}s^2} + \frac{w}{R^2} = -\frac{M}{EJ} \tag{5-10}$$

式(5-10)中含有 w 和 M 两个未知量，想要求解可以借助力矩平衡方程。

沿水平对称轴切出半个圆环，下半圆环对上半圆环的作用力为 F_0 和 M_0，其中对称截面无剪力，如图 5 – 5 所示。根据静力平衡，则

$$F_0 = p(R - w_0) \tag{5 - 11}$$

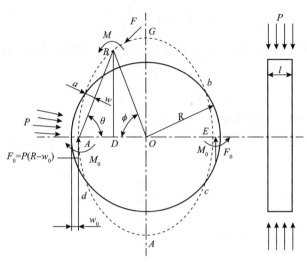

图 5 – 5   圆环受力与变形关系

在圆环任意截面 B 处的弯曲力矩为：

$$M = M_0 + F_0 \cdot \overline{AD} - \frac{p}{2} \overline{AB}^2 = M_0 + p \overline{AO} \cdot \overline{AD} - \frac{p}{2} \overline{AB}^2 \tag{5 - 12}$$

取三角形 AOB，根据余弦定理，得：

$$\overline{OB}^2 = \overline{AO}^2 + \overline{AB}^2 - 2 \overline{AO} \cdot \overline{AB} \cos\theta$$

若 $\cos\theta = \dfrac{\overline{AD}}{\overline{AB}}$，得：

$$\overline{OB}^2 = \overline{AO}^2 + \overline{AB}^2 - 2 \overline{AO} \cdot \overline{AD}$$

或

$$\frac{\overline{AB}^2}{2} - \overline{AO} \cdot \overline{AD} = \frac{1}{2}(\overline{OB}^2 - \overline{AO}^2) \tag{5 - 13}$$

将 $\overline{OB} = R - w$ 和 $\overline{AO} = R - w_0$ 代入式(5 - 13)，得：

$$\frac{\overline{AB}^2}{2} - \overline{AO} \cdot \overline{AD} = \frac{1}{2}\left[(R - w)^2 - (R - w_0)^2\right] \tag{5 - 14}$$

R 比 w 大得多，忽略 w^2 和 w_0^2，得：

$$\frac{\overline{AB}^2}{2} - \overline{AO} \cdot \overline{AD} = R(w_0 - w) \tag{5 - 15}$$

将式(5 - 15)代入式(5 - 12)，则圆环的力矩平衡方程为：

$$M = M_0 - pR(w_0 - w) \tag{5 - 16}$$

将式(5 - 16)代入式(5 - 10)，得：

$$\frac{d^2 w}{d\phi^2} + w\left(1 + \frac{pR^3}{EJ}\right) = \frac{-R^2 M_0 + pR^3 w_0}{EJ} \tag{5 - 17}$$

此线性微分方程的通解为：

$$w = c_1 \sin n\phi + c_2 \cos n\phi + \frac{-R^2 M_0 + pR^3 w_0}{EJ + pR^3} \qquad (5-18)$$

n 与 p 的关系为:

$$n^2 = 1 + \frac{pR^3}{EJ} \qquad (5-19)$$

因为截取的是封闭圆环,挠度 w 是角度 ϕ 以 2π 为周期的周期函数,得:

$$\sin n(2\pi + \phi) = \sin n\phi$$

$$\cos n(2\pi + \phi) = \cos n\phi$$

上式中 n 为正整数,与 n 对应的 p 的最小值即为圆环的临界压力。当 $n = 1$ 时,代入式(5-19)得 $p = 0$,此时圆环不受外压力作用。当 $n = 2$ 时,代入式(5-19)得到圆环失稳时的最小临界压力为:

$$p_{cr} = \frac{3EJ}{R^3} \qquad (5-20)$$

5.2.2.2 长圆筒的临界压力

由于圆筒的抗弯刚度大于圆环,所以用 $D = \dfrac{E\delta^3}{12(1-\mu^2)}$ 代替 EJ 得:

$$p_{cr} = \frac{2E}{1-\mu^2}\left(\frac{\delta_e}{D_o}\right)^3 \qquad (5-21)$$

式中　E——操作温度下的弹性模量,MPa;

　　　μ——材料的泊松比;

　　　δ_e——圆筒的有效厚度,mm;

　　　D——圆筒的中面直径,计算时可近似取圆筒外径,$D \approx D_o$。

若长圆筒为钢制材料,则 $\mu = 0.3$,上式即为:

$$p_{cr} = 2.2E\left(\frac{\delta_e}{D_o}\right)^3 \qquad (5-22)$$

由此可见,长圆筒受侧向外压作用时,可以采用式(5-21)计算临界压力。长圆筒的临界压力不仅与材料的机械性能(E,μ)有关,还与圆筒的厚度与直径之比 δ_e/D_o 有关,而与圆筒的长度与直径之比 L/D_o 无关。

长圆筒失稳时,在临界压力作用下,圆筒器壁中产生的周向压缩应力,即为临界应力,其值为:

$$\sigma_{cr} = \frac{p_{cr}D_o}{2\delta_e} = 1.1E\left(\frac{\delta_e}{D_o}\right)^2 \qquad (5-23)$$

注:式(5-23)仅适用于弹性范围,即 σ_{cr} 小于材料的比例极限 σ_p^t 或屈服强度 σ_y^t。

5.2.3　受侧向均布外压力的短圆筒的临界压力

短圆筒在失稳时出现的波纹数大于2,外压作用下的临界压力计算比长圆筒困难得多。

Mises 在 1914 年按线性小挠度理论推导出短圆筒的临界压力计算公式为：

$$p_{cr} = \frac{E\delta}{R(1-\mu^2)} \left\{ \frac{1-\mu^2}{(n^2-1)(1+\frac{n^2L^2}{\pi^2R^2})} + \frac{\delta^2}{12R^2} \left[(n^2-1) + \frac{2n^2-1-\mu}{1+\frac{n^2L^2}{\pi^2R^2}} \right] \right\} \quad (5-24)$$

已知几何尺寸和材料的圆筒，取不同的波数 n 会得到不同的临界压力 p_{cr}，且 p_{cr} 不随 n 增大而单调增大，而是存在一个极小值，这个极小值就是临界压力。若采用微分法求解 p_{cr} 的极值特别复杂，因此可以采用试算法求解，即取不同的 n 值代入式(5-24)计算相应的 p_{cr}，通过对比得到 p_{cr} 的极小值。

工程上，可以采用近似法简化上述计算过程。因为 $n^2 \gg (\frac{\pi R}{L})^2$，$1 + \frac{n^2L^2}{\pi^2R^2} \approx \frac{n^2L^2}{\pi^2L^2}$，取 $n^2 - 1 \approx n^2$，$\mu = 0.3$，即可以取得与最小临界压力相应的波数为：

$$n = \sqrt[4]{\frac{7.06}{(\frac{L}{D})^2(\frac{\delta}{D})}} \quad (5-25)$$

取 $n^2 - 1 \approx n^2$，$\mu = 0.3$，$D = D_o$ 和 $\delta = \delta_e$，则受侧向外压作用短圆筒最小临界压力的近似计算式为：

$$p_{cr} = \frac{2.59E\delta_e^2}{LD_o\sqrt{\frac{D_o}{\delta_e}}} = \frac{2.59}{\frac{L}{D_o}\sqrt{\frac{\delta_e}{D_o}}} (\frac{\delta_e}{D_o})^3 \quad (5-26)$$

短圆筒的临界压力不仅与材料的机械性能(E，μ)和圆筒的厚度与直径之比 δ_e/D_o 有关，而且与圆筒的长度与直径之比 L/D_o 有关。

短圆筒的临界应力为：

$$\sigma_{cr} = \frac{p_{cr}D_o}{2\delta_e} = 1.30E \left(\frac{\delta_e}{D_o}\right)^{1.5} \Big/ \left(\frac{L}{D_o}\right) \quad (5-27)$$

短圆筒临界压力仅适合于弹性失稳。

5.2.4 临界长度

长圆筒和短圆筒的区别在于其临界压力是否受两端边界支持的影响。如果圆筒的几何尺寸已知，可以用一个特征长度来区分 $n = 2$ 的长圆筒和 $n > 2$ 的短圆筒，此作为界限的特性尺寸称为临界长度，用 L_{cr} 表示。当圆筒的长度 $L > L_{cr}$ 时，属于长圆筒；当 $L < L_{cr}$ 时，属于短圆筒。令式(5-22)与式(5-26)相等，即得临界长度为：

$$L_{cr} = 1.17D_o\sqrt{\frac{D_o}{\delta_e}} \quad (5-28)$$

5.3 外压薄壁圆筒设计

根据上述外压圆筒的稳定性分析可得：

①当圆筒的长度 $L > L_{cr}$ 时，为长圆筒，这类圆筒的临界压力与材料的机械性能(E、μ)、壁厚 δ_e 和直径 D_o 有关，临界压力由式(5-22)计算，临界应力由式(5-23)计算。

②当圆筒的长度 $L < L_{cr}$ 时，为短圆筒，这类圆筒的临界压力与材料的机械性能(E、μ)、筒长 L、壁厚 δ_e 和直径 D_o 有关，临界压力由式(5-26)计算，临界应力由式(5-27)计算。

③刚性圆筒的失效是由于器壁中的压应力达到材料的屈服强度而引起的塑性屈服破坏，不存在稳定性问题，其性质与厚壁圆筒相同，只需校核强度是否足够即可，L 的影响可忽略不计。

若采用解析法进行外压容器的设计计算，过程如下：

①根据容器的操作工况，选定筒体材料；

②假设筒体名义厚度，确定筒体的有效壁厚；

③根据已知条件由式(5-28)计算筒体的临界长度 L_{cr}，并与设计圆筒的实际计算长度 L 相比较，确定筒体的长、短圆筒属性；

④根据筒体属性，选择式(5-22)、式(5-26)，确定其临界压力和许用设计外压力；

⑤确定设计外压力 p，若 $p \leqslant [p]$，且数值较接近时，假设的壁厚可作为容器的设计壁厚。若两者相差太大，说明假设的壁厚不合适，需重新假设壁厚，再重复以上计算步骤，直至满足要求为止。

上述解析法中，因为计算前壁厚尚为未知数，需要反复试算，过程比较复杂，因此国外有关设计规范推荐采用比较简便的图算方法，我国容器标准也借鉴此法。

5.3.1 图算法的原理

对于长圆筒，由式(5-23)得：

$$\frac{\sigma_{cr}}{E} = \frac{1.1}{(D_o/\delta_e)^2}$$

对于短圆筒，由式(5-27)得：

$$\frac{\sigma_{cr}}{E} = \frac{1.30 \, (\delta_e/D_o)^{1.5}}{L/D_o}$$

在临界压力作用下，筒壁产生相应的临界应变为：

$$\varepsilon_{cr} = \frac{\sigma_{cr}}{E} = \frac{p_{cr}D_o}{2E\delta_e} \tag{5-29}$$

令 $A = \varepsilon_{cr}$，失稳时周向应变仅与筒体结构特征参数 L/D_o、D_o/δ_e 有关，因而可以用如下函数式表示：

$$A = \varepsilon_{cr} = f(L/D_o, D_o/\delta_e) \tag{5-30}$$

如图5-6所示，A 作为横坐标，L/D_o 作为纵坐标，D_o/δ_e 作为参量绘成曲线。此图所示的曲线中，与纵坐标平行的直线簇表示长圆筒，失稳时周向应变 A 与 L/D_o 无关；图下方的斜平行线簇表示短圆筒，失稳时的周向应变 A 与 L/D_o、D_o/δ_e 均有关。由于该图与材料的弹性模量(E)无关，所以适用于任何材料的圆筒。此图既适用于侧向受均匀外压的圆筒又适用于侧向和轴向受相同外压的圆筒。

如果圆筒的 L/D_o、D_o/δ_e 值为已知量，根据图 5-6 取得失稳时的周向应变 A。若外压圆筒使用的不同材料，则需要进一步确定 A 与 p_{cr} 之间的关系，才能判定圆筒在操作外压力下是否安全。

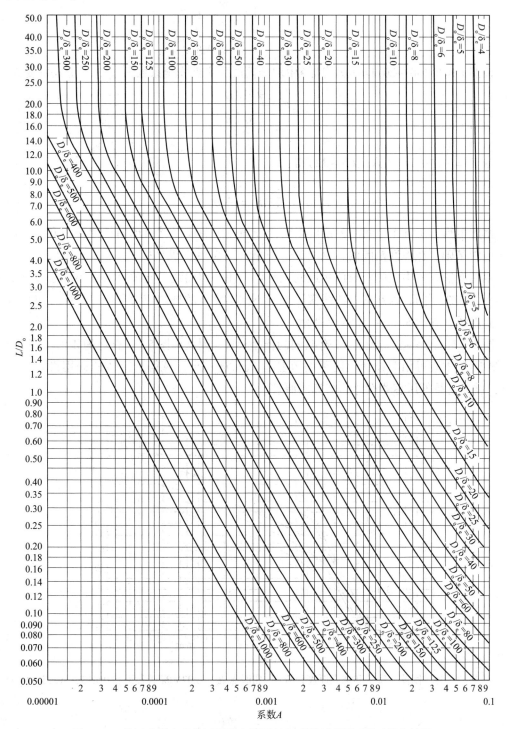

图 5-6 外压或轴向受外压圆筒和管子几何参数计算图(用于所有材料)

为得到许用外压力 $[p]$ ，相对于临界压力 p_{cr} ，引入稳定性安全系数 m ，$[p] = \dfrac{p_{cr}}{m}$ 。则许用设计外压 $[p]$ 与 A 的关系式为：

$$[p] = \frac{p_{cr}}{m} = \frac{2\delta_e \sigma_{cr}}{D_o m} = \frac{2AE}{\left(\dfrac{D_o}{\delta_e}\right)m} \tag{5-31}$$

按照 GB/T 150—2011《压力容器》中取圆筒的稳定性安全系数 $m = 3$ ，上式可变为：

$$[p] = \frac{2AE}{3\left(\dfrac{D_o}{\delta_e}\right)} \tag{5-32}$$

令 $B = \dfrac{[p]D_o}{\delta_e}$ ，代入式(5-32)得：

$$B = \frac{2}{3}AE = \frac{2}{3}\sigma_{cr} \tag{5-33}$$

由此可得，B 与 A 之间的关系可以用曲线描述。曲线以材料单向拉伸应力和应变的关系曲线为基础，在弹性范围内，钢的弹性模量 E 是常数，纵坐标表示应力值的 2/3，横坐标表示应变值。图中屈服极限值相近的钢材可合用一组曲线。同种材料在不同温度下的应力和应变曲线不同，因此图中曲线实际上是不同温度下的材料应力和应变曲线，可以称为材料温度线，如图5-7～图5-9所示。

图5-7～图5-9与图5-6有共同的横坐标 A ，因此由图5-6查得的 A 值可在图5-7～图5-9中查得相应设计温度下的 B 值，从而进一步计算得到筒体的许用设计外压力 $[p]$ ，以上就是外压容器设计的图算法原理。

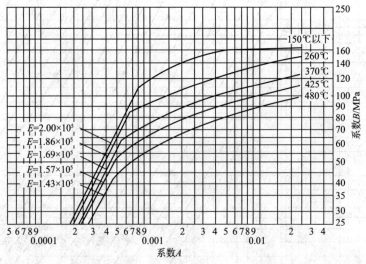

图5-7　外压圆筒、管子和球壳厚度计算图(屈服点 $R_{eL} > 207\text{MPa}$ 碳素钢和 0Cr13，1Cr13 钢)

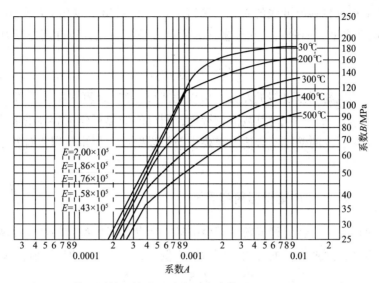

图 5 – 8　外压圆筒、管子和球壳厚度计算图（Q345R，15CrMo 钢）

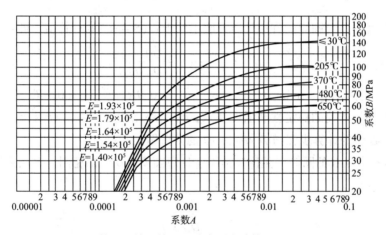

图 5 – 9　外压圆筒、管子和球壳厚度计算图（S31608 钢）

5.3.2　图算法的步骤

外压圆筒和外压管子所需的厚度，采用图算法进行计算的主要步骤如下。

5.3.2.1　$D_o/\delta_e \geqslant 10$ 的薄壁圆筒和管子

①假设筒体壁厚 δ_n，确定筒体的有效壁厚 $\delta_e = \delta_n - C_1 - C_2$，计算筒体的几何参数 L/D_o 和 D_o/δ_e。

②在图 5 – 6 的纵坐标上找到 L/D_o 值，沿水平方向右移与 D_o/δ_e 线相交（遇中间值用内插法）。若 $L/D_o > 50$，则用 $L/D_o = 50$ 查图。若 $L/D_o < 0.05$，则用 $L/D_o = 0.05$ 查图。由此点沿垂直方向下移，在横坐标上读得系数 A 值。

③根据不同的筒体材料和设计温度查图 5 – 7 ~ 图 5 – 9，由上一步骤读得的 A 值求 B

值。若 A 值处于相应材料温度线的右方，垂直上移与材料温度线相交（遇中间温度值用内插法），由交点沿水平方向向右，在纵坐标上读得 B 值，再用计算许用外压力得：

$$[p] = \frac{B}{(D_o/\delta_e)} \qquad (5-34)$$

若 A 值处于相应材料温度线的左方，可以用式（5-32）计算许用外压力。

④比较 p 与 $[p]$，若 $p \leqslant [p]$ 且数值较接近，假设的壁厚可作为容器的名义壁厚。若两者相差太大，说明假设的壁厚不合适，需要重新假设壁厚，再重复以上计算步骤，直至满足要求为止。

5.3.2.2 $D_o/\delta_e < 10$ 的薄壁圆筒和管子

这类圆筒可能发生塑性失稳或塑性屈服破坏，因此要考虑稳定性和强度两方面。

为满足稳定性，厚壁圆筒的许用外压力应不低于式（5-35）的计算值，即：

$$[p] = \left(\frac{1.625}{\dfrac{D_o}{\delta_e}} - 0.0625 \right) B \qquad (5-35)$$

为满足强度，厚壁圆筒的许用外压力应不低于式（5-36）的计算值，即：

$$[p] = \frac{2\sigma_o}{D_o/\delta_e} \left(1 - \frac{1}{D_o/\delta_e} \right) \qquad (5-36)$$

式中　σ_o——应力，$\sigma_o = \min\{ \sigma_o = 2[\sigma]^t, \sigma_o = 0.9R_{eL}^t$ 或 $\sigma_o = 0.9R_{p0.2}^t \}$，MPa。

为了同时满足圆筒的稳定性和强度要求，许用外压力必须取式（5-35）和式（5-36）中的较小值，B 值的计算步骤与 $D_o/\delta_e \geqslant 10$ 的薄壁圆筒相同。

对于 $D_o/\delta_e < 4.0$ 的圆筒，无论长圆筒还是短圆筒，B 值都相同，可以采用式（5-37）计算 A 值，即：

$$A = \frac{1.1}{(D_o/\delta_e)^2} \qquad (5-37)$$

当 $A > 0.1$ 时，已经超出计算图的范围，均按照 $A = 0.1$ 计算。

5.3.3 设计参数的规定

5.3.3.1 设计压力和实验压力

外压容器设计压力的定义与内压容器相同，但是取值有区别。正常工作状态下，外压容器的设计压力应取其可能产生的最大内外压力差。真空容器按外压容器计算。当装有安全装置时，取 1.25 倍最大内外压力差或 0.1MPa 两者中的较小值；当无安全装置时，取 0.1MPa。带夹套的容器应考虑其可能出现最大压差的危险工况。带夹套的真空容器，可以按上述真空容器选取的设计外压力加上夹套内的设计内压力作为设计外压。

外压容器的压力试验分为两种情况：

①不带夹套的外压容器和真空容器，以内压进行压力试验，试验压力同内压容器一样。

②带夹套的外压容器，需要分别确定内筒和夹套的试验压力，内筒的试验压力按①确定，因为夹套一般受内压，所以按内压容器确定了夹套的试验压力后，必须按内筒的有效厚度校核在该试验压力下内筒的稳定性。若内筒不能保证足够的稳定性，采取增加内筒厚度或压力试验过程中保持内筒一定的压力，以保证整个试压过程中夹套和筒体的压差不超过确定的允许试验压差。

5.3.3.2 计算长度

圆筒的计算长度是指封头、法兰、加强圈等刚性构件之间的距离。若圆筒部分没有加强圈等刚性构件，计算长度等于直筒部分的长度加上两侧凸形封头直边高度再加上 1/3 封头深度。若圆筒部分有加强圈等刚性构件，计算长度等于相邻两加强圈之间的最大距离。

5.4 外压封头设计

外压容器封头的结构形式有半球形、椭圆形、碟形以及圆锥形。外压作用下的封头上主要产生的是压应力，因此也要考虑稳定性问题。对封头的稳定性有明显影响的因素是封头的形状和其材料，因此研究外压封头的稳定性要比外压圆筒的稳定性复杂。

以球形封头承受外压的弹性失稳计算，作为外压封头的稳定性计算基础，结合试验数据得到临界压力计算公式，但是工程上仍然采用图算法进行计算，主要是考虑在设计中直接应用此公式还不成熟。

5.4.1 外压半球形封头

承受均布外压力作用的球壳和半球形封头，临界压力与同样厚度和半径的受轴向压缩圆柱壳相同，可以按照下式计算失稳时的临界压力

$$p_{cr} = 1.21E\left(\frac{\delta_e}{R_o}\right)^2 \tag{5-38}$$

式 (5-38) 即为经典小挠度解。通过实验验证，按式 (5-38) 计算的临界压力的理论值比实验值要大得多，可取众多实验结果的平均值，得：

$$p_{cr} = 0.25E\left(\frac{\delta_e}{R_o}\right)^2 \tag{5-39}$$

式中 $[p]$——许用外压力，MPa；

　　　E——材料的弹性模量，MPa；

　　　R_o——球壳的外半径，mm；

　　　δ_e——球壳的有效厚度，mm。

取 $m = 3$，带入式 (5-39)，得：

$$[p] = \frac{p_{cr}}{m} = \frac{0.0833E}{(R_o/\delta_\varepsilon)^2} \tag{5-40}$$

在应用图算法进行球壳设计时，定义 $B = \frac{[p]R_o}{\delta_e}$，因为 $B = \frac{2}{3}AE = \frac{[p]R_o}{\delta_\varepsilon}$，代入式(5-40)，得：

$$A = \frac{0.125}{R_o\delta_e} \tag{5-41}$$

所以：

$$[p] = \frac{B}{R_o/\delta_e} \tag{5-42}$$

综上，应用图算法计算半球形封头时，先假设 δ_n，而 $\delta_e = \delta_n - C_1 - C_2$，按式(5-41)计算出 A 值，然后根据不同材料选用相应算图，由 A 值查 B 值。若所得 A 值落在材料温度线右方，则按照式(5-42)计算 $[p]$；若所得 A 值落在材料温度线左方，则按照式(5-40)计算 $[p]$。最后比较压力 p 与 $[p]$，若 $p > [p]$，则重新假设 δ_n，重复上述步骤，直到 $[p]$ 大于且接近 p 为止。

5.4.2 外压椭圆形封头和碟形封头

承受均布外压作用的碟形封头在过渡区承受拉应力，而球冠部分是压应力，必须有效防止可能发生的失稳。确定封头厚度时可以借鉴球形封头失稳计算的图算法和相应公式，其中 R_o 用球冠部分内径代替。对于椭圆形封头，与碟形封头类似，计算时取当量曲率半径 $R_o = KD_o$（D_o 为容器外径），系数 K 可查表5-1。

例如，标准椭圆形封头，其长短轴之比为2，查表5-1可得，$R_o = 0.9D_o$。

表5-1 椭圆形封头的当量曲率半径折算表

$D_o/2h_o$	2.6	2.4	2.2	2.0	1.8	1.6	1.4	1.2	1.0
K	1.18	1.08	0.99	0.9	0.81	0.73	0.65	0.57	0.50

【例5-1】已知一钢制外压圆筒，计算长度 $L = 6000mm$，外径 $D_o = 1000mm$，名义厚度 $\delta_n = 6mm$，厚度负偏差 $C = 1mm$，试确定该圆筒属于长圆筒还是短圆筒。

解：

筒体的有效厚度 $\delta_e = \delta_n - C = 6 - 1 = 5mm$

临界长度 $L_{cr} = 1.17D_o\sqrt{\frac{D_o}{\delta_e}} = 1.17 \times 1000 \times \sqrt{\frac{1000}{5}} = 16546mm$

由于计算长度 $L < L_{cr}$，该圆筒属于短圆筒。

【例5-2】已知一分馏塔内径 1200mm，塔体长 6000mm，其封头为标准椭圆形，直边高度为 50mm。材料 Q235-B，设计温度为 150℃，负压操作，若厚度附加量为 2mm，试确定塔体的壁厚。

由图算法解得：

①假设塔体的名义厚度为 $\delta_n = 10mm$

有效厚度 $\delta_e = \delta_n - C = 10 - 2 = 8mm$

塔体外径 $D_o = 1200 + 2 \times 10 = 1220mm$

塔体计算长度 $L = 6000 + 2 \times \left(50 + \dfrac{1}{3} \times \dfrac{1200}{4}\right) = 6300mm$

$\dfrac{L}{D_o} = \dfrac{6300}{1220} = 5.16$，$\dfrac{D_o}{\delta_e} = \dfrac{1220}{8} = 152.5 > 10$

②由 $\dfrac{L}{D_o}$，$\dfrac{D_o}{\delta_e}$ 查图 5 - 6，得 $A = 0.00013$，根据材料 Q235 - B 的屈服强度 235MPa >

207MPa，查图 5 - 7 可知 A 值在 150℃ 材料线左侧，故得：

$$[p] = \dfrac{2AE}{3\left(\dfrac{D_o}{\delta_e}\right)} = \dfrac{2 \times 0.00013 \times 2.1 \times 10^5}{3 \times 152.5} = 0.119MPa$$

取设计压力 $p = 0.1MPa$，现 $[p] > p$，故取塔体名义厚度 10mm 合适。

思考题

1. 简述长圆筒和短圆筒的物理意义？如何从外压圆筒几何参数计算图中确定是长圆筒还是短圆筒？

2. 一根长为 1m 的钢管，外径为 D_o，有效厚度为 δ_e，计算得到 $1.17D_o\sqrt{D_o/\delta_e} = 1.5m$，试确定这段钢管是长圆筒还是短圆筒？

3. 提高材料强度对钢制外压容器的稳定性有什么影响？

习题

1. 已知一真空塔，塔的内径为 2500mm，塔的高度为 20000mm，封头为半球形封头，设计温度为 250℃，塔体与封头均采用 Q235 - B 制成，腐蚀裕量 $C_2 = 2.5mm$。试确定塔体圆筒的壁厚；封头的壁厚。

2. 若上题中的封头换成标准的椭圆形封头，塔的高度为 20000mm（包括直边段），其余已知条件不变，试确定封头的壁厚。

3. 已知一减压塔，塔的内径为 2400mm，塔的高度为 24600mm（包括直边段），筒体上下为标准的椭圆形封头，塔内真空度为 30mmHg，设计温度为 150℃，塔体与封头均采用 Q235 - B 制成，腐蚀裕量 $C_2 = 2.5mm$，$E = 2 \times 10^5 MPa$。试确定如果塔的有效厚度 $\delta_e = 8mm$，塔体和封头的稳定性是否满足要求。若不满足要求，需要多大的有效厚度。

6 零部件及整体设计问题

6.1 密封装置

本节计算分析中所用的符号意义如下：

b_0——密封的基本宽度，mm；

A_a——常温下计算螺栓所需截面积，mm^2；

A_P——设计温度下计算螺栓所需截面积，mm^2；

A_m——确定螺栓直径与个数所需要的螺栓截面积，mm^2；

L_{max}——螺栓孔间的最大间距，mm；

F_a——预紧状态下需要的最小垫片压紧力，N；

F——内压引起的总轴向力，N；

F_P——操作状态下需要的最小垫片压紧力，N；

W——密封载荷，N；

D_c——平盖计算直径，mm；

K——结构特征系数(参考 GB/T 150)；

$[\sigma]^t$——设计温度下平盖材料的许用应力，MPa；

φ——焊缝系数。

6.1.1 法兰

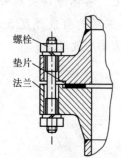

图 6-1　螺栓法兰连接

设备由于制造、安装、运输、检修及操作工艺等方面的不同要求，可以采用铸造、锻造和焊接成不可拆的整体，也可以采用螺纹连接、承插式连接和螺栓法兰连接成可拆连接。大多数的设备是做成可拆的几个部件，其中以螺栓法兰连接应用最为广泛，因为其结构简单、装配方便。

螺栓法兰连接由一对法兰、螺栓和垫片组成，如图 6-1 所示。借助螺栓预紧力压紧两侧法兰，密封垫片使连接处紧密不漏。螺栓法兰连接主要表现为泄漏失效。因为没有绝对的不漏，不漏是相对的，换句话是说在正常工作状态下，螺栓法兰连接具有足够的刚度，设备内物料向外(内压条件下)或向内(在真空或外压条件下)的泄漏量被控制在工艺和环境均允许的范围内，这就是"紧密不漏"。

法兰分为两大类，即容器法兰和管法兰。容器法兰亦称设备法兰，一般是设备本体部件相连的法兰。例如，筒体与封头、筒体与筒体之间连接的法兰。管法兰一般用于焊在压力容器接管上或压力管道上，实现管管相连的法兰。

压力容器法兰执行标准为 JB/T 4700～4707《压力容器法兰》。标准中给出了甲型平焊法兰、乙型平焊法兰和长颈对焊法兰三种法兰的分类、技术条件、结构形式和尺寸，以及相关垫片、螺栓形式等。

管法兰执行标准 HG/T 20592～20635《钢制管法兰、垫片和紧固件》。标准中规定了钢制管法兰的公称直径、公称压力、法兰类型、连接尺寸、密封面尺寸及标记。

选用标准法兰的依据是容器或管道公称直径、公称压力、工作温度、工作介质特性以及法兰材料。

公称直径是容器和管道标准化后的尺寸系列，以 DN 表示，对于英制单位的标准，以字母 NPS 表示，表 6-1 为部分 DN 系列与 NPS 系列管道公称直径的对应关系。对容器而言是指容器的内径(除管子作筒体的容器)；对管子或管件而言，公称直径是指名义直径，是与内径相近的某个数值，公称直径相同的钢管，外径是相同的。应当按照国家标准规定的系列选用容器与管道的公称直径。

公称压力是按照压力容器或管道的标准化压力等级进行设定，即按标准化要求将工作压力划分为若干个压力等级。指规定温度下的最大工作压力，也是一种经过标准化后的压力数值，以 PN 表示，对于英制单位的标准，以字母 CLASS 表示，表 6-2 为部分 PN 系列与 CLASS 系列公称压力的对应关系。选用法兰时，应选取设计压力相近且稍高一级的公称压力。

表 6-1 DN 系列与 NPS 系列公称直径的对照

DN	15	20	25	32	40	50	65	80	100	125	150	200
NPS	$\frac{1}{2}$	$\frac{3}{4}$	1	$1\frac{1}{4}$	$1\frac{1}{2}$	2	$2\frac{1}{2}$	3	4	5	6	8

表 6-2 PN 系列与 CLASS 系列公称压力的对照

PN	2	5	11	15	26	42
CLASS	150	300	600	900	1500	2500

6.1.1.1 法兰结构型式

法兰根据整体性程度可以分成松式法兰、整体法兰和任意式法兰。

①松式法兰。如图 6-2(a)、(b)、(c)所示为松式法兰，其特点是法兰不直接固定在壳体上或者虽然固定却不能保证法兰与壳体作为一个整体承受螺栓载荷的结构。例如，活套法兰，其适用于有色金属和不锈钢制设备或管道，对设备或管道不产生附加弯曲应力。

松式法兰刚度小，导致其厚度大，一般只适用于压力较低的场合。

②整体法兰。如图6-2(d)、(e)、(f)所示为整体法兰，其特点是法兰与壳体锻或铸成一体或经全焊透与壳体(管子)连接。例如，全焊透的平焊法兰和带颈对接焊法兰。这种结构能保证壳体与法兰同时受力，此时法兰厚度不需要太大，但是壳体上会产生较大的附加应力。若选用带颈法兰则可以提高法兰与壳体的连接刚度。

③任意式法兰。如图6-2(g)、(h)、(i)所示为任意式法兰，其特点是刚性介于松式法兰和整体法兰之间，如未焊透的平焊法兰。

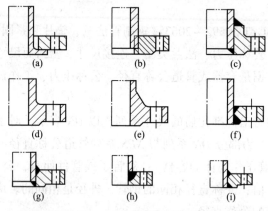

图6-2　法兰结构类型

6.1.1.2　压紧面型式

选择合适的压紧面型式，用以保证法兰连接的紧密性。选择压紧面的主要根据是工艺条件、密封口径以及垫片等。常用的压紧面形式：如图6-3(a)为全平面、如图6-3(b)为突面、如图6-3(c)为凹凸面、如图6-3(d)为榫槽面、如图6-3(e)为环连接面或称T形槽等，其中以突面、凹凸面、榫槽面最为常用。

平面具有结构简单、加工方便、便于进行防腐衬里的优点。缺点是这种密封面和垫片接触面积较大，如预紧不当，垫片易被挤出，不易压紧，密封性能较差。适用于压力不高的场合，一般要满足 $PN \leqslant 2.5\mathrm{MPa}$。

突面压紧面可以是平滑的，也可以是带沟槽的(压紧面上开2~4条截面为三角形的周向沟槽)。其中，带沟槽的突面能有效防止非金属垫片被挤出，适用场合更广。平滑的突面适用于 $PN \leqslant 2.5\mathrm{MPa}$ 的场合，带沟槽的突面适用于 $PN \leqslant 6.4\mathrm{MPa}$ 的场合。

凹凸压紧面安装时方便对中，垫片不易被挤出或吹出。但由于宽度较大，导致法兰尺寸较大，需要较大的螺栓预紧力。适用于 $PN \leqslant 6.4\mathrm{MPa}$ 的容器法兰和管法兰。

榫槽压紧面由一个榫面和一个槽面构成，垫片安放在槽内，不易被挤出，较少受到介质的冲刷和腐蚀。由于垫片较窄，所需螺栓力较小，适用于压力高、密封要求严格的场合，如易燃、易爆或极度毒性危害介质等。但是榫槽压紧面结构复杂，更换垫片较困难。

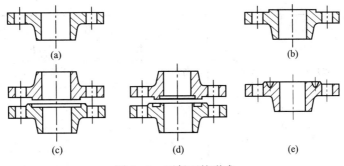

图 6 – 3　压紧面的形式

6.1.1.3　垫片的结构类型

垫片的密封性能决定了螺栓法兰连接处密封效果的好坏。介质的腐蚀性、温度和压力、价格、制造难易程度以及是否方便更换等因素都会影响垫片的选择。

（1）垫片的材料

①非金属垫片。非金属垫片质地柔软、耐腐蚀、价格便宜，但是耐温和耐压能力较差。多用于常温和中、低压容器或管道的密封。常用的有橡胶垫、石棉橡胶垫、聚四氟乙烯垫、柔性石墨垫等。例如普通橡胶垫仅用于低压和温度低于 100℃的水、蒸气等无腐蚀性介质中；聚四氟乙烯垫可用于腐蚀性介质中；柔性石墨垫具有耐高温、耐腐蚀、不渗透、低密度以及压缩回弹性能较好等优点，使用温度可达 870℃，使用压力高达 25MPa。

②金属垫片。在高温高压以及载荷循环频繁等苛刻操作条件下，金属材料是密封垫片的首选材料。常用的金属材料有铜、铝、不锈钢、铬镍合金钢、钛蒙乃尔合金等。为减少螺栓载荷，保证结构紧凑，金属垫片尽量采用窄面密封。如平形金属垫片、波形金属垫片、齿形金属垫片等。

③金属 – 非金属组合垫片。金属 – 非金属组合垫片与单一材料做成的垫片相比较，具有强度高、回弹性好、耐腐蚀、耐高温等优点。常用的有金属包覆垫片、金属缠绕垫片、金属波纹复合垫片和金属齿形复合垫片。其中，金属包覆垫片是由石棉、石棉橡胶等为芯材，外包覆锌铁皮或不锈钢薄板等制成。

（2）垫片的选用

垫片的材料运用需考虑不污染工作介质、耐腐蚀、良好的变形能力和回弹能力，以及在工作温度下不易变质等因素。实际生产过程中会遇到不同的介质、压力和温度，选用垫片时可以参考表 6 – 3。

表 6 – 3　垫片选用表

介质	法兰公称压力/MPa	工作温度/℃	垫片		密封面
			形式	材料	
压缩空气	1.6	≤150	橡胶垫	中压橡胶石棉板	突面
氨	2.5	≤150	橡胶垫	中压橡胶石棉板	凹凸面

介质	法兰公称压力/MPa	工作温度/℃	垫片		密封面
			形式	材料	
水	≤1.6	≤300	橡胶垫	中压橡胶石棉板	突面
剧毒介质	≥1.6		缠绕垫	0Cr13 钢带 – 石墨带	环连接面
环氧乙烷	1.0	260	金属平垫	紫铜	
氢氟酸	4.0	170	缠绕垫、金属平垫	蒙乃尔合金带 – 石墨带、蒙乃尔合金板	凹凸面
低温油气	4.0	−20 ~ 0	耐油垫、柔性石墨复合垫	耐油橡胶石棉板、石墨 – 0Cr13 等骨架	突面
液化石油气	1.6	≤50	耐油垫	耐油橡胶石棉板	突面
	2.5	≤50	缠绕垫、柔性石墨复合垫	0Cr13 钢带 – 石棉板石墨 – 0Cr13 等骨架	突面
弱酸、弱碱、酸渣、碱渣	≤1.6	≤300	橡胶垫	中压橡胶石棉板	突面
	≥2.5	≤450	缠绕垫、柔性石墨复合垫	0Cr13 钢带 – 石棉板石墨 – 0Cr13 等骨架	凹凸面
油品、油气，溶剂（丙烷、丙酮、苯、酚、糠醛、异丙醇），石油化工原料及产品	≤1.6	≤200	耐油垫、四氟垫	耐油橡胶石棉板、聚四氟乙烯板	突（凹凸）面
		201 ~ 250	缠绕垫、金属包垫、柔性石墨复合垫	0Cr13 钢带 – 石棉板石墨 – 0Cr13 等骨架	突（凹凸）面
	2.5	≤200	耐油垫、缠绕垫、金属包垫、柔性石墨复合垫	耐油橡胶石棉板、0Cr13 钢带 – 石棉板	突（凹凸）面
		201 ~ 450	缠绕垫、金属包垫、柔性石墨复合垫	0Cr13 钢带 – 石棉板石墨 – 0Cr13 等骨架	突（凹凸）面
	4.0	≤40	缠绕垫、柔性石墨复合垫	0Cr13 钢带 – 石棉板石墨 – 0Cr13 等骨架	凹凸面
		41 ~ 450	缠绕垫、金属包垫、柔性石墨复合垫	0Cr13 钢带 – 石棉板石墨 – 0Cr13 等骨架	凹凸面
	6.4 10.0	≤450	金属齿形垫	10、0Cr13、0Cr18Ni9	凹凸面
		451 ~ 530	金属环垫	0Cr13、0Cr18Ni9、0Cr17Ni12Mo2	环连接面

续表

介质	法兰公称压力/MPa		工作温度/℃	垫片		密封面
				形 式	材 料	
氢气、氢气与油气混合物	4.0		≤250	缠绕垫、柔性石墨复合垫	0Cr13 钢带 – 石棉板、石墨 – 0Cr13 等骨架	凹凸面
			251 ~450	缠绕垫、柔性石墨复合垫	0Cr18Ni19 钢带 – 石墨带、石墨 – 0Cr18Ni19 等骨架	凹凸面
			451 ~530	缠绕垫、金属齿形垫	0Cr18Ni19 钢带 – 石墨带、0Cr18Ni9、Cr17Ni12Mo2	凹凸面
	6.4 10.0		≤250	金属环垫	10、0Cr13、0Cr18Ni9	环连接面
			251 ~400	金属环垫	0Cr13、0Cr18Ni9	环连接面
			401 ~530	金属环垫	0Cr18Ni9、Cr17Ni12Mo2	环连接面
惰性气体	1.6		≤200	橡胶垫	中压橡胶石棉板	突面
	4.0		≤60	缠绕垫、柔性石墨复合垫	0Cr13 钢带 – 石棉板、石墨 – 0Cr13 等骨架	凹凸面
	6.4		≤60	缠绕垫	0Cr13(0Cr18Ni9)钢带 – 石棉板	凹凸面
蒸汽	0.3	1.0	≤200	橡胶垫	中压橡胶石棉板	突
	1.0	1.6	≤280	缠绕垫、柔性石墨复合垫	0Cr13 钢带 – 石棉板、石墨 – 0Cr13 等骨架	突
	2.5	4.0	300	缠绕垫、柔性石墨复合垫、紫铜垫	0Cr13 钢带 – 石棉板、石墨 – 0Cr13 等骨架、紫铜板	
	3.5	6.4	400	紫铜垫	紫铜板	凹凸面
		10.0	450	金属环垫	0Cr13、0Cr18Ni9	环连接面

6.1.1.4 密封机理

通常情况，垫片处流体的泄漏会表现为两种形式，即为渗透泄漏和界面泄漏，如图 6 – 4 所示。垫片材料的纤维之间存在缝隙，流体介质通过这些缝隙发生的泄漏称为渗透泄漏。渗透泄漏与介质压力、温度、黏度、分子结构以及垫片的结构和材质有关。例如，压力越高，泄漏量越大；黏度大的介质不易泄漏。流体沿着垫片与法兰接触面之间的泄漏称为界面泄漏，界面泄漏与垫片压紧力缺乏、接触界面间隙尺寸、管道热变形、机械震动等因素有关。例如，加工后的法兰压紧面会存在凹凸不平的间隙，如果压紧力不够，即发生界面泄漏。

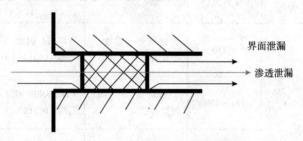

图6-4　界面泄漏与渗透泄漏

预紧工况：预紧时，如图6-5(a)所示，施加的螺栓力通过法兰压紧面压紧垫片，垫片发生弹性或塑性变形，使得法兰压紧面间的间隙被填满，这就形成了防止泄漏的初始密封条件。形成初始密封条件时，在垫片上形成预紧密封比压，也就是垫片单位面积上受到的压紧力。

操作工况：操作时，如图6-5(b)所示，因为操作压力的作用，螺栓被拉长，法兰压紧面有彼此分离的趋势，减小了垫片的压缩量，垫片产生部分回弹，降低了预紧密封比压。如果垫片具有足够的回弹能力，垫片压缩变形后回弹充分，足以补偿螺栓和压紧面的变形，虽然预紧密封比压值降低，但是仍然大于或等于工作密封比压，则密封良好。反之垫片的回弹不足，预紧密封比压值小于工作密封比压，则密封失效。

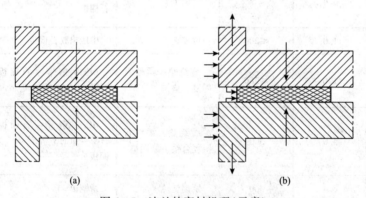

(a)　　　　　　　　　　　　(b)

图6-5　法兰的密封机理(示意)

以上就是法兰的密封机理，在两个不同工况的分析过程中，涉及到两个垫片性能参数，即"比压力"y以及"垫片系数"m。

预紧时，定义预紧比压力y，即为了形成初始密封条件，使垫片变形而与压紧面紧密贴合，此时所需的压力为最小压紧载荷，换句话说就是单位接触面积上的压紧载荷，也可称最小压紧应力，单位 MPa。操作时，定义垫片系数m，即垫片需要维持的比压与介质压力的比值。常用垫片的比压力和垫片系数参见表6-4。

表 6-4　垫片性能参数

垫片材料		垫片系数 m	比压力 y/MPa	简图	压紧面形状（见表6-5）	类别（见表6-5）
无织物或少量石棉纤维的合成橡胶，肖氏硬度低于75		0.50	0		1(a)、(b)、(c)、(d)、4、5	
肖氏硬度大于等于75		1.00	1.4			
内有棉纤维的橡胶		1.25	2.8			
植物纤维		1.75	7.6			
具有适当加固物的石棉（石棉橡胶板）	3mm	2.00	11			
	1.5mm	2.75	25.5			
	0.75mm	3.50	44.8			
内有石棉纤维的橡胶，具有金属加强丝或不具有金属加强丝	3 层	2.25	15.2			
	2 层	2.50	20			
	1 层	2.75	25.5			
内填石棉缠绕式金属垫	碳素钢	2.50	69			
	不锈钢或蒙乃尔	3.00	69			
波纹金属板内填石棉或金属板外壳内填石棉	软铝	2.50	20		1(a)、(b)	Ⅱ
	软铜或黄铜	2.75	25.5			
	铁或软钢	3.00	31			
	蒙乃尔或4%~6%铬钢	3.25	37.9			
	不锈钢	3.50	44.8			
波纹状金属垫	软铝	2.75	25.5		1(a)、(b)、(c)、(d)	
	软铜或黄铜	3.00	31			
	铁或软钢	3.25	37.9			
	蒙乃尔或4%~6%铬钢	3.50	44.8			
	不锈钢	3.75	52.4			
平金属板内填石棉	软铝	3.25	37.9		1(a)、(b)、(c)、(d)、2	
	软铜或黄铜	3.50	44.8			
	铁或软钢	3.75	52.4			
	蒙乃尔	3.50	55.1			
	4%~6%铬钢	3.75	62			
	不锈钢	3.75	62			
齿形金属垫	软铝	3.25	37.9		1(a)、(b)、(c)、(d)、2、3	
	软铜或黄铜	3.50	44.8			
	铁或软钢	3.75	52.4			
	蒙乃尔或4%~6%铬钢	3.75	62			
	不锈钢	4.25	69.5			

垫片材料		垫片系数 m	比压力 y/MPa	简图	压紧面形状（见表6-5）	类别（见表6-5）
金属平垫片	软铝	4.00	60.6		1(a)、(b)、(c)、(d)、2、3、4	I
	软铜或黄铜	4.75	89.5			
	铁或软钢	5.50	124			
	蒙乃尔或4%~6%铬钢	6.00	150			
	不锈钢	6.50	179			
环形金属垫	铁或软钢	5.50	124		6	
	蒙乃尔或4%~6%铬钢	6.00	150			
	不锈钢	6.50	179			

6.1.1.5 密封计算

为确保螺栓法兰连接紧密不漏，需要符合两个基本条件：一是预紧时，螺栓力在压紧面与垫片之间建立的比压力值不低于 y；二是操作时，螺栓力既要抵抗内压的作用，又要在垫片表面维持不低于 m 倍内压的比压力值。

参照上述确保法兰紧密不漏的两个基本条件，可得密封计算就是确定螺栓载荷的大小。预紧时，在此螺栓载荷下，垫片有足够的预变形；操作时，保证垫片起密封作用。密封计算需要分为预紧和操作两种工况。

预紧时，螺栓载荷等于垫片压紧时需要的最小压紧载荷，即：

$$W_a = \pi b D_G y \tag{6-1}$$

式中　W_a——螺栓的最小预紧载荷，N；

　　　D_G——垫片的平均直径，垫片反力作用处的直径，mm；

　　　b——垫片的有效密封宽度，mm；

　　　y——垫片的比压力，MPa。

操作时，螺栓载荷为两部分之和，即抵抗内压产生的使法兰分开的载荷和维持压紧垫片所需要的载荷，即：

$$W_P = \frac{\pi}{4} D_G^2 p_c + 2\pi D_G b m p_c \tag{6-2}$$

式中　W_P——操作工况下的螺栓载荷，N；

　　　m——垫片系数，无因次。因为初始定义 m 时取垫片有效接触面积上的压紧载荷的两倍等于操作压力的 m 倍，所以计算时 m 乘以2；

　　　p_c——计算压力，MPa。

计算式中的垫片宽度不是垫片的实际宽度，而是密封的基本宽度 b_0，它的大小与压紧面形状有关，具体见表6-5。在 b_0 的宽度范围内，均匀分布着比压力 y。当垫片较宽时，垫片外侧比内侧压的更紧，所以计算式中的垫片宽度比 b_0 小，称为垫片的有效密封宽度 b，b 与 b_0 的关系式如下：

当 $b_0 \leqslant 6.4\text{mm}$ 时，$b = b_0$;

$D_G = $ 垫片接触面的平均直径;

当 $b_0 > 6.4\text{mm}$ 时，$b = 2.53\sqrt{b_0}$;

$D_G = $ 垫片接触面外径 $-2b$ 。

表 6-5 垫片密封基本宽度 b_0

压紧面形状简图		垫片密封基本宽度 b_0	
		I	II
1(a)		$\dfrac{N}{2}$	$\dfrac{N}{2}$
1(b)			
1(c)		$\dfrac{w+\delta}{2}$ $\left(\dfrac{w+N}{4}\text{最大}\right)$	$\dfrac{w+\delta}{2}$ $\left(\dfrac{w+N}{4}\text{最大}\right)$
1(d)			
2		$\dfrac{w+N}{4}$	$\dfrac{w+3N}{8}$
3		$\dfrac{N}{4}$	$\dfrac{3N}{8}$
4		$\dfrac{3N}{8}$	$\dfrac{7N}{16}$
5		$\dfrac{N}{4}$	$\dfrac{3N}{8}$
6		$\dfrac{w}{8}$	

通过式(6-1)和式(6-2)分别得到两种工况下的螺栓载荷，根据所得螺栓载荷分别求出两种工况下螺栓的截面积，二者进行对比，选择较大值作为确定螺栓直径与个数所需的螺栓截面积。

预紧时，温度为常温，计算螺栓所需截面积，即：

$$A_a \geq \frac{W_a}{[\sigma]_b} \qquad (6-3)$$

式中　$[\sigma]_b$——常温下螺栓材料的许用应力，MPa。

操作时，温度为设计温度，计算螺栓所需截面积，即：

$$A_P = \frac{W_P}{[\sigma]_b^t} \qquad (6-4)$$

式中　$[\sigma]_b^t$——设计温度下螺栓材料的许用应力，MPa。

若 A_m 为确定螺栓直径与个数所需要的螺栓截面积，则 A_m 取 A_a 与 A_P 中较大值，即：

$$d_o \geq \sqrt{\frac{4A_m}{\pi n}} \qquad (6-5)$$

式中　d_o——螺纹根径，应圆整到标准螺纹的根径，mm；
　　　n——螺栓个数。

上述设计过程中，d_o 与 n 既互相关联又均为未知数，通常情况下先根据经验或参考标准假设螺栓个数，n 应为4的倍数，再算出螺栓根径 d_o（此时的 d_o 需要圆整为螺栓标准中的螺纹根径），最后校核实际螺栓截面积需大于或等于 A_m。注意，拧紧时若螺栓直径过小容易折断，所以螺栓公称直径应不小于M12。

确定螺栓个数时，要考虑安装是否方便。若过多设置螺栓，垫片不但受力均匀，而且密封效果好。缺点则是螺栓个数太多，导致螺栓间距变小，可能放不下工具而造成装拆困难。法兰环上两个螺栓孔中心距 $L = \pi D_b/n$ 应在(3.5~4)d_B 的范围。若螺栓间距过大，在螺栓孔之间会产生附加弯矩，同时垫片受力不均，从而导致密封性能下降，因此可用式(6-6)限制螺栓孔间的最大间距。

$$L_{max} = 2d_B + \frac{6\delta_f}{(m+0.5)} \qquad (6-6)$$

式中　d_B——螺栓公称直径，mm；
　　　δ_f——法兰有效厚度，mm。

6.1.2　高压容器密封结构及零部件

6.1.2.1　高压密封的结构形式

高压容器的密封比中低压容器困难得多，这主要是压力高引起的。如果高压情况下遇到直径大的压力容器则密封更为困难。高压高温也会使密封难度大为增加。高温下材料易发生塑性变形以至蠕变变形，紧固螺栓会发生松弛，很容易发生泄漏。在进行高压容器总体结构设计时，必须考虑尽量减小密封口的直径，选用设计温度下不易发生松弛变形强度较好的材料，再合理选用适当的密封结构，这样才能得出可靠的密封设计。

高压下的密封设计，从密封原理与密封结构上总的原则如下。

①一般采用金属垫圈。高压密封面上的比压大大超过中低压容器的密封时，比压才能满足高压密封的要求，非金属垫片材料无法达到如此大的密封比压。高压容器常用的金属垫圈是延性好的退火铝、退火紫铜或软钢。

②采用窄面密封。采用窄面密封代替中低压容器中常用的宽面密封有利于提高密封面比压，而且可大大减少总的密封力，减小密封螺栓的直径，也有利于减小整个法兰与封头的结构尺寸。有时甚至将窄面密封演变成线接触密封。

③尽可能利用介质压力达到自紧密封。首先使垫圈预紧，工作时随着介质压力提高使垫片压得更紧，最终达到自紧的目的。自紧式密封比中低压容器中常用的强制密封更为可靠和紧凑。

采用什么型式的密封垫圈以及如何设计出既可靠、紧凑，又轻巧、方便装拆的自紧式密封结构这是高压密封结构设计的中心问题。为此不断出现了若干型式的高压密封结构，总体可以分为强制式与自紧式密封两大类。下面介绍几种常用的密封形式，具体的设计内容可查阅 GB/T 150.3—2011《压力容器 第3部分：设计》。

(1)平垫密封

依靠紧固件(螺栓)压紧垫圈而达到预紧，并保证工作时也能进行的密封称为强制式密封。常见的强制式高压密封结构是平垫密封结构，如图6-6所示。此种结构与中低压容器中常用的法兰垫片密封相似，只是将非金属垫片改为金属垫圈，将宽面密封改为窄面密封。所用的窄面金属垫圈常为退火紫铜、退火铝或10钢制成的扁平金属圈。预紧和工作密封靠端部大法兰上的主螺栓施加足够的压紧力。

平垫密封的主要优点是结构简单，缺点是主螺栓直径过大，法兰与平盖的外径也随之加大，变得笨重；装拆主螺栓极不方便；不适合温度与压力波动较大的场合，对垫片压紧力变化敏感，易引起泄漏。因此，一般仅用于温度为200℃以下，容器内径不大于1000mm的场合。

(2)卡扎里密封

卡扎里密封也是强制式密封。为了解决拧紧与拆卸主螺栓的困难，改用螺纹套筒来代替主螺栓，其结构如图6-7所示。螺纹套筒、顶盖和法兰上的螺纹是间断螺纹，每隔一定角度(10°~30°)螺纹断开，装配时要将螺纹套筒旋转相应角度。垫片的预紧力要靠预紧螺栓施加，通过压环传递给三角形截面的垫圈。由于介质压力引起的轴向力由螺纹套筒承担，因而预紧螺栓的直径比平垫密封的主螺栓要小得多。卡扎里密封中的压环材料一般采用强度较高硬度也较高的35CrMo钢或优质35钢等。密封垫圈所用材料与金属平垫密封相同。

预紧方便这是卡扎里密封最大的优点。卡扎里密封结构较适于平垫密封不适用的较大直径压力容器的情况，例如，直径在1000mm以上、压力在30MPa以上的情况，但设计温度在350℃以下较为合适。

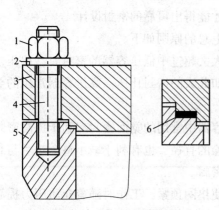

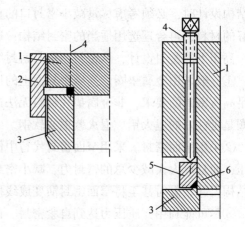

图 6-6　平垫密封结构
1—主螺母；2—垫圈；3—平盖；4—主螺栓；
5—筒体端部；6—平垫片

图 6-7　卡扎里密封结构
1—平盖；2—螺纹套筒；3—筒体端部；
4—预紧螺栓；5—压环；6—密封垫

（3）双锥密封

这是一种保留了主螺栓，但属自紧式的密封结构，如图 6-8 所示，采用双锥面的软钢制的密封垫圈，两个角度为 30° 的锥面是密封面，密封面上垫有软金属垫，如退火铝、退火紫铜或奥氏体不锈钢等。双锥面的背面靠着平盖，但与平盖之间又留有间隙，预紧时让双锥面的内表面与平盖贴紧。双锥面与平盖之间的间隙设计得要使双锥环紧贴时不致发生压缩屈服。当内压升高平盖上浮时，一方面靠双锥环自身的弹性扩张（称为回弹）而保持密封锥面仍有相当的压紧力，另一方面靠介质压力使双锥垫径向向外扩张，进一步增大了双锥密封面上的压紧力。因此，双锥密封是有径向自紧作用的自紧式密封结构。合理地设计双锥环尺寸，使其有适当的刚性，保持有适当的回弹自紧力是很重要的。双锥面与顶盖之间径向间隙的选取也十分重要。该间隙过大时，易使双锥环在预紧密封时被压缩屈服，从而使自紧回弹力不足。间隙过小时，会使双锥环的回弹力不足，影响自紧效果。

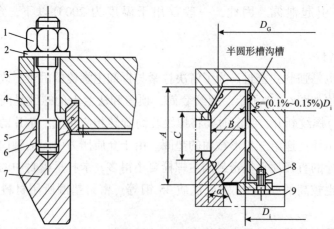

图 6-8　双锥密封结构
1—主螺母；2—垫圈；3—主螺栓；4—顶盖；5—双锥环；6—软金属垫片；
7—筒体端部；8—螺栓；9—托环

双锥环的材料可选用 20、35、16Mn、15CrMo 及 0Cr18Ni9 等钢号，这些钢号可大体满足常用设计压力、设计温度及环境腐蚀的要求。双锥环锥面上的软金属密封垫（软铝或退火紫铜等）厚度一般选用 1mm。

双锥密封的结构简单、密封可靠、加工精度要求不高、制造容易、可用于直径大、压力和温度较高的容器。因双锥密封利用了自紧作用，因此主螺栓比平垫密封小，而且在压力与温度波动时密封也较可靠。我国采用双锥密封较为普遍，适合于设计压力为 6.4 ~ 35MPa、温度为 0 ~ 400℃、内径为 400 ~ 2000mm 的高压容器。

（4）伍德密封

伍德密封是最早使用的一种自紧式高压密封结构，如图 6 - 9 所示。平盖是一个可上下浮动的端盖，安装时先放入容器顶部，再放入楔形密封垫，再放入由四块拼成一个圆圈的便于嵌入筒体顶部凹槽的四合环，并用螺栓固定，然后放入牵制环，再由牵制螺栓将浮动端盖吊起而压紧楔形垫，便可起到预紧作用。工作压力升高后，压力载荷全部加到浮动端盖上，压力越高，垫圈的压紧比压越大，密封越可靠。

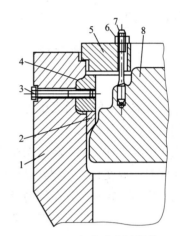

图 6 - 9　伍德式密封结构
1—筒体顶部；2—楔形垫；3—拉紧螺栓；
4—四合环；5—牵制环；6—螺母；
7—牵制螺栓；8—顶盖

伍德密封的优点有，一是全自紧式，压力和温度的波动不会影响密封的可靠性；二是取消了主螺栓，筒体与端部锻件尺寸可大大减小，而装拆时的劳动强度比有主螺栓的密封结构，特别是比平垫密封低得多。缺点是结构笨重，零件多，加工复杂。

6.1.2.2　主要密封结构的设计计算

这里主要讨论密封结构密封力的计算问题，这是密封结构强度计算的关键。由于密封型式较多，这里仅对平垫密封进行分析。

高压平垫密封的原理与中低压容器的非金属平垫密封相同。按照 GB/T 150—2011《压力容器》规定，平垫密封的载荷分析计算方法可以用到 35MPa 的压力。密封力全部由主螺栓提供，既要满足在预紧时能使垫片发生塑性变形（达到预紧比压 y），又要满足在工作时有足够的密封面比压（mp_c，m 为垫片系数，p_c 为密封容器计算压力，MPa）。高压平垫是窄面的金属垫片，常用材料为退火软铝、退火紫铜、软钢或不锈钢，按表 6 - 4 选取 y、m 值。

密封载荷取式（6 - 7）中较大值。

$$\left.\begin{array}{ll}\text{预紧时密封载荷} & W_a = F_0 \\ \text{工作时密封载荷} & W_p = F + F_p\end{array}\right\} \qquad (6 - 7)$$

式中　F_0——预紧状态下需要的最小垫片压紧力，N；

　　　F——内压引起的总轴向力，N；

　　　F_p——操作状态下需要的最小垫片压紧力，N。具体计算可参考 GB/T 150.3—2011《压力容器　第三部分：设计》。

应该注意的是，预紧时垫片已被压紧，工作时随着工作压力的上升紧固螺栓进一步伸长，密封的压紧力也随之有所下降，而保证松弛后密封面上有足够的压紧力，这是整个密封系统法兰、螺栓与垫片三者之间的相依关系，也是变形协调关系。在所有强制式高压密封中都是如此，在中低压容器的法兰密封结构上亦如此。因此，用 W_a 或 W_p 来设计螺栓是为了保证螺栓强度。

6.1.2.3　主要零部件设计

(1)高压螺栓设计

高压容器的主螺栓及高压管道法兰连接的螺栓，在结构设计要求上与中低压螺栓有许多不同之处，现分析如下。

高压螺栓设计要求：高压螺栓承受的载荷有压力载荷和温差载荷(即工作时的温度常高于装配时的温度)，压力与温度还有波动，甚至有时还因各种变化引起冲击载荷，因此螺栓的工作条件较复杂，在结构设计时应予以特殊考虑。

①采用中部较细的双头细牙螺栓。如图 6-10 所示，此种结构螺栓的温差应力较小，柔度大，耐冲击，抗疲劳。中间部分直径应等于或略小于螺栓根径。细牙螺纹有利于自锁，且根径比粗牙螺纹大。如作为容器的主螺栓，埋入法兰的一端常凸出一点，以便在预埋时顶紧螺栓孔的底部，使螺栓工作时各圈螺纹受力均匀。主螺栓的螺母端可以钻注油孔，以便加油润滑螺纹部分。埋入部分的螺纹长度一般等于螺纹部分的公称外径，埋入过深是没有意义的。

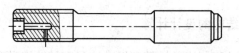

图 6-10　高压螺栓结构图

②要求有较高的加工精度。一般高压螺栓的螺纹公差精度应达到精密的要求，螺栓与螺母有较好的配合。

③螺母与垫圈采用球面接触。当螺栓孔与法兰面的垂直度有偏差时，为防止产生附加的弯矩而采用螺母和垫圈的球面接触，可进行自位调节，并可大大减少螺栓的附加弯矩。

④螺栓与螺母材料的选用。一般在强度上选用比中低压容器螺栓强度更高的材料，并同样要具有足够的塑性与韧性。

高压螺栓的设计计算应根据各种密封结构分析计算出的螺栓载荷或按预紧载荷和工作载荷中的最大螺栓载荷 W 来设计螺栓，在计算方法上与中低压螺栓是一样的，螺栓的螺纹根径 d_0 (mm)应为：

$$d_o = \sqrt{\frac{4W}{\pi [\sigma]_b^t n}} \tag{6-8}$$

式中　n——螺栓个数，为 4 的倍数；

　　　W——密封载荷，N；

螺栓许用应力 $[\sigma]_b^t$ 可按 GB/T 150.2—2011《压力容器　第二部分：材料》选用。根据计算出的 d_o 选择标准螺纹尺寸，此时的实际根径不应比计算出的 d_o 小。

（2）高压平盖的设计计算

一些不可拆的高压端盖，对大型容器一般采用球形盖或焊接的带缩口的平底锻制封头。球形盖的设计方法与中低压容器的球形盖相同，只要压力不超过 35MPa 即可。应该注意的是，当球盖厚度明显薄于筒体时，必须注意球盖与筒体连接焊缝的过渡结构设计。

高压容器上的可拆式封头大多采用锻造平盖。由于不需焊接，常用 35 号钢，强度中等，锻造性能、塑性与韧性都能达到容器上锻件的要求。这种可拆的锻造平盖设计的计算方法有两种，一是小挠度计算方法，该方法用于平垫密封形式中的平盖设计，二是近似简化计算法，该方法推荐用于卡扎里密封中的平盖设计。不同形式的密封用平盖设计计算内容参见 GB/T 150—2011 第 3 部分　设计的附录 C。下面介绍小挠度计算方法。

可拆式平盖是一种受均布压力载荷及周边受螺栓力和垫片反力两圈集中载荷作用的圆平板，四周的支承情况介于固支与简支之间，较接近于简支。GB/T 150—2011 第 3 部分　设计的附录 C 中提出平垫密封和双锥密封的平盖可以采用与中低压容器可拆平盖的强度计算相同的方法，即基于弹性薄圆平板小挠度解的方法，平盖计算厚度可按下式计算：

$$\delta_p = D_c \sqrt{\frac{K p_c}{[\sigma]^t \varphi}} \tag{6-9}$$

需注意的是，此式未能反映高压平盖有许多接管孔的情况。当高压平盖有多个接管孔时，可采用如下的经验算法。如平盖开孔直径 $d \leqslant 0.5D_i$，同时又采用平盖整体加厚补强的方法，此时将上式中的系数 K 改为 K/v。v 为削弱系数：$v = \dfrac{D_c - \sum d_i}{D_c}$，式中 $\sum d_i$ 为平盖沿直径断面上开孔内径之和。

6.2　开孔及开孔补强设计

由于各种工艺和结构的要求，化工容器不可避免地要开孔，并往往接有管子和凸缘。容器开孔接管后在应力分布与强度方面将带来如下影响：开孔破坏了原有的应力分布，并引起应力集中，产生较大的局部应力，再加上作用于接管上的各种载荷所产生的应力，温度差造成温差应力；容器材质和焊接缺陷等因素的综合作用，接管处往往会成为容器的破坏源，特别是在有交变应力及腐蚀的情况下变得更为严重，远高于容器中的薄膜应力，对容器造成了破坏。因此容器开孔接管后，必须考虑补强问题。化工容器设计中对于开孔问题主要考虑两方面，一是研究开孔应力集中程度（即估算 K_t 值）；二是如何合理的补强。

本节计算分析中所用的符号意义如下：

σ_{max}——开孔后按弹性方法计算出的最大应力，MPa；

σ——未开孔时名义应力值，MPa；

K_t——弹性应力集中系数；

r——孔附近任意点的位置半径，mm；

θ——孔附近任意点的位置角度；

σ_θ——开孔附近的周向应力或环向应力，MPa；

σ_r——开孔附近的径向应力，MPa；

$\tau_{r\theta}$——开孔附近的切向应力，MPa；

a——开孔半径，mm；

σ_1、σ_2——薄壁壳体的两向应力，MPa；

D_i——容器内直径，mm；

A——开孔削弱所需要的补强面积，mm^2；

d——开孔直径，圆形孔等于接管内直径加2倍厚度附加量，椭圆形或长圆形孔取所考虑截面上的尺寸(弦长)加2倍厚度附加量，mm；

δ——壳体开孔处的计算厚度，mm；

δ_{et}——接管有效厚度，$\delta_{et}=\delta_{nt}-C$，mm；

f_r——强度削弱系数，等于设计温度下接管材料与壳体材料许用应力之比，$f_r \leqslant 1.0$；

δ_p——平盖计算厚度，mm；

B——补强有效宽度，mm；

δ_n——壳体开孔处的名义厚度，mm；

δ_{nt}——接管名义厚度，mm；

A_1——壳体有效厚度减去计算厚度之外的多余金属截面积；

A_2——接管有效厚度减去计算厚度之外的多余金属截面积；

A_3——有效补强区内焊缝金属的截面积；

A_4——有效补强区内另外再增加的补强元件的金属截面积；

δ_e——壳体开孔处有效厚度，mm；

δ_t——接管计算厚度，mm；

A_e——有效补强范围内另加的补强面积，mm^2；

δ'——补强圈厚度，mm；

D'——补强圈外径，mm；

d'——补强圈内径，mm。

6.2.1 开孔应力集中

容器开孔接管后在应力分布与强度方面将带来如下影响：①开孔破坏了原有的应力分布并引起应力集中；②接管处容器壳体与接管形成结构不连续应力；③壳体与接管连接的

拐角处因不等截面过渡(即小圆角)而引起应力集中。这三种因素均使开孔或开孔接管部位的应力比壳体中的薄膜应力大,统称为开孔或接管部位的应力集中。

常用应力集中系数 K_t 来描述开孔接管处的力学特性。若未开孔时的名义应力为 σ,开孔后按弹性方法计算出的最大应力若为 σ_{max},则弹性应力集中系数的定义为:

$$K_t = \frac{\sigma_{max}}{\sigma} \tag{6-10}$$

(1)平板开小圆孔的应力集中

这是最简单的开孔问题,弹性力学中已有无限板开小圆孔的应力集中问题的解。

单向拉伸平板开小圆孔时的应力分布如图 6-11 所示,只要板宽在孔径的 5 倍以上,孔附近任意点(r , θ)的应力分量为:

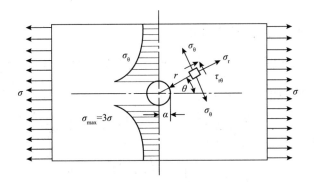

图 6-11 平板开小圆孔受单向拉伸时的应力集中分布

$$\left.\begin{aligned}
\sigma_r &= \frac{\sigma}{2}\left(1 - \frac{a^2}{r^2}\right) + \frac{\sigma}{2}\left(1 - \frac{4a^2}{r^2} + \frac{3a^4}{r^4}\right)\cos 2\theta \\
\sigma_\theta &= \frac{\sigma}{2}\left(1 + \frac{a^2}{r^2}\right) - \frac{\sigma}{2}\left(1 + \frac{3a^4}{r^4}\right)\cos 2\theta \\
\tau_{r\theta} &= -\frac{\sigma}{2}\left(1 + \frac{2a^2}{r^2} - \frac{3a^4}{r^4}\right)\sin 2\theta
\end{aligned}\right\} \tag{6-11}$$

孔边缘 $r = a$ 处: $\sigma_r = 0$, $\tau_{r\theta} = 0$, $\sigma_\theta|_{\theta = \pm\frac{\pi}{2}} = \sigma_{max} = 3\sigma$ 。应力集中系数: $K_t = \frac{3\sigma}{\sigma} = 3$ 。

由此可知,平板开孔的最大应力总是在孔边 $\theta = \pm\frac{\pi}{2}$ 处,当 $r > a$ 后应力便迅速衰减,表现出孔边应力集中及局部性的特点。

(2)薄壁球壳开小圆孔的应力分布

球壳开孔应力分布如图 6-12 所示,球壳受双向均匀拉伸应力作用时,孔边附近任意点的两向应力($\tau_{r\theta} = 0$)为:

$$\sigma_r = \left(1 - \frac{a^2}{r^2}\right)\sigma, \quad \sigma_\theta = \left(1 + \frac{a^2}{r^2}\right)\sigma \tag{6-12}$$

孔边处 $r = a$, $\sigma_{max} = \sigma_\theta = 2\sigma$,可得应力集中系数 $K_t = 2$ 。

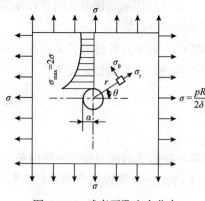

图 6 – 12　球壳开孔应力分布

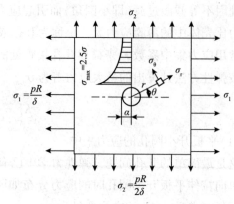

图 6 – 13　柱壳开孔应力分布

（3）薄壁圆柱壳开小圆孔的应力分布

柱壳开孔应力分布如图 6 – 13 所示，薄壁柱壳两向薄膜应力 $\sigma_1 = \dfrac{pR}{\delta}$ 及 $\sigma_2 = \dfrac{pR}{2\delta}$，若开有小圆孔，孔附近任意点的应力分量为：

$$\left.\begin{aligned}
\sigma_r &= \frac{3\sigma}{2}\left(1 - \frac{a^2}{r^2}\right) + \frac{\sigma_2}{2}\left(1 - \frac{4a^2}{r^2} + \frac{3a^4}{r^4}\right)\cos2\theta \\[2mm]
\sigma_\theta &= \frac{3\sigma_1}{4}\left(1 + \frac{a^2}{r^2}\right) - \frac{\sigma_1}{4}\left(1 + \frac{3a^4}{r^4}\right)\cos2\theta \\[2mm]
\tau_{r\theta} &= -\frac{\sigma_1}{4}\left(1 + \frac{2a^2}{r^2} - \frac{3a^4}{r^4}\right)\sin2\theta
\end{aligned}\right\} \tag{6 – 13}$$

孔边处 $r = a$，$\sigma_r = 0$，$\sigma_\theta = \left(\dfrac{3}{2} - \cos2\theta\right)\sigma_1$，$\tau_{r\theta} = 0$。但在孔边 $\theta = \pm\dfrac{\pi}{2}$ 处，σ_θ 最大，即 $\sigma_{\max} = \sigma_\theta|_{\theta = \pm\frac{\pi}{2}} = 2.5\sigma_1$。于是孔边经向截面处的应力集中系数 $K_t = 2.5$。而在另一截面，即轴向截面的孔边 $\theta = 0$ 及 π 处的最大应力 $\sigma_\theta = 0.5\sigma_1$，此外应力集中系数 $K_t = 0.5$，这比经向截面的 K_t 小得多。

其他情况，如平板上开椭圆孔、平板上开排孔的应力场就不再一一讨论。由以上讨论可得：最大应力在孔边，是应力集中最严重的地方；孔边应力集中有局部性，衰减较快。

6.2.2　开孔补强的设计原则与补强结构

（1）补强设计原则

①等面积补强法的设计原则。这种补强方法，规定局部补强的金属截面积必须等于或大于开孔所减去的壳体的截面积，其含义在于补强壳壁的平均强度，用与开孔等截面的外加金属来补偿削弱的壳壁强度。但是，这种补强方法并不能完全解决应力集中问题，当补强金属集中于开孔接管的根部时，补强效果较好，当补强金属比较分散时，即使 100% 等面积补强，仍不能有效的降低应力集中系数。

等面积补强准则的优点是有长期的实践经验，简单易行，当开孔较大时，只要对其开孔尺寸和形状等予以一定的配套限制，在一般压力容器使用条件下能够保证安全，因此不少国家的容器设计规范主要采用该方法，如 ASME Ⅷ–1 和 GB/T 150 等。

②压力面积补强法。要求壳体的承压投影面积对压力的乘积和壳壁的承载截面积对许用应力的乘积相平衡。该法仅考虑开孔边缘一次总体及局部薄膜应力的静力要求，在本质上与等面积补强法相同，没有考虑弯曲应力的影响。

③极限载荷补强法。要求带补强接管的壳体极限压力与无接管的壳体极限压力基本相同。

（2）补强结构

补强结构是指用于补强的金属采用什么样的结构形式与被补强的壳体或接管连成一体，以减小该处的应力集中。压力容器接管补强结构通常采用局部补强结构，主要有补强圈补强、厚壁管补强和整体锻件补强三种形式，如图 6–14 所示。

(a)补强圈补强　　　　　　(b)厚壁接管补强　　　　　　(c)整锻件补强

图 6–14　补强元件的基本类型

①补强圈补强结构。如图 6–14(a) 所示，它是以补强圈作为补强金属部分，焊接在壳体与接管的连接处，这种结构广泛应用于中低压容器，制造方便，造价低，使用经验丰富。但补强圈与壳体之间不能完全贴合，传热效果差，在中温以上环境使用时，两者存在较大的热膨胀差，因而会使补强区域产生较大的热应力。另外，补强圈与壳体采用搭接连接，难以与壳体形成整体，所以抗疲劳性能差。为了检验焊缝的紧密性，补强圈上开有一个 M10 的小螺纹孔，并从这里通入压缩空气。在补强圈与器壁的连接焊缝处涂抹肥皂水，如果焊缝有缺陷，就会自该处吹起肥皂泡。这种补强结构一般使用在静载、常温、中低压、材料的标准抗拉强度 <540MPa、补强圈厚度 $\leqslant 1.5\delta_n$、壳体名义厚度 δ_n <38mm 的场合。

②厚壁接管补强。在开孔处焊上一段厚壁接管，如图 6–14(b) 所示，由于接管的加厚部分正处于最大应力区域内，故比补强圈更能有效地降低应力集中系数。接管补强结构简单，焊缝少，焊接质量容易检验，因此补强效果好。高强度低合金钢制压力容器由于材料缺口敏感性较高，一般都采用该结构，但必须保证焊缝全熔透。

③整锻件补强。该补强结构是将接管和部分壳体连同补强部分做成整体锻件，再与壳体和接管焊接，如图 6–14(c) 所示。其优点是补强金属集中于开孔应力最大部位，能最有效地降低应力集中系数；可采用对接焊缝，并使焊缝及其热影响区离开最大应力点，抗疲劳性能好，疲劳寿命只降低 10% ~15%。缺点是锻件供应困难，制造成本较高。所以只应用于重要压力容器(如核容器)，材料屈服强度在 500MPa 以上的容器开孔及受低温、高温、疲劳载荷容器的大直径开孔等。

6.2.3 等面积补强设计方法

GB/T 150—2011《压力容器》中主要介绍了两种容器开孔补强的计算方法，即等面积法和分析法。下面主要介绍等面积法。

6.2.3.1 等面积法适用范围

等面积补强法是以无限大平板上开小圆孔的孔边应力分析作为其理论依据。但实际的开孔接管是位于壳体上而不是平板上，壳体总有一定的曲率，为减少实际应力集中系数与理论分析结果之间的差异，必须对开孔的尺寸和形状给予一定的限制。GB/T 150—2011《压力容器》对开孔最大直径作了如下限制。

等面积法适用于压力作用下壳体和平封头上的圆形、椭圆形或长圆形开孔。当在壳体上开椭圆形或长圆形孔时，孔的长径与短径之比应大于 2.0，本方法适用范围如下所示。

①圆筒上开孔的限制：当内径 $D_i \leqslant 1500\text{mm}$ 时，开孔最大直径 $d \leqslant \frac{1}{2}D_i$，且 $d \leqslant$ 520mm；当其内径 $D_i > 1500\text{mm}$ 时，开孔最大直径 $d \leqslant \frac{1}{3}D_i$，且 $d \leqslant 1000\text{mm}$。

②凸形封头或球壳上开孔最大直径 $d \leqslant \frac{1}{2}D_i$。

③锥壳(或锥形封头)上开孔最大直径 $d \leqslant \frac{1}{3}D_i$，$D_i$ 为开孔中心处的锥壳内直径。

④在椭圆形或碟形封头过渡部分开孔时，其孔的中心线宜垂直于封头表面。

6.2.3.2 允许不另行补强的最大开孔直径

容器开孔并非都需要补强，因为常常有各种强度富裕量存在。例如，实际厚度超过强度需要；焊接接头系数小于 1 且开孔位置又不在焊缝上；接管的厚度大于计算值，有较大的多余厚度；接管根部有填角焊缝。这些都起到了降低薄膜应力，从而也降低应力集中处的最大应力的作用，也可以认为是使局部得到了加强，这时可不另行补强。

GB/T 150—2011《压力容器》规定，当在设计压力小于或等于 2.5MPa 的壳体上开孔，两相邻开孔中心的间距(对曲面间距以弧长计算)大于两孔直径之和的两倍，且接管公称直径小于或等于 89mm 时，只要接管最小厚度满足表 6-6 要求，可不另行补强。

表6-6 不另行补强的接管最小厚度

接管公称外径/mm	25	32	38	45	48	57	65	76	89
最小厚度/mm		3.5			4.0		5.0		6.0

注：①钢材的标准抗拉强度下限值 $r_m \geqslant 540$ MPa 时，接管与壳体的连接宜采用全焊透的结构形式；
　　②表中接管的腐蚀裕量为1mm，当腐蚀裕量加大时，须相应增加接管壁厚。

6.2.3.3 等面积补强计算

所谓等面积补强，就是使补强的金属量等于或大于开孔所削弱的金属量。补强金属在通过开孔中心线的纵截面上的正投影面积，必须等于或大于壳体由于开孔而在这个纵截面上所削弱的正投影面积。具体计算参考 GB/T 150—2011《压力容器》。下面以单个开孔的补强计算为例。

（1）所需最小补强面积 A

该面积是指沿壳体纵向截面上的开孔投影面积，对圆筒体来说即为轴向截面上的开孔投影面积，如图 6 – 15 所示。计算如下：

$$A = d\delta + 2\delta_{et}(1 - f_r) \tag{6 – 14}$$

式中 A——开孔削弱所需要的补强面积，mm^2；

d——开孔直径，圆形孔等于接管内直径加 2 倍厚度附加量，椭圆形或长圆形孔取所考虑截面上的尺寸（弦长）加 2 倍厚度附加量，mm；

δ——壳体开孔处的计算厚度，mm；

δ_{et}——接管有效厚度，$\delta_{et} = \delta_{nt} - C$，$mm$；

f_r——强度削弱系数，等于设计温度下接管材料与壳体材料许用应力之比，$f_r \leqslant 1.0$。

对于受外压或平盖上的开孔，开孔造成的削弱是抗弯截面模量而不是指承载截面积。按照等面积补强的基本出发点，由于开孔引起的抗弯截面模量的削弱必须在有效补强范围内得到补强，所用补强的截面积仅为因开孔而引起削弱截面积的一半。

对受外压的圆筒或球壳，所需最小补强面积 A 为：

$$A = 0.5\left[d\delta + 2\delta_{et}(1 - f_r)\right] \tag{6 – 15}$$

对平盖开孔直径 $d \leqslant 0.5D_i$ 时，所需最小补强面积 A 为：

$$A = 0.5d\delta_p \tag{6 – 16}$$

式中 δ_p——平盖计算厚度，mm。

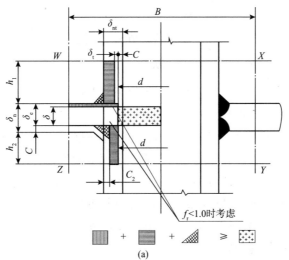

图 6 – 15   有效补强范围示意图

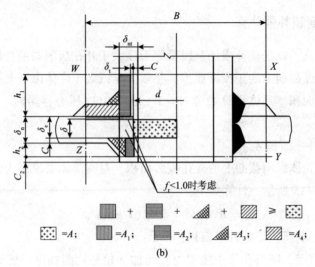

图 6 – 15　有效补强范围示意图(续)

（2）有效补强范围

在壳体上开孔处的最大应力在孔边，并随离孔边距离的增加而减少。如果在离孔边一定距离的补强范围内，加上补强材料，可有效降低应力水平。壳体进行开孔补强时，其补强区的有效范围按图 6 – 15 中的矩形 WXYZ 范围确定，超过此范围的补强是没有作用的。

有效宽度 B 计算如下，取两者中较大值

$$\begin{cases} B = 2d \\ B = d + 2\delta_n + 2\delta_{nt} \end{cases} \tag{6-17}$$

式中　B——补强有效宽度，mm；

δ_n——壳体开孔处的名义厚度，mm；

δ_{nt}——接管名义厚度，mm。

内外侧有效高度计算如下，分别取较小值

外侧高度 $$\begin{cases} h_1 = \sqrt{d\delta_{nt}} \\ h_1 = 接管实际外伸高度 \end{cases} \tag{6-18}$$

内侧高度 $$\begin{cases} h_2 = \sqrt{d\delta_{nt}} \\ h_2 = 接管实际内伸高度 \end{cases} \tag{6-19}$$

（3）补强范围内补强金属面积 A_e

有效补强区 WXYZ 内，可计为有效补强金属的面积有以下几部分。

A_1：壳体有效厚度减去计算厚度之外的多余金属截面积。

$$A_1 = (B - d)(\delta_e - \delta) - 2\delta_{et}(\delta_e - \delta)(1 - f_r) \tag{6-20}$$

A_2：接管有效厚度减去计算厚度之外的多余金属截面积。

$$A_2 = 2h_1(\delta_{et} - \delta_t)f_r + 2h_2(\delta_{et} - C_2)f_r \tag{6-21}$$

A_3：有效补强区内焊缝金属的截面积。

A_4：有效补强区内另外再增加的补强元件的金属截面积。

式中 δ_e——壳体开孔处有效厚度，mm；

    δ_t——接管计算厚度，mm。

如果
$$A_e = A_1 + A_2 + A_3 \geqslant A \qquad (6-22)$$

式中 A_e——有效补强范围内另加的补强面积，mm^2。

则开孔后不需要另行补强。

如果
$$A_e = A_1 + A_2 + A_3 < A \qquad (6-23)$$

则开孔需要另行补强，所增加的补强金属截面积 A_4 应满足：
$$A_4 \geqslant A - A_e \qquad (6-24)$$

补强材料一般需与壳体材料相同，若补强材料许用应力小于壳体材料许用应力，则补强面积按壳体材料与补强材料许用应力之比而增加。若补强材料许用应力大于壳体材料许用应力，则所需补强面积不得减少。

(4) 接管方位

根据等面积补强设计准则，开孔所需最小补强面积主要由 $d\delta$ 确定，这里 δ 为按壳体开孔处的最大应力计算而得的计算厚度。对于内压圆筒上的开孔，δ 为按周向应力计算而得的计算厚度。当在内压椭圆形封头或内压碟形封头上开孔时，则应区分不同的开孔位置取不同的计算厚度。这是由于常规设计中，内压椭圆形封头和内压碟形封头的计算厚度都是由转角过渡区的最大应力确定的，而中心部位的应力则比转角过渡区的应力要小，因而所需的计算厚度也较小。

对于椭圆形封头，当开孔位于椭圆形封头中心 80% 内直径的范围时，由于中心部位可视为当量半径 $R_i = K_1 D_i$ 的球壳，计算厚度 δ 可按式(6-25)计算：
$$\delta = \frac{p_c K_1 D_i}{2[\sigma]^t \phi - 0.5 p_c} \qquad (6-25)$$

式中，K_1 为椭圆形长短轴比值决定的系数，由表 4-1 查得。而在此范围以外开孔时，其 δ 按椭圆形封头的厚度计算式(3-57)计算。

对于碟形封头，当开孔位于封头球面部分内时，则取式(3-61)中的碟形封头形状系数 $M=1$，即计算厚度按式(6-26)计算。
$$\delta = \frac{p_c R_i}{2[\sigma]^t \phi - 0.5 p_c} \qquad (6-26)$$

在此范围之外的开孔，δ 按碟形封头的厚度计算式(3-61)计算。

对于非径向接管，圆筒或封头上需开椭圆形孔。与径向接管相比，接管和壳体连接处的应力集中系数增大，抗疲劳失效的能力降低。因此，设计时应尽可能采用径向接管。

非径向接管的开孔补强计算时，若椭圆孔的长轴和短轴之比不超过 2.5，一般仍采用等面积补强法。

(5) 补强圈标准

等面积补强设计方法主要用于补强圈结构的补强计算。补强圈的选用可 JB/T 4736—2002《补强圈》，可参考选用。

以上介绍的是壳体上单个开孔的等面积补强计算方法。工程上有时还会碰到并联开孔的情况。如果各相邻孔之间的孔心距小于两孔平均直径的两倍，则这些相邻孔就不可再以单孔论处，而应做并联开孔来进行联合补强。

承受内压的壳体，有时不可避免地要出现大开孔。当开孔直径超过标准中允许的开孔范围时，孔周边会出现较大的局部应力，因而不能采用等面积补强法进行补强计算。目前，对大开孔的补强，常采用基于弹性薄壳理论解的圆柱壳接管补强法、压力面积法和有限单元法等方法进行设计。

【例 6 - 1】 内径 $D_i = 1200\text{mm}$ 的圆柱形容器，采用标准椭圆形封头，在筒体上垂直轴线设置 $\phi 325\text{mm} \times 10\text{mm}$ 的内平齐接管，筒体名义厚度 $\delta_n = 24\text{mm}$，设计压力 $p = 3.92\text{MPa}$，设计温度 $t = 200\text{℃}$，接管外伸高度 $h_1 = 200\text{mm}$，筒体和补强圈材料为 Q345R，其许用应力 $[\sigma]^t = 170\text{MPa}$，接管材料为 20 号钢，其许用应力 $[\sigma]_n^t = 131\text{MPa}$，筒体和接管的厚度附加量 C 均取 3.3mm。液柱静压力可以忽略，焊接接头系数 $\phi = 0.85$。试作补强圈设计。

解：（1）补强及补强方法判别

①补强判别。根据表 6 - 6 可知，允许不另行补强的最大接管外径为 $\phi 89\text{mm}$。本开口外径等于 324mm，故需另行考虑其补强。

②补强计算方法判别。

开孔直径：$d = d_i + 2C = 305 + 2 \times 3.3 = 311.6\text{mm}$

本筒体开孔直径：$d = 311.6\text{mm} < D_i/2 = 600\text{mm}$，满足等面积法开孔补强计算的适用条件，故可用等面积法进行开孔补强计算。

（2）开孔所需补强面积

①筒体计算厚度。由于在垂直轴线方向开孔，所以筒体计算厚度按式（3 - 55）确定：

$$\delta = \frac{P_c \times D_i}{2 \times [\sigma]^t \times \phi - P_c} = \frac{3.92 \times 1200}{2 \times 170 \times 0.85 - 3.92} = 16.5\text{mm}$$

②开孔所需补强面积。先计算强度削弱系数 f_r，$f_r = \dfrac{[\sigma]_t^t}{[\sigma]^t} = \dfrac{131}{170} \approx 0.771$

接管有效厚度为 $\delta_{et} = \delta_{nt} - c = 10 - 3.3 = 6.7\text{mm}$。

开孔所需补强面积按式（6 - 14）计算：

$$A = d\delta + 2\delta\delta_{et}(1 - f_r)$$
$$= 311.6 \times 16.5 + 2 \times 16.5 \times 6.7 \times (1 - 0.771) = 5192\text{mm}^2$$

（3）有效补强范围

①有效宽度 B。按式（6 - 17）确定：

$$B = 2d = 2 \times 311.6 = 623.2\text{mm}$$
$$B = d + 2\delta_n + 2\delta_{nt} = 311.6 + 2 \times 24 + 2 \times 10 = 379.6\text{mm}$$

取大值

故 $B = 623.2\text{mm}$。

②有效高度。外侧有效高度 h_1 按式（6 - 18）确定：

$$h_1 = \sqrt{d\delta_{nt}} = \sqrt{311.6 \times 10} = 55.82\text{mm}$$
$$h_1 = 200\text{mm}$$

取小值

故 $h_1 = 55.82\text{mm}$。

内侧有效高度 h_2 按式(6-19)确定：

$$h_2 = \sqrt{d\delta_{nt}} = \sqrt{311.6 \times 10} = 55.82\text{mm}$$
$$h_2 = 0$$
取小值

故 $h_2 = 0$。

(4)有效补强面积

①封头多余金属面积。

封头有效厚度 $\delta_e = \delta_n - C = 24 - 3.3 = 20.7\text{mm}$

封头多余金属面积 A_1 按式(6-20)计算：

$$A_1 = (B - d)(\delta_e - \delta) - 2\delta_{et}(\delta_e - \delta)(1 - f_r)$$
$$= (623.2 - 311.6) \times (20.7 - 16.5) - 2 \times 6.7 \times (20.7 - 16.5) \times 0.771$$
$$= 1265.3\text{mm}$$

②接管多余金属面积。

接管计算厚度 $\delta_t = \dfrac{P_c \times D_i}{2 \times [\sigma]_n^t \times \phi - P_c} = \dfrac{3.92 \times 305}{2 \times 131 \times 0.85 - 3.92} = 5.46\text{mm}$

接管多余金属面积 A_2 按式(6-9)计算：

$$A_2 = 2h_1(\delta_{et} - \delta_t)f_r + 2h_2(\delta_{et} - C_2)f_r$$
$$= 2 \times 55.82(6.7 - 5.46) \times 0.771 + 0$$
$$= 106.7\text{mm}$$

③接管区焊缝面积(焊脚取6.0mm)。

$$A_3 = 2 \times \frac{1}{2} \times 6.0 \times 6.0 = 36.0\text{mm}^2$$

④有效补强面积。

$$A_e = A_1 + A_2 + A_3 = 1265.3 + 106.7 + 36 = 1408\text{mm}^2$$

(5)所需另行补强面积

$$A_4 = A - (A_1 + A_2 + A_3) = 5192 - 1408 = 3784\text{mm}^2$$

拟采用补强圈补强。

(6)补强圈设计

根据接管公称直径 $DN300$ 选补强圈，参照 JB/T 4736—2002《补强圈》，取补强圈外径 $D' = 550\text{mm}$，内径 $d' = 330\text{mm}$。因 $B = 623.2\text{mm} > D'$，补强圈在有效补强范围内。

补强圈厚度为

$$\delta' = \frac{A_4}{D' - d'} = \frac{3784}{550 - 330} = 17.2\text{mm}$$

考虑钢板负偏差并经圆整，取补强圈名义厚度为20mm。但为便于制造时准备材料，补强圈名义厚度也可取为封头的厚度，即 $\delta' = 24\text{mm}$。

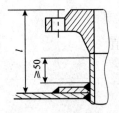

图6-16　带有法兰的
短接管图

6.2.4　开孔接管

容器上开孔是为了安装操作与检修的各种附件，如接管、视镜、人孔和手孔等。化工设备上的接管一般分为两类，一类是容器上的工艺接管，它与供物料进出的工艺管道相连接，这类接管一般较粗，多是带法兰的短接管，如图6-16所示，其接管伸出长度应考虑所设置的保温层厚度及便于安装螺栓，可按表6-7选用。

表6-7　接管伸出长度

保温层厚度/mm	接管公称直径/mm	伸出长度/mm	保温层厚度/mm	接管公称直径/mm	伸出长度/mm
50~75	10~100	150	126~150	10~50	200
	125~300	200		70~300	250
	350~600	250		350~600	300
76~100	10~50	150	151~175	10~150	250
	70~300	200		200~600	300
	350~600	250	176~200	10~50	250
101~125	10~150	200		70~300	300
	200~600	250		350~600	300

注：保温层厚度小于50mm，伸出长度可适当减小。

接管上焊缝与焊缝之间的距离应不小于50mm，对于铸造设备的接管可与壳体一起铸出。对于轴线不垂直于壳壁的接管，其伸出长度应使法兰外缘与保温层之间的垂直距离不小于25mm，如图6-17所示。

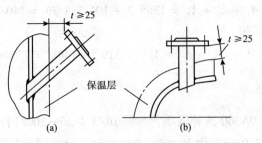

图6-17　轴线不垂直于容器壳壁的接管

对于一些较细的接管，如伸出长度较长则需要考虑加固。例如，低压容器上 $DN \leqslant 40mm$ 的接管，与容器壳体的连接可采用管接头加固。

另一类是仪表类接管，为了控制操作过程，在容器上需装置一接管，以便和测量温度、压力及液面等的仪表相连接。此类接管直径较小，除用带法兰的短接管外，也可简单地用内螺纹或外螺纹管焊在设备上，如图6-18所示。

当接管长度必须很短时，可用凸缘（又叫突出接口）来代替，如图6-19所示。凸缘本身具有加强开孔的作用，不需再另外补强，缺点是当螺栓折断在螺栓孔中时，取出较困难。

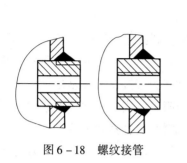

图 6 - 18 螺纹接管

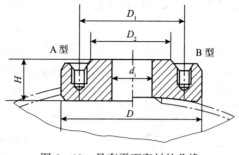

图 6 - 19 具有平面密封的凸缘

6.3 支座和检查孔

6.3.1 容器支座

支座是用来支承容器及设备重量，并使其固定在某一位置的压力容器附件。在某些场合还受到风载荷、地震载荷等动载荷的作用。

压力容器的支座形式很多，根据容器自身的安装形式，支座可分为两大类：立式容器支座和卧式容器支座。

6.3.1.1 立式容器支座

立式容器支座有四种：耳式支座、支承式支座、腿式支座和裙式支座。中小型直立容器常采用前三种支座，高大的塔设备则广泛的采用裙式支座。

（1）耳式支座

耳式支座又称悬挂式支座，它由筋板和支脚板组成，广泛应用于反应釜及立式换热器等直立设备上，优点是结构简单、轻便，但对器壁会产生较大的局部应力。因此，当设备较大或器壁较薄时，应在支座与器壁间加一垫板，垫板的材料最好与筒体材料相同，如不锈钢设备用碳钢作支座时，为防止器壁与支座在焊接过程中合金元素的流失，应在支座与器壁间加一个不锈钢垫板。带有垫板的耳式支座如图 6 - 20 所示。

耳式支座推荐用的标准为 JB/T 4712.3—2007《容器支座　第 3 部分：耳式支座》，它将耳式支座分为 A 型（短臂）、B 型（长臂）、C 型（加长臂）三类。其中 A 型和 B 型

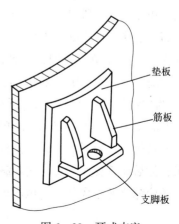

垫板

筋板

支脚板

图 6 - 20 耳式支座

耳座有带盖板和不带盖板两种，C 型耳座都带有盖板。耳式支座通常应设置垫板，当 $DN \leqslant$ 900mm 时，可不设垫板，但必须满足以下两个条件：①容器壳体有效厚度大于 3mm；②容器壳体材料与支座材料具有相同或相近的化学成分和力学性能。

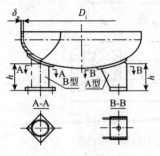

图 6 – 21　支承式支座

（2）支承式支座

对于高度不大、安装位置距基础面较近且具有凸形封头的立式容器，可采用支承式支座，如图 6 – 21 所示。它是在容器封头底部焊上数根支柱，直接支撑在基础地面上。支承式支座的主要优点是结构简单、安装方便，但它对容器封头会产生较大的局部应力，因此当容器较大或壳体较薄时，必须在支座和封头之间加垫板，以改善壳体局部受力情况。

支承式支座推荐用的标准为 JB/T 4712.4—2007《容器支座　第 4 部分：支承式支座》，它将支承式支座分为 A 型和 B 型，A 型支座由钢板焊制而成，B 型支座采用钢管作支柱。支承式支座适用于 $DN\,800 \sim 4000\mathrm{mm}$，圆筒长径比 $L/DN \leqslant 5$，且容器总高度小于 10m 的钢制立式圆筒形容器。

（3）腿式支座

腿式支座简称支腿，多用于高度较小的中小型立式容器中，如图 6 – 22 所示。它与支承式支座的最大区别在于：腿式支座是支承在容器的圆柱体部分，而支承式支座是支撑在容器的底封头上。腿式支座具有结构简单、轻巧、安装方便等优点，并在容器底部有较大的操作维修空间。但当容器上的管线直接与产生脉动载荷的机器设备刚性连接时，不宜选用腿式支座。

腿式支座推荐用的标准为 JB/T 4712.2—2007《容器支座　第 2 部分：腿式支座》，它将腿式支座分为 A 型、B 型和 C 型三类，其中 A 型支腿选用角钢作为支柱，与容器圆筒吻合较好，焊接安装较为容易；B 型支腿采用钢管作支柱，在所有方向上都具有相同截面系数，具有较高的抗受压失稳能力；C 型支腿则采用焊接 H 型钢作为支柱，比 A 型和 B 型具有更大的抗弯截面模量。腿式支座适用于 $DN\,400 \sim 1600\mathrm{mm}$，圆筒长径比 $L/DN \leqslant 5$（L 为切线长度，如图 6 – 22 所示），且容器总高度 H_1 小于 5m（对 C 类支腿，$H_1 \leqslant 8\mathrm{m}$）的钢制立式圆筒形容器。

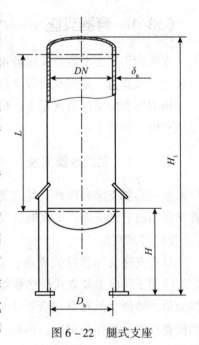

图 6 – 22　腿式支座

选用立式容器支座时，先根据容器公称直径 DN 和总质量选取相应的支座号和支座数量，然后计算支座承受的实际载荷，使其不大于支座允许载荷。除容器总质量外，实际载荷还应综合考虑风载荷、地震载荷和偏心载荷。详见相应的支座标准。

(4)裙式支座

对于比较高大的立式容器，特别是塔器，应采用裙式支座，如图6-23所示。常采的裙座形式根据承受载荷情况不同，可分为圆筒形和圆锥形两类，圆筒形裙座制造方便，经济上合理，故被广泛应用。但对于受力情况较差，塔径小且很高的塔（如 $DN < 1m$，且 $H/DN > 25$，或 $DN > 1m$，且 $H/DN > 30$），为防止风载或地震载荷引起的弯矩造成塔翻倒，则需要配置较多的地脚螺栓及具有足够大承载面积的基础环。此时，圆筒形裙座的结构尺寸往往满足不了这么多地脚螺栓的合理布置，因而只能采用圆锥形裙座。

不管是圆筒形还是圆锥形裙座，均由裙座筒体、基础环、地脚螺栓座、人孔、排气孔、引出管通道、保温支撑圈等组成。裙座不直接与塔内介质接触，也不承受塔内介质的压力，因此不受压力容器用材的限制，可

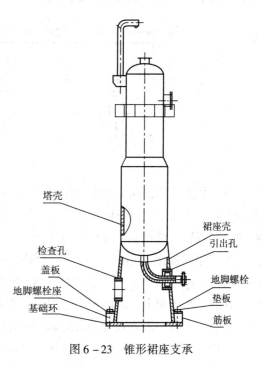

图6-23 锥形裙座支承

选用较经济的普通碳素结构钢。常用的裙座材料为 Q235 - A·F 及 Q235 - A，考虑到 Q235 - A·F 有缺口敏感及夹层等缺陷，因此仅能用于常温操作，裙座设计温度高于 -20℃，且不以风载荷或地震载荷确定裙座筒体厚度的场合（如高径比小，重量轻且置于框架内的塔）。如裙座设计温度 ≤ -20℃时，裙座筒体材料应选用 Q345R。

裙座筒体受到重量和各种弯矩的作用，但不承受压力。重力和弯矩在裙座底部截面处最大，因此裙座底部截面是危险截面。此外，裙座上的检查孔或人孔、管线引出孔有承载削弱的作用，这些孔中心横截面处也是裙座筒体的危险截面。裙座筒体不受压力作用，轴向组合拉伸应力总是小于轴向组合压缩应力，因此，只需校核危险截面的最大轴向压缩应力。

裙式支座与前三种形式支座不同，目前尚无标准参照。它的各部分尺寸均需通过计算或实践经验确定。有关裙式支座的结构及其设计计算可参考 NB/T 47041—2014《塔式容器》。

6.3.1.2 卧式容器支座

化工厂的贮槽、换热器等设备一般都是两端具有成型封头的卧式圆筒形容器。需要卧式容器支座来承担它的重量及固定在某一位置上。

常用卧式容器支座形式主要有鞍式支座、圈座和支腿三种。支腿的主要优点是结构简单，但其反力给壳体造成很大的局部应力，因而只用于较轻的小型设备。实际工程中也很少使用圈座，只有当大直径的薄壁容器或真空容器因自身重量而可能造成严重挠曲变形时

才采用圈座。对于较重的大设备，通常采用鞍式支座，如图 6 – 24 所示。

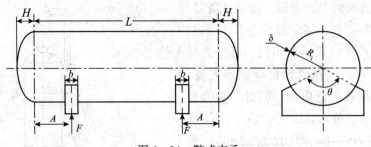

图 6 – 24　鞍式支承

对于卧式容器，除了考虑操作压力引起的薄膜应力外，还要考虑容器重量在壳体上引起的弯曲，所以即使选用标准鞍座后，还要对容器进行强度和稳定性的校核。置于鞍座上的圆筒形容器与梁相似，由材料力学分析可知，梁弯曲产生的应力与支点的数目和位置有关。当尺寸和载荷一定时，多支点在梁内产生的应力较小，因此支座数目似乎应该越多越好。但在实际工程中，由于地基的不均匀沉降和制造上的外形偏差，很难保证各支座严格保持在同一水平面上，因而多支座罐在支座处的约束反力并不能均匀分配，体现不出多支座的优点，所以一般卧式容器最好采用双鞍座结构。

采用双鞍座时，支座位置的选择一方面要考虑到利用封头的加强效应，另一方面还要合理安排载荷分布，避免出现因荷重引起弯曲应力过大的问题。为此，要遵循以下原则。

①双鞍座卧式容器的受力状态可简化为受均布载荷的外伸简支梁，按材料力学计算方法可知，当外伸长度 $A = 0.207L$ 时，跨度中央的弯矩与支座截面处的弯矩绝对值相等，一般近似取 $A \leq 0.2L$，其中 L 为圆筒体长度(两封头切线间距离)，A 为鞍座中心线至封头切线的距离。

②当鞍座邻近封头时，封头对支座处筒体有局部加强作用。为了充分利用这一加强效应，在满足 $A \leq 0.2L$ 情况下，应尽量使 $A \leq 0.5R_a$（$R_a = R_i + \delta_n/2$ 为筒体的平均半径，R_i 为筒体的内半径，δ_n 为筒体的名义厚度）。

此外，卧式容器由于温度和载荷变化等原因使容器产生轴向移动，如果支座全部是固定的，由于自由伸缩受阻使容器器壁中可能引起过大的附加应力，如热应力，所以双鞍座中一个鞍座为固定支座，另一个鞍座为滑动支座。滑动支座可以是鞍座底板上的地脚螺栓孔沿容器轴向开成长圆形的滑动形式；或者采用滚动支座。后者克服了滑动摩擦力大的缺点，然而结构复杂，造价较高，故一般用于受力大的重要设备上。

鞍座的结构与尺寸，除特殊情况外，不需另行设计，一般可根据设备的公称直径选用标准形式，目前常用的鞍式支座可参考 JB/T 4712.1—2007《容器支座　第 1 部分：鞍式支座》。标准中将鞍座分为轻型(A)和重型(B)两大类，重型又分为 BI ~ BV 五种型号，就鞍座结构与参数尺寸以及允许载荷、材料与制造、检验、验收和安装技术要求等均有说明。

卧式容器的鞍式支座结构如图 6 – 25 所示。鞍座板垫在容器与鞍座之间，以焊接固定，有效地降低了支座反力在容器中产生地局部应力。

6.3.1.3 其他容器支承方式

球形容器在工业上常常被用于大型的贮藏带有压力的气体或液化气体的贮存容器，如图6-26所示。它比同压力同容积的其他形状的容器消耗的钢材少，占地面积也小，具有显著的经济性，因此在大型的石油化工、城市煤气和冶金企业中被广泛应用。小型的(如50m³)球形容器常采用小的裙式支座。而大型工程上应用较多的是400m³、1000m³、2000m³及以上的球形容器，采用结构更为经济合理的立柱支承。立柱布置在正切于球形容器的赤道线上，此时立柱承受着容器及物料的全部重量，以及由风载荷和地震载荷构成的倾倒力。支柱间用拉杆相连，以增加稳定性。由于支柱在赤道处与球壳相切，支柱对球壳的法向作用力极小，因此支承处壳体中的局部应力最小，而且一般可以不加垫板，更大型的(如8250m³)球形容器在立柱与球壳板之间衬上了垫板。

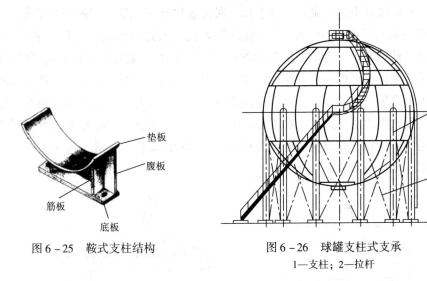

图6-25 鞍式支柱结构

垫板
腹板
筋板
底板

图6-26 球罐支柱式支承
1—支柱；2—拉杆

6.3.2 检查孔

为了检查压力容器在使用过程中是否有裂纹、变形、腐蚀等缺陷产生，壳体上必须开设检查孔。检查孔包括人孔、手孔及视孔(窥镜)等，它们有不同的用途，其开设位置、数量和尺寸等应当满足容器内部可检验的需要。对不开设检查孔的压力容器，设计者应当提出具体技术措施，如对所有A、B类对接接头进行全部射线或超声检测；在图样上注明设计厚度，且在压力容器在用期间或检验时重点进行测厚检验；相应缩短检验周期等。

(1)人孔与手孔

人孔是为便于人员进入容器的内部而设置的。主要的用途除人员进出以外还便于容器内构件的吊进或吊出。而从容器的安全角度来说则是进行内部检验、无损检测所必需的人员进出口。因此人孔的公称直径通常不小于$\phi450\text{mm}$，常用的是$\phi500\text{mm}$。由此也决定了内构件的宽度尺寸需小于人孔的内径。人孔的设置增加了容器的泄漏点，这是不利的一方面，因此一台容器上不要设置过多的人孔。离地较高的人孔，不论是设置在卧式容器还是立式容器上，都要附设扶梯和站立或操作的平台。一些直径较小的容器无需提供人员进出的方便，但对内壁状况进行观察与检查应设置必要的手孔。许多容器既无人孔又无手孔，封头又不可拆，这给投运后的在役定期检验带来了极大麻烦，既无法观察，又不能到内壁贴片作 X 射线检测，将无法对容器的安全状况做出正确评价，无法执行质量监察部门对容器进行定期检查的规定。手孔的公称直径一般在 $\phi200$mm 左右。

人孔与手孔已经标准化，目前采用的标准是 HG/T 21514～21535—2014《钢制人孔和手孔》，适用于公称压力为 0.25～6.3MPa，工作温度为 -40～500℃。设计时可根据设计条件直接选用。

手孔的直径一般为 150～250mm，标准中手孔的公称直径有 DN150 和 DN250 两种。手孔的结构一般是在容器上接一短管，并在其上盖一盲板。标准规定的手孔共有 8 种形式，即常压手孔、板式平焊法兰手孔、带颈平焊法兰手孔、带颈对焊法兰手孔、回转盖带颈对焊法兰手孔、常压快开手孔、旋柄快开手孔、回转盖快开手孔等。旋柄快开手孔如图 6－27 所示。当设备的直径超过 900mm 时，应开设人孔，人孔的形状有圆形和椭圆形两种。椭圆形人孔的短轴应与受压容器的筒身轴线平行。标准中规定的人孔共有 13 种形式，即常压人孔、回转盖板式平焊法兰人孔、回转盖带颈平焊法兰人孔、回转盖带颈对焊法兰人孔、垂直吊盖板式平焊法兰人孔、垂直吊盖带颈平焊法兰人孔、垂直吊盖带颈对焊法兰人孔、水平吊盖板式平焊法兰人孔、水平吊盖带颈平焊法兰人孔、水平吊盖带颈对焊法兰人孔、常压旋柄快开人孔、椭圆型回转盖快开人孔、回转拱盖快开人孔。水平吊盖带颈平焊法兰人孔如图 6－28 所示。

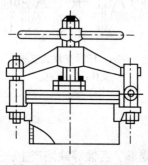 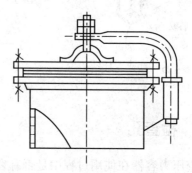

图6－27 旋柄快开手孔　　　图6－28 水平吊盖带颈平焊法兰人孔

（2）视孔。最初视孔是为了满足对容器内部物料情况进行肉眼观察的需要。视孔必然要装有玻璃的透明视镜并有可靠的法兰密封。此时必须按实际使用温度与压力选用合适的透明材料。为观察方便一般在容器的同一水平高度上沿直径方向的两端各开一视孔，以便于采光。必要时，可在视孔结构上专门设置照明灯。

此外，有时为充装及卸除内部的填料、固体物料或催化剂，需在顶部设装填口，底部再设置一卸料口；孔口的设置一般由化工工艺人员提出要求。

6.4 超压泄放装置

超压泄放装置是一种可以自动报警并保证压力容器安全运行、超压时能自动卸压，防止其发生超压爆炸的一种保险装置。超压泄放装置的作用是当容器在正常工作压力下运行时，保持严密不漏，若容器内的压力超过限定值，则能自动迅速地排泄出容器内介质，使容器内的压力始终保持在许用压力范围以内。超压泄放装置除了具有自动泄压这一主要功能外，还兼有自动报警的作用。这是因为它排放气体时，介质是以高速喷出，常常发出较大的响声，相当于发出了压力容器超压的报警音响讯号。超压泄放装置是压力容器的安全附件之一，主要包括安全阀、爆破片以及两者的组合装置。

6.4.1 超压泄放装置的装设原则

在 TSG 21—2016《固定式压力容器安全技术监察规程》、GB/T 150—2011《压力容器》管辖范围内的压力容器，并不是每台容器都必须装设超压泄放装置，只有那些在操作过程中有可能出现超压的容器，才需要单独装设超压泄放装置。在常用的压力容器中，必须单独装设超压泄放装置的有以下几种：液化气体储罐、高分子聚合容器、压缩机附属气体储罐、放热或分解等化学反应的反应容器、用热载体加热使容器内液体蒸发汽化的换热容器、直接受火焰加热的压力容器。上述与压力源连通的容器，若在压力源出口管线上装设超压泄放装置，并得到可靠控制的，则压力容器本体上可不装设超压泄放装置。但在计算泄放装置的泄放量时，应把容器间的连接管道包括在内。

6.4.2 超压泄放原理

压力容器在运行过程中，由于种种原因，可能出现压力超过容器最高许用压力的情况，如盛装液化气体的储罐，因装液过量或因意外受热而温度骤升，致使内部液体膨胀，压力骤然增高。超压运行是不允许的，也是十分危险的。为此，除了采取措施消除或减少可能引起压力容器超压的各种因素外，一个很重要的预防措施是在压力容器上配置超压泄放装置。

但是并非每台容器都必须直接配置超压泄放装置。当压力源来自压力容器外部，且得到可靠控制时，超压泄放装置可以不直接安装在压力容器上。超压泄放装置的额定泄放量应不小于容器的超压泄放量。只有这样，才能保证超压泄放装置完全开启后，容器内的压力不会继续升高。超压泄放装置的额定泄放量，是指在全开状态时，在排放压力下单位时间内所能排出的气量。容器的安全泄放量，则是指容器超压时为保证它的压力不会再升高而在单位时间内所必须泄放的气量。

压力容器的安全泄放量为容器在单位时间内由产生气体压力的设备(如压缩机、蒸汽锅炉等)所能输入的最大气量；或容器在受热时，单位时间内所能蒸发、分解出的最大气量；或容器内部工作介质发生化学反应，在单位时间内所能产生的最大气量。因而对于各种压力容器应分别按不同的方法确定其安全泄放量。具体设计计算内容可参照标准 GB/T 150—2011《压力容器　第 1 部分：通用要求》的附录 B。

6.4.3　超压泄放装置的类型及特点

超压泄放装置按其结构形式可以分为阀型（安全阀）、断裂型（爆破片）和组合型（爆破片＋安全阀）等。

（1）阀型超压泄放装置

阀型超压泄放装置是常用的安全阀，当容器或系统中的介质压力升高到开启压力时，它能够自动开启，随之将介质排放，以防止容器或系统超压。当压力恢复正常后，阀门自动关闭，并恢复密封，防止介质排出。该装置特点是可以多次使用，能随压力的变化而自动启闭，泄压后器内介质损失较小。其缺点是密封性能较差，在正常工作压力下，也常常会有轻微的泄漏。开启时常有滞后现象，当器内压力增长过快时，泄压速度满足不了要求。当容器内的一些物料使阀口堵塞或阀瓣粘住时，该装置不能及时泄压。

①结构与类型。安全阀主要由阀座、阀瓣和加载机构组成。阀瓣与阀座紧扣在一起，形成一密封面，阀瓣上面是加载机构。当容器内的压力处于正常工作压力时，容器内介质作用于阀瓣上的力小于加载机构施加在它上面的力，两力之差在阀瓣与阀座之间构成密封比压，使阀瓣紧压着阀座，容器内的气体无法排出；当容器内压力超过额定的压力并达到安全阀的开启压力时，介质作用于阀瓣上的力大于加载机构加在它上面的力，于是阀瓣离开阀座，安全阀开启，容器内的气体通过阀座排出。如果容器的安全泄放量小于安全阀的额定排放量，经一段时间泄放后，容器内压力会降到正常工作压力以下（即回座压力），此时介质作用于阀瓣上的力已低于加载机构施加在它上面的力，阀瓣又回落到阀座上，安全阀停止排气，容器可继续工作。安全阀通过作用在阀瓣上的两个力的不平衡作用，使其关闭或开启，达到自动控制压力容器超压的目的。

安全阀有多种分类方式，按加载机构可分为重锤杠杆式和弹簧式；按阀瓣开启高度的不同，可分为微启式和全启式；按气体排放方式的不同，可分为全封闭式、半封闭式和开放式；按作用原理可分为直接作用式和非直接作用式等。

弹簧式安全阀的结构示意图如图 6-29 所示。它是利用弹簧压缩力来平衡作用在阀瓣上的力。调节螺旋弹簧的压缩量，就可以调整安全阀的开启（整定）压力。图中所示为带上下调节圈的弹簧全启式安全阀。装在阀瓣外面的上调节圈和装在阀座上的下调节圈在密封面周围形成一个很窄的缝隙，当开启高度不大时，气流两次冲击阀瓣，使它继续升高，开启高度增大后，上调节圈又迫使气流弯转向下，反作用力使阀瓣进一步开启。因此改变调节圈的位置，可以调整安全阀开启压力和回座压力。弹簧式安全阀具有结构紧凑、灵敏度高、安装方位不受限制及对振动不敏感等优点。随着结构的不断改进和完善，其使用范围越来越广。

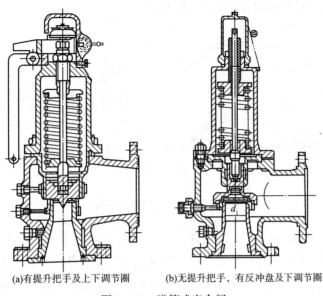

(a)有提升把手及上下调节圈　　　(b)无提升把手,有反冲盘及下调节圈

图 6-29　弹簧式安全阀

②安全阀的选用。安全阀的选用应综合考虑压力容器的操作条件、介质特性、载荷特点、容器的安全泄放量、防超压动作要求(如动作特点、灵敏性、可靠性、密闭性)、生产运行特点、安全技术要求,以及维修更换等因素。一般应掌握以下基本原则:对于易燃、毒性程度为中度以上危害的介质,必须选用封闭式安全阀,如需带有手动提升机构,须采用封闭式带扳手的安全阀;对空气或其他不会污染环境的非易燃气体,可选用敞开式安全阀;高压容器及安全泄放量较大而壳体的强度裕度又不够大的容器,应选用全启式安全阀;微启式安全阀宜用于排量不大,要求不高的场合;高温容器宜选用重锤杠杆式安全阀或带散热器的安全阀,不宜选用弹簧式安全阀。

(2)断裂型超压泄放装置

常用的断裂型超压泄放装置为爆破片,是一种一次性超压泄放装置,其动作惯性小,在压力迅速增长达到规定值的情况下能及时脱落或爆破,迅速泄压,从而保护容器不发生超压变形或爆炸。常用于易爆、有毒介质或反应速度随温度升高而容积急剧增加、气体压力迅速增加的反应容器上。如上所述的爆破片虽然是一种爆破后不能重新闭合的泄放装置,但与安全阀相比,有三个特点:可以做到完全密封;泄压时反应迅速,泄压时动作滞后的惯性小;气体内所含的污物对它的影响较小。其缺点是在完成泄压后不能继续使用,容器或系统需要更换新的爆破片,并且爆破元件长期处于高应力状态,容易因疲劳而过早失效,因而寿命较短。

①结构与类型。爆破片由爆破片元件和夹持器等组成。爆破片元件是关键的压力敏感元件,要求在标定的爆破压力和爆破温度下能够迅速断裂或脱落。夹持器是固定爆破片元件位置的辅助部件,具有额定的泄放口径。

爆破片分类方法较多,常用的是按其破坏时的受力形式分为拉伸型、压缩型、剪切型和弯曲型;按产品外观分正拱形、反拱形和平板形;按破坏动作分爆破型、触破型及脱落型等。常见的普通正拱形爆破片如图 6 - 30 所示。

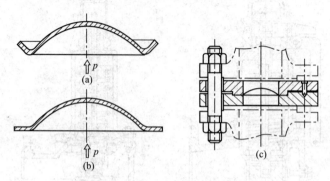

图 6 - 30　正拱开缝形爆破片

普通正拱形爆破片的压力敏感元件是一完整的膜片，事先经液压预拱成凸形，如图 6 - 30(a)、图 6 - 30(b) 所示，装在一副螺栓紧固的夹持器内，如图 6 - 30(c) 所示，其中膜片按周边夹持方式分为锥面夹持[图 6 - 30(a)]和平面夹持[图 6 - 30(b)]。爆破片安装在压力容器上时，其凹面朝被保护的容器一侧。当系统超压达到爆破片的最低标定爆破压力时，爆破片在双向等轴拉应力作用下爆破，使系统的压力得到泄放。另外，夹持器的内圈与平面应有圆角，以免爆破片元件变形时周边受剪切，影响动作压力的稳定。

②爆破片的选用。目前，绝大多数压力容器都使用安全阀作为泄放装置，然而安全阀一直潜在"关不严、打不开"的隐患，因而在某些场合应优先选用爆破片作为超压泄放装置。这些场合主要是：

i. 介质为不洁净气体的压力容器。这些介质易堵塞安全阀通道，或使安全阀开启失灵；

ii. 由于物料的化学反应压力可能迅速上升的压力容器，这类容器内的压力可能会急剧增加，而安全阀动作滞后，不能有效地起到超压泄放作用；

iii. 毒性程度为极度、高度危害的气体介质或盛装贵重介质的压力容器。对安全阀来说，微量泄漏是难免的，故为防止污染环境或不允许存在微量泄漏，宜选用爆破片；

iv. 介质为强腐蚀性气体的压力容器。腐蚀性大的介质，用耐腐蚀的贵重材料制造安全阀成本高，而用其制造爆破片，成本低廉。

(3) 组合型超压泄放装置

组合型超压泄放装置实际上就是阀型和断裂型的组合装置。常见的有弹簧式安全阀和爆破片的组合型。这种由安全阀和爆破片组合而成的泄压装置同时具有阀型和断裂型的优点，它既可防止单独使用安全阀时发生泄漏，又可以在完成排放过高压力的动作后恢复继续使用。组合装置中的爆破片可根据不同的需要，设置在安全阀的入口或出口侧。安装在入口处可使工艺介质与安全阀隔开，以免安全阀直接被腐蚀。正常工作时，由爆破片来保证密封，超压时，爆破片爆破以后，通过安全阀泄压后复位可减少工艺介质流失。这种结构要求爆破片破裂后的泄放面积大于安全阀的进口面积，并保证爆破片碎片不影响安全阀的正常动作。当爆破片装在安全阀的出口侧时可以防止安全阀因泄漏造成环境污染，而爆破片不与介质接触，也可以延长爆破片寿命，且更换爆破片也相对方便。

6.5 焊接结构设计

压力容器是典型的重要焊接结构，焊接接头是压力容器整体结构中最重要的连接部位，焊接接头的性能将直接影响压力容器的质量和安全可靠性，为了保证压力容器的安全使用，必须正确地设计焊接结构。

6.5.1 压力容器焊接接头的基本形式

焊接接头就是用焊接方法连接的不可拆接头。由于焊件的结构形状，厚度及使用条件不同，常用的焊接接头形式有对接接头［图 6 - 31(a)］、T 形接头［图 6 - 31(b)］、角接接头［图 6 - 31(c)］和搭接接头［图 6 - 31(d)］。

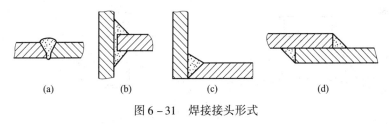

(a)　　　　(b)　　　　(c)　　　　　　(d)

图 6 - 31　焊接接头形式

对接接头是两个相互连接零件在接头处的中面处于同一平面或同一弧面内进行焊接的接头，受热均匀，受力对称，应力集中程度小，便于无损检测，焊接质量容易得到保证，是最常用的焊接结构形式。

T 形接头是把两个相互垂直或相交成某一角度的被焊工件用角焊缝连接起来的焊接的接头。角接接头和 T 字接头都形成角焊缝。这两种形式的接头结构不连续，承载后受力状态不如对接接头，应力集中比较严重，且焊接质量也不易得到保证。通常用于某些特殊部位，如接管、法兰、夹套、管板和凸缘等焊接。

搭接接头是指两个相互连接零件在接头处部分重合中面平行进行焊接的接头。本质上也属于角焊缝，在接头处结构明显不连续。

6.5.2 压力容器焊接接头的类型

根据各类型的焊接接头对错边量、热处理、无损检测、焊缝尺寸等方面的不同要求，依据焊接接头所连接的两个元件的结构类型及由此而确定的应力水平，GB/T 150—2011《压力容器》中将容器受压元件之间的焊接接头分为 A、B、C、D 四类；非受压元件与受压元件的连接接头为 E 类焊接接头，如图 6 - 32 所示。

A 类：圆筒部分和锥壳部分的纵向接头(多层包扎容器层板层纵向接头除外)、球形封头与圆筒连接的环向接头、各类凸形封头中的所有拼焊接头以及嵌入式接管与壳体对接连接的接头。

B类：壳体部分的环向接头、锥形封头小端与接管连接的接头、长颈法兰与接管连接的接头。但已规定为A、C、D类的焊接接头除外。

C类：平盖、管板与圆筒非对接连接的接头，法兰与壳体、接管连接的接头，内封头与圆筒的搭接接头以及多层包扎容器层板层纵向接头。

D类：接管、人孔、凸缘、补强圈等与壳体连接的接头。但已规定为A、B类的焊接接头除外。

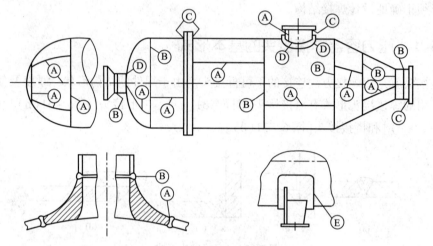

图6-32 焊接接头类型

6.5.3 压力容器焊接结构设计的基本原则

（1）避免在断面剧烈过渡区布置焊缝

避免在断面剧烈过渡区布置焊缝，以避免不连续应力和焊接应力的叠加。如圆角半径很小的折边封头过渡区、非等厚连接处等都属于断面剧烈过渡区。因为断面剧烈过渡区存在应力集中现象，断面厚薄悬殊会造成刚性差异和受热差异，增大焊接应力。当不可避免时，可将厚件削薄实现等厚连接。

GB/T 150中规定，B类焊接接头及圆筒和球形封头相连的A类焊接接头，当两侧钢材厚度不等时，若薄板厚度 $\delta_{s2} \leqslant 10mm$，两板厚度差超过3mm；若薄板厚度 $\delta_{s2} > 10mm$，两板厚度差大于薄板厚度的 $30\%\delta_{s2}$，或超过5mm时，均应按图6-33的要求单面或双面削薄厚板边缘，或按同样的要求采用堆焊方法将薄板边缘焊成斜面。

（2）尽量采用对接接头

尽量采用对接接头，易于保证焊接质量。所有的纵向及环向焊接接头、凸形封头上的拼接焊接接头，必须采用对接接头，其他位置的焊接结构也应尽量采用对接接头。接管与壳体的连接如图6-34所示，角焊缝图6-34（a）改用对接焊缝图6-34（b）和（c）。这样减小了应力集中程度，同时方便了无损检测，有利于保证焊接接头的内部质量。

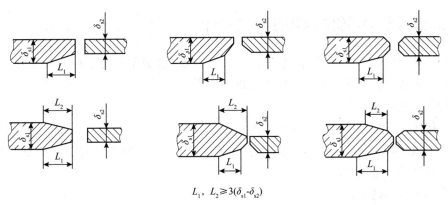

L_1, $L_2 \geqslant 3(\delta_{s1} - \delta_{s2})$

图 6 – 33　不等厚度的 B 类焊接接头及圆筒和球形封头相连的 A 类焊接接头连接形式

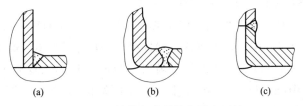

(a)　　　　　　　(b)　　　　　　　(c)

图 6 – 34　接管与壳体的角接和对接

（3）尽量采用全熔透结构

尽量采用全熔透结构，不允许产生未熔透缺陷。未熔透是指基体金属和焊缝金属局部未完全熔合而留下空隙的现象。未熔透导致脆性破坏的起裂点，在交变载荷作用下，也可能诱发疲劳破坏。结构设计时可选择合适的坡口形式，如 X 形坡口、双面焊；当容器直径较小，且无法从容器内部清根时，应选用单面焊双面成型的对接接头，如用氩弧焊打底，或采用带垫板的坡口等。

6.5.4　坡口的选择

坡口的作用是保证焊缝根部被焊透，确保焊接质量和连接强度，同时调整被焊接金属与填充金属比例。正确选择焊接坡口形状、尺寸是一项重要的焊接工艺内容，是保证焊接接头质量的重要工艺措施。

坡口的形式有很多，基本的坡口形式有 I 形坡口、V 形坡口、X 形坡口和 U 形坡口，其他类型坡口是在基本坡口形式上发展起来的。

设计或选择坡口，首先要考虑的是被焊接材料的厚度。对于薄钢板的焊接，可以直接利用钢板端部形成的 I 形坡口进行焊接；对于中、厚板的焊接坡口，应同时考虑施焊的方法。在相同条件下，不同形式的坡口，其焊接变形是不同的。例如，单面坡口比双面坡口变形大，V 形坡口比 U 形坡口变形大等，应尽量注意减少焊接变形与残余应力。焊接坡口的设计或选择还要注意的是施焊时的可操作性。例如，直径小的容器不宜设计双面坡口，而要设计成单面向外的坡口等。同时应注意操作方便。

6.5.5 压力容器常用焊接结构设计

焊接结构设计的主要内容包括确定接头类型、坡口形式和尺寸、检验要求等，在保证焊接质量的前提下，焊接接头设计应遵循以下原则。

①焊缝填充金属尽量少；

②焊接工作量尽量减少，且操作方便；

③合理选择坡口角度、钝边高、根部间隙等结构尺寸，使之有利于坡口加工及焊透，以减少各种缺陷产生的可能；

④有利于焊接防护；

⑤合理选择焊材，至少应保证对焊接接头的抗拉强度不低于母材标准规定的下限值；

⑥焊缝外形应尽量连接圆滑，减少应力集中。

常见 A、B 类对接接头，当两侧钢材厚度相等时，可采用的接头类型如图 6-35 所示，图 6-35(a)为 V 形坡口，用于钢板拼接，筒体纵、环焊缝；图 6-35(b)为 U 形坡口，用于厚壁筒体的环焊缝；图 6-35(c)为 X 形坡口；图 6-35(d)为双 U 形坡口，用于钢板拼接，筒体的纵焊缝；图 6-35(e)为组合坡口，用于筒体的环焊缝；图 6-35(f)为 V 形坡口，用于不能进行双面焊且有焊透要求的环向焊缝；图 6-35(g)为 U 形坡口，与图 6-35(b)尺寸不同，用于不能进行双面焊且有焊透要求的纵、环向焊缝。

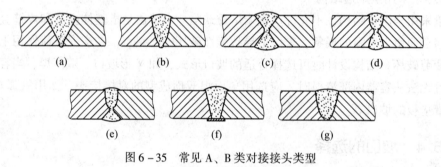

图 6-35　常见 A、B 类对接接头类型

6.5.5.1 筒体与封头的连接

(1)筒体和封头的对接

作为压力容器的筒体、封头及其相互间连接的焊接结构纵、环焊缝必须采用对接接头。应根据筒体或封头厚度、压力高低、介质特性及操作工况选择合适的坡口形式。筒体和封头的对接接头的形式如图 6-36 所示。

(2)筒体和封头的搭接

设计该结构时，凸面或凹面受压的椭圆形、碟形封头，其直边长度应不小于图 6-37 中的要求，套装在圆筒内、外侧的封头，直边段与圆筒紧密贴合。

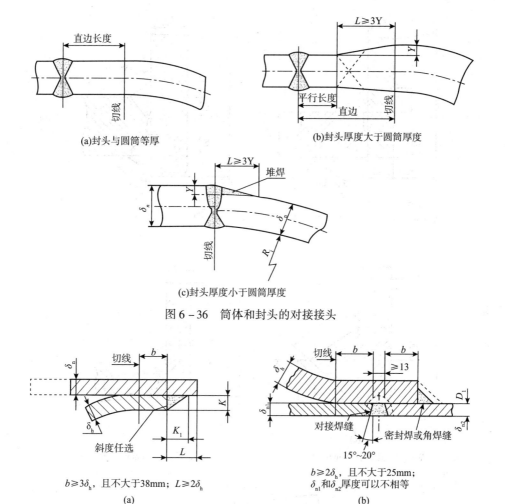

(a)封头与圆筒等厚

(b)封头厚度大于圆筒厚度

(c)封头厚度小于圆筒厚度

图 6 - 36　筒体和封头的对接接头

$b \geqslant 3\delta_h$，且不大于38mm；$L \geqslant 2\delta_h$

(a)

$b \geqslant 2\delta_h$，且不大于25mm；
δ_{n1} 和 δ_{n2} 厚度可以不相等

(b)

图 6 - 37　筒体和封头的搭接

6.5.5.2　接管、凸缘与壳体的连接

接管、凸缘与壳体的连接一般只能采用角接焊和搭接焊，具体的焊接结构还与容器的强度和安全性要求有关。有多种接头形式，涉及是否开坡口、单面焊与双面焊、熔透与不熔透等问题。接头尺寸可根据 GB/T 150.3—2011 中的规定，也可根据焊接方法、焊接参数以及施焊位置等具体情况确定。坡口形式的选择应考虑元件结构、厚度和材料的焊接性能。设计时，应根据压力高低、介质特性、是否低温、是否需要考虑交变载荷与疲劳问题等来选择合理的焊接结构。下面介绍常用的几种结构。

（1）插入式接管

插入式接管是接管与壳体的连接最常用的一种方式，结构上分为带补强圈和不带补强圈。中低压容器不需另作补强的小直径接管用得最多的是不带补强圈的焊接结构，如图 6 - 38 所示，接管与壳体间有一定的间隙，但间隙应小于 3mm，否则在焊缝收缩时易产生裂纹或其他焊接缺陷。

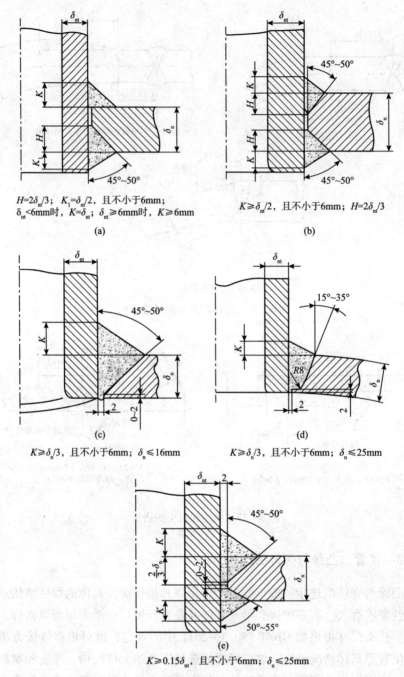

图 6-38 不带补强圈的插入式接管的焊接结构

图中（a）、（b）为截面非全焊透的焊接接头，适用于内径小于 600mm、盛装无腐蚀性介质的接管与壳体之间的焊接，接管厚度应小 6mm；（a）结构适用于壳体厚度 $\delta_n \leqslant 16mm$ 的碳钢和碳锰刚，或 $\delta_n \leqslant 25mm$ 的奥氏体钢 $\delta_{nt} < \delta_n/2$；（b）一般适用于 $\delta_{nt} \approx \delta_n/2$，且 $\delta_n \leqslant 50mm$；图 6-38（c）、图 6-38（d）、图 6-38（e）为截面全焊透的接头，是常用的插入式接管焊接结构。采用全焊透连接时，应具备内侧清根及施焊条件，只有采用保证焊透的焊

接工艺时，方可采用图6-38(c)、图6-38(d)所示的单面焊焊缝。

带补强圈接管与壳体的焊接结构如图6-39所示。这些结构不适用于有急剧温度梯度的场合。该结构要求补强圈与补强处的壳体贴合紧密，并开设讯号孔，与接管及壳体之间的焊接结构设计应完善合理。但由于补强圈的结构特点，与接管和壳体的连接只能采用塔接和角接，难于保证全熔透，也无法进行无损检测，因而焊接质量不易保证。

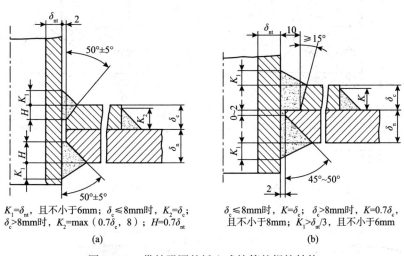

$K_1=\delta_{nt}$，且不小于6mm；$\delta_c\leq8mm$时，$K_2=\delta_c$；
$\delta_c>8mm$时，$K_2=max（0.7\delta_c，8）$；$H=0.7\delta_{nt}$

(a)

$\delta_c\leq8mm$时，$K=\delta_c$；$\delta_c>8mm$时，$K=0.7\delta_c$，
且不小于8mm；$K_1>\delta_{nt}/3$，且不小于6mm

(b)

图6-39　带补强圈的插入式接管的焊接结构

(2)嵌入式接管

嵌入式接管的焊接结构属于整体补强结构的一种，适用于承受交变载荷、低温和大温度梯度等较苛刻的工况。与壳体的连接如图6-40所示。其中图6-40(a)一般适用于球形封头、椭圆封头中心部位的接管与封头或其他特殊部位的连接；图6-40(b)适用于其他连接。

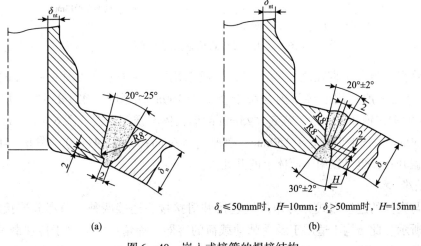

$\delta_n\leq50mm$时，$H=10mm$；$\delta_n>50mm$时，$H=15mm$

(a)　　　　(b)

图6-40　嵌入式接管的焊接结构

（3）安放式接管

安放式接管的焊接结构的优点是结构拘束度低、焊缝截面小、较易进行射线检测等。结构如图6－41所示。

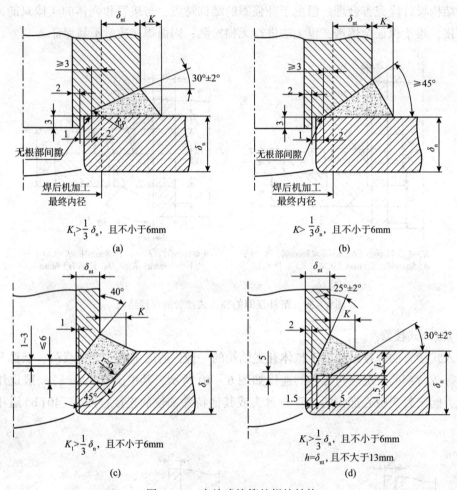

$K_1 > \frac{1}{3}\delta_n$，且不小于6mm

(a)

$K > \frac{1}{3}\delta_n$，且不小于6mm

(b)

$K_1 > \frac{1}{3}\delta_n$，且不小于6mm

(c)

$K_1 > \frac{1}{3}\delta_n$，且不小于6mm

$h = \delta_{nt}$，且不大于13mm

(d)

图6－41　安放式接管的焊接结构

当接管直径与壳体直径之比较小时，一般采用图6－41（a）、图6－41（b）的形式；图6－41（c）为一般适用于接管内径小于或等于100mm；图6－41（d）适用于壳体厚度$\delta_n \leqslant 16$mm的碳素钢和碳锰钢，或$\delta_n \leqslant 25$mm的奥氏体不锈钢容器。图6－41（d），接管内径应大于50mm，且小于或等于150mm，壁厚$\delta_{nt} > 6$mm；图6－41（c）、图6－41（d）一般适用于平盖开孔，也可以用于筒体上的开孔。

（4）凸缘

凸缘与壳体的连接形式分为角焊缝连接和对接接头连接两种。角焊缝连接的凸缘如图6－42所示。此结构不适用于承受脉动载荷的容器。焊角尺寸取决于传递载荷的大小，并考虑制造和使用要求，一般情况下，角焊缝的腰高不小于两焊件中较薄者厚度的0.7倍，在任何情况下均不得小于6mm。对接接头连接的凸缘如图6－43所示，适用于承受脉动载荷的容器。

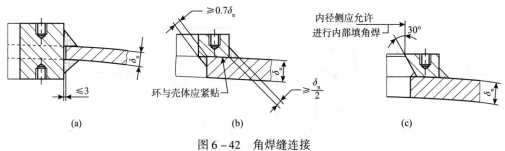

图 6-42 角焊缝连接

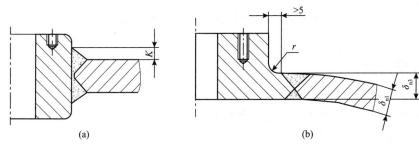

图 6-43 对接接头连接的凸缘

对于接头型式的选择，TSG 21—2016《固定式压力容器安全技术监察规程》中规定，压力容器的接管(凸缘)与壳体之间的焊接接头设计，有下列情况之一的，应当采用全焊透结构。

①介质为易爆或者毒性危害程度为极度危害和高度危害的压力容器；

②要求气压试验或者气液组合压力试验的压力容器；

③第Ⅲ类压力容器；

④低温压力容器；

⑤进行疲劳分析的压力容器；

⑥直接受火焰加热的压力容器；

⑦设计者认为有必要的。

6.5.5.3 平封头与受压元件的连接

平封头与受压元件的连接形式较多，典型的如图 6-44 所示。

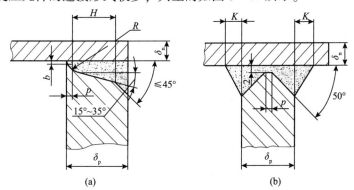

图 6-44 平封头与受压元件的连接

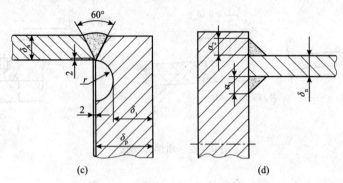

图 6-44　平封头与受压元件的连接(续)

思考题

1. 保证法兰紧密不漏的两个条件是什么?

2. 垫片的性能参数有哪些? 简述其物理意义?

3. 简述高压密封的设计原则?

4. 按 GB/T 150—2011《压力容器》规定, 在什么情况下壳体上开孔可不另行补强?

5. 在采用补强圈补强时, GB/T 150—2011《压力容器》对其使用范围作了何种限制, 其原因是什么?

6. 在什么情况下压力容器可以允许不设置检测孔?

7. 试比较安全阀和爆破片各自的优缺点? 在什么情况下必须采用爆破片装置?

7   压力容器分析设计

目前在各国压力容器标准或规范中，压力容器设计主要采用两种方法：规则设计法和分析设计法。分析设计方法又分为弹性分析和弹–塑性分析两大类。弹性分析与应力分类的方法为本章重点介绍内容。

7.1   分析设计的基本概念

7.1.1   结构不连续

结构不连续分为总体不连续和局部结构不连续。

总体结构不连续是一种几何形状或材料的不连续，它影响承压构件沿整个壁厚的应力及应变分布。总体结构不连续型应力是实际应力分布的一部分，即沿整个壁厚对应力积分时，能得到纯弯曲力和薄膜应力的合力。例如，封头与壳体的连接、法兰与壳体的连接、接管与壳体的连接以及不等厚度的壳体间的连接。

局部结构不连续也是一种几何形状或材料的不连续，它仅影响小部分壁厚的应力或应变分布。这种与局部不连续有关的应力分布只引起非常局部的变形，对壳体型不连续变形没有显著影响。例如，小的圆角半径、小的附件及部分焊透的焊缝。

7.1.2   应力强度

可以直接和许用应力进行比较、由一个或几个主应力组合成的量叫作应力的当量强度，简称应力强度。一般在材料力学中又称当量应力或计算应力。应力强度在压力容器设计规范中用 S 表示。

应力强度除与应力状态中的主应力有关外，还与所选用的强度理论有关。

对于第一强度理论，其强度条件为：

$$\sigma_1 \leqslant [\sigma] \tag{7-1}$$

因此，应力强度为：

$$S_1 = \sigma_1 \tag{7-2}$$

相应的强度条件为：

$$S_1 \leqslant [\sigma] \tag{7-3}$$

对于第三强度理论，其强度条件为：

$$\sigma_1 - \sigma_3 \leqslant [\sigma] \tag{7-4}$$

因此，应力强度为：

$$S_3 = \sigma_1 - \sigma_3 \tag{7-5}$$

相应的强度条件为：

$$S_3 \leqslant [\sigma] \tag{7-6}$$

对于第四强度理论，其强度条件：

$$\frac{1}{\sqrt{2}} \sqrt{(\sigma_1 - \sigma_2)^2 + (\sigma_2 - \sigma_3)^2 + (\sigma_3 - \sigma_1)^2} \leqslant [\sigma] \tag{7-7}$$

因此，应力强度：

$$S_4 = \frac{1}{\sqrt{2}} \sqrt{(\sigma_1 - \sigma_2)^2 + (\sigma_2 - \sigma_3)^2 + (\sigma_3 - \sigma_1)^2} \tag{7-8}$$

相应的强度条件：

$$S_4 \leqslant [\sigma] \tag{7-9}$$

式(7-1)~式(7-9)中，σ_1、σ_2、σ_3均为主应力，根据规定按代数值排列顺序为 $\sigma_1 > \sigma_2 > \sigma_3$。

JB 4732—1995《钢制压力容器—分析设计标准》给出的设计应力强度是针对已有成功使用经验的材料，按其短时拉伸性能(σ_b、σ_s)除以相应的安全系数(n_b、n_s)而得到的。同时，在确定设计应力强度时引用了以下两种假定。

(1)使用钢材的抗拉强度连同其安全系数作为防止断裂的设计意图是可取的。这条假设对高强度钢尤为重要。因此 JB 4732—1995《钢制压力容器——分析设计标准》中除按材料屈服点确定设计应力强度以控制弹性或塑性失效外，还把确定许用值也作为防止断裂的措施。

(2)对于奥氏体不锈钢，因其有良好的韧性和应变强化性能，当其变形量高达4%时其条件屈服限可提高30%，基本满足钢的塑性和韧性要求。JB 4732—1995《钢制压力容器——分析设计标准》利用了奥氏体钢的这一优越性能，对允许有较大变形的奥氏体钢制受压元件给予了较高的设计应力强度，可达 $0.9\sigma_b^t$（σ_b^t为设计温度下材料强度极限），比其他钢种高 1.35 倍。

7.1.3 法向应力

法向应力是指垂直于所选取截面的应力分量，亦称正应力。通常法向应力沿截面厚度分布是不均匀的，可视作由两个部分组成，其一是均匀分布的应力，即沿截面厚度的应力平均值；另一个是沿厚度方向变化的应力。

7.1.4 切应力

切应力是指与所选取截面相切的应力分量。

7.1.5 薄膜应力

薄膜应力是指沿截面厚度均匀分布的法向应力分量，其值等于沿所选取截面厚度的应力平均值，如图 7-1 中的 P_m 为薄膜应力。

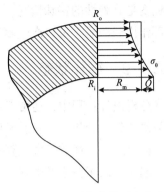

7.1.6 弯曲应力

弯曲应力是法向应力的变化分量，沿厚度上的变化可以是线性的，也可以是非线性的。JB 4732—1995 中，弯曲应力是指线性弯曲应力。其最大值发生在容器的表面处，设计时取最大值。

图 7-1　厚壁圆柱壳体环向应力

7.1.7 热应力

热应力是指结构因温度不均匀分布或热膨胀受到约束引起的自平衡力所产生的应力；或当温度发生变化，结构的自由热变形受到外部约束限制时所引起的应力。固体中出现热应力是由于温度改变时物体体积受阻不能呈现其通常应有的尺寸和形状所致。依照发生变形所取部位的体积或面积，有以下两种类型的热应力：

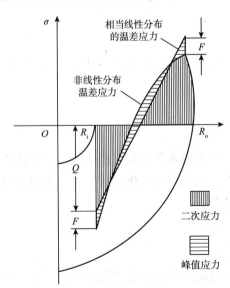

图 7-2　热应力分布示意图

（1）总体热应力

总体热应力是指当约束解除后，会引起结构显著变形的热应力。在不计应力集中的情况下，当这种应力超过材料屈服极限的两倍时，弹性分析可能无效，而连续的热循环将引起塑性疲劳或递增的塑性变形失效。例如，筒体由轴向温度梯度引起的应力；壳体与接管之间的因温度引起的应力；厚壁圆筒由径向温度梯度引起的当量线性应力。当量线性分布的热应力指沿厚度与实际应力分布具有相同纯弯矩的线性分布应力，如图 7-2 所示。

（2）局部热应力

局部热应力是指结构的热膨胀几乎完全被限制，以致解除约束后不会引起结构显著变形的热力。这种应力属于峰值应力，仅需在疲劳分析中加以考虑。例如，容器壁上小范围局部过热处的应力；厚壁圆筒中由径向温度梯度引起的实际热应力与当量线性应力之差值（图 7-2 中的 F），复合钢板因复层与基层金属膨胀系数不同，在复层中引起的应力。

7.1.8 蠕变

蠕变是非弹性的特殊情况，它与载荷作用下应力所引起的依赖于时间的变形有关。卸除全部作用载荷后，可以产生随时间变化的变形增量。

7.1.9 循环状态

在分析设计过程中，通常考虑的循环状态包括运行循环和应变循环。运行循环定义为新参数值的起始和建立，随后又恢复到循环开始时的参数值。应变循环是一种工况，应变从初始值经过一个代数最大值至一个代数最小值，随后再回到初始值。一个单独的运行循环可引起一个或多个应变循环。动态效应也应认为是应变循环。

7.1.10 疲劳强度减弱系数

疲劳强度减弱系数是一个用来考虑局部结构不连续（应力集中）对疲劳强度影响的应力放大系数。它等于无不连续或焊接接头元件的疲劳强度和有不连续或焊接接头的相同元件的疲劳强度之比。某些特定情况下，其值由经验确定，如承插焊缝。在缺乏实验数据时，此应力放大系数可以利用弹性理论推导得出理论应力集中系数或基于 ASME 锅炉和压力容器规范的Ⅷ - 2 表 5.11 和表 5.12 中提供的指导来获得。

7.1.11 自由端位移

自由端位移是指当固定的附件和与它所连接的管道可分开，并允许移动时，这两个构件之间发生的相对位移。

7.1.12 塑性分析

塑性是指非弹性的特殊情况，即材料经受与时间无关的永久变形。塑性分析是计算给定载荷下结构行为的方法，它考虑了材料的塑性特性，包括应变硬化和结构中发生的应力重新分配。因此，塑性分析意味着一种详尽的非弹性分析。

7.1.13 棘轮效应

棘轮效应是指一种渐增性非弹性变形或应变，它可能产生在承受变化的机械应力、热应力或两种应力兼有的部件中。大多数情况下，每次循环总的非弹性应变可能从一个循环到下一个循环发生变化。当从一个给定的载荷循环起以后各循环的非弹性应变为常数时，则发生稳定的棘轮效应。

7.1.14 安定性

安定性是指不存在明显渐增性的、循环的非弹性变形或棘轮效应。如果一个结构经受几次循环载荷后的变形稳定，则该结构具有安定性。后续的结构反应是弹性或弹塑性的，且没有渐增性非弹性变形。弹性安定性指随后的反应是弹性的情况。

7.1.15　应力应变曲线

传统设计中常用的几个主要材料性能参数为屈服强度、抗拉强度、弹性模量、外压曲线及疲劳曲线等。在计算机技术飞速发展的今天，基于非线性本构关系的弹塑性垮塌分析或弹—塑性疲劳分析已经比较容易实现。

引入弹塑性分析的前提是建立以真实应力应变曲线为代表的材料性能库。这些工作耗时耗力，可以通过三个途径来实施，一部分可做实验实测，一部分可借鉴国外材料标准，还有一部分可借助数字材料实验室来计算。

ASME 标准中提出了考虑材料塑性应变强化的本构模型，其表达式如下：

$$\varepsilon_{ts} = \frac{\sigma_t}{E_y} + \gamma_1 + \gamma_2 \tag{7-10}$$

式中　σ_t、ε_{ts}——分别为真实应力和真实应变；

γ_1——在较小应变范围的真实应变；

γ_2——在较大应变范围的真实应变。

γ_1、γ_2分别有其对应的子公式，可参阅 ASME 锅炉和压力容器规范的Ⅷ-2规范中3-D.3节。

利用此材料模型，只要知道材料的屈服强度、抗拉强度、弹性模量及断后延伸率，就可以用式(7-10)转换获得材料的真实应力应变曲线，用于弹塑性分析的有限元数值求解中。但是该本构模型计算复杂，如果手工计算将会消耗非常多的时间，需借助计算机编程来提高计算效率。

7.2　分析设计考虑的失效模式

压力容器由于机械载荷或温度载荷过高而丧失正常工作的能力，称为失效。随着对压力容器失效机理研究的深入，各国已达成了基于失效模式设计的共识，各标准中都引入了失效模式的概念，针对不同的失效模式建立起相应的设计准则，使压力容器的设计更加合理和可靠。

压力容器失效模式多种多样，通过对容器进行详细的应力分析，主要解决以下四类问题：

①强度问题。所谓强度问题是指容器在确定的压力或其他外部载荷作用下，是否会发生破裂或过量的塑性变形。例如，锅炉汽包或反应堆压力壳会因所承受的内压过大而产生塑性变形，使其直径不断扩大，器壁越来越薄，最后开裂，导致容器破坏。

②刚度问题。这类问题和强度问题不同，它所指的是容器或容器的零部件虽然不会因强度不足而发生破裂或过量塑性变形，但由于弹性变形过大也会使其丧失正常工作能力。

例如，换热器中的管板，在介质压力作用下，如果变形过大使换热管变弯，因而影响传热效果；反应堆堆芯的栅格板，如果变形过大，就会影响控制棒的插入和提升，因而影响反应堆的正常运行。

③稳定性问题。稳定性问题的主要特征是容器在外压或其他外部载荷作用下，形状发生突然改变，因而丧失正常工作能力。例如列管式换热器中的管子，受热后膨胀，但这种膨胀受到两端管板的限制，因而产生较大的压力。温度越高，压力越大，当温度升高到一定的程度，管子就会在两端压力的作用下，突然由直变弯；反应堆中的燃料元件的包壳，如果壁较薄，就会在外压作用下，突然被压瘪。

④疲劳问题。随着石油化工和其他工业的迅速发展，元件结构和载荷的设计日趋复杂，疲劳破坏成为压力容器失效的主要原因之一。疲劳破坏事故不断发生。因此，对压力容器疲劳问题进行研究具有重要的意义。针对各失效模式的弹性和非弹性分析方法见表 7 - 1。

表 7 - 1 弹性和非弹性分析方法

序号	失效模式	校核方法
1	整体塑性垮塌失效	①基于应力分类法的弹性应力分析法； ②基于弹性理想塑性本构模型的极限载荷分析法； ③基于真实应力应变曲线的弹塑性分析法
2	局部失效	①基于三向主应力的弹性分析法基于应变； ②限制的弹塑性分析法
3	屈曲失效	①弹性分叉屈曲分析方法； ②考虑几何和材料非线性的分叉屈曲分析方法考虑初始几何缺陷的弹塑性分析方法
4	疲劳失效	①基于光滑试件疲劳曲线的弹性分析法； ②基于光滑试件疲劳曲线的弹塑性分析法； ③基于焊接件疲劳曲线的焊接件疲劳评定方法
5	棘轮效应	①弹性棘轮分析方法； ②弹塑性棘轮分析方法

7.3 弹性分析与应力分类法

基于弹性分析的应力分类法，其目标就是确保容器在总体塑性变形、棘轮和疲劳这三种失效模式下具有合适的安全裕度，这可以通过定义德国学者马赫劳赫提出的三类内应力来实现。根据这三类内应力的不同重要性，JB 4732—1995 给出了相应的最大允许值。设计人员需要根据弹性应力域分解出规范所需的三类内应力，这是有一定难度的，多年来业内也争议不断。尽管如此，美国 ASME 规范和欧盟压力容器标准规范都保留了应力分类法作为适用规则之一。

7.3.1　一次应力

一次应力是指外载荷产生的法向应力或剪应力。这里的"载荷"是广义的，它包括重量、内压、外压以及其他外加力(如风载)和外加力矩(如接管力矩)，个别情况下还包括温度。

一次应力需满足外部、内部的力和力矩的平衡规律，是结构在载荷作用下为了保持各部分(整体或局部)平衡所必需的。例如，由于内压在圆柱形壳体或球形壳体中引起的总体薄膜应力；凸形封头(球形封头或椭圆形封头)中由于内压引起的经向应力和环向应力；由于压力的作用，在平封头中央部分引起的弯曲应力；沿着结构轴线方向的自重所产生的应力；两端卡死而又不带膨胀节的管道由于温度升高或降低而产生的热应力等。一次应力按照其沿容器壁厚方向分布情况又分为一次薄膜应力和一次弯曲应力；一次薄膜应力分为总体的和局部的两类。

7.3.2　一次总体薄膜应力

沿着容器壁厚方向均匀分布的一次应力叫作一次总体薄膜应力 P_m。其对容器强度的危害性最大。在塑性流动过程中一次总体薄膜应力不会发生重新分布。一次应力分布区域的范围与结构的长度、容器的半径为同一量级。因此，当一次应力的应力强度达到或超过屈服极限时，将在较大区域内发生屈服，致使容器塑性变形越来越大，最后导致容器垮塌。当一次总体薄膜应力达到屈服极限时，整个容器发生屈服。

7.3.3　一次局部薄膜应力

一次局部薄膜应力是指由内压和其他机械载荷引起的薄膜应力以及由于边界效应中的环向力等所引起的薄膜应力的统称。这种局部薄膜应力和一次总体薄膜应力一样，也是沿壁厚方向均匀分布。但和一次总体薄膜应力又有所区别。它不像一次总体薄膜应力那样沿容器的整体或较大区域内都有分布，而只在局部区域发生。因此，这类应力本属于二次应力，但从保守角度考虑，将其划为一次应力。因为它是局部的，所以在设计中允许其有较大的许用应力。

关于局部应力作用范围有下述两个限制：①应力强度超过 $1.1S_\mathrm{m}$ 的区域沿经线方向延伸距离小于 $1.0\sqrt{R\delta}$；②局部应力强度超过 $1.1S_\mathrm{m}$ 的两相邻应力区沿经线方向之间的距离大于 $2.5\sqrt{R\delta}$ 都属于局部应力区域。R 为局部区域的壳体中面第二曲率半径，δ 为所考虑区域壳壁的最小厚度，如图 7-3 所示。如果是两个相邻的壳体，$R=0.5(R_1+R_2)$，$\sigma=0.5(\delta_1+\delta_2)$。式中 R_1 和 R_2 分别为两个所考虑部位壳体中面第二曲率半径 δ_1 和 δ_2，即两个所考虑部位壳壁的最小厚度。

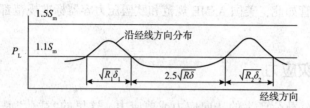

图 7 - 3 一次局部应力的作用范围及评定

由此可见，一次局部薄膜应力与一次总体薄膜应力之间的最主要的区别是一次总体薄膜应力超过屈服点时不能再分布，而一次局部薄膜应力在超过屈服点时能够再分布。例如圆柱形壳体的不连续区域由压力产生的应力、容器壳体固定支座或接管与壳体连接处由外部载荷和力矩作用产生的薄膜应力。

7.3.4 一次弯曲应力

除去一次薄膜应力后，在厚度方向成线性分布的一次应力，叫作一次弯曲应力。这类应力对容器强度的危害性没有一次薄膜应力大。这是因为当最大应力达到屈服极限而进入塑性状态时，其他部分仍处于弹性状态，仍能继续承受载荷，这时应力将重新分布。所以，在设计中可以允许其有稍高的许用应力。例如平封头远离结构不连续处的中央区域由内压引起的弯曲应力、容器支座处因重力引起的弯曲应力等。

7.3.5 二次应力

二次应力又称自限性应力，是由于相邻材料的相互约束或者由于结构本身的约束而产生的法向应力或剪应力。与一次应力相比，二次应力也有几个明显的特征。一是它不是为了满足与外力的平衡，而是为了满足变形协调条件所引起的应力。这种应力组成了一个自相平衡力系。例如，结构的零部件在非均匀温度场中产生的热应力，便属于这种情况。因此，只根据平衡方程无法确定这类应力，必须综合考虑平衡、几何和物理三个方面的方程。二是它的局部性质，即它的分布区域比一次应力要小，其分布区域的范围与 $\sqrt{R\delta}$ 为同一量级，其中 R 为壳体平均半径，δ 为壳体壁厚。例如，平板封头与圆柱壳连接时的边界效应影响区域约为 $2.6\sqrt{R\delta}$。

由于二次应力的应力分布是局部的，因此，当二次应力的应力强度达到屈服极限时，只引起容器局部区域屈服，而大部分区域仍处于弹性状态，容器仍能继续工作。另外，由于这类应力是由于变形受到某种（内部或外部）限制所引起的，当应力达到屈服极限而发生屈服时，变形较自由，所受的限制也就大大减小。因此，局部区域的应力和变形在屈服之后不会继续增加，而是得到一定程度的缓和。

二次应力的例子有：总体热应力；总体结构不连续处的弯曲应力，如封头与筒体等连接处的总体不连续应力、在边界地区由弯矩引起的轴向和环向应力；高压厚壁容器由压力产生的应力梯度；接管和与之连接的壳体之间的温差产生的应力。

7.3.6 峰值应力

峰值应力是由局部不连续或局部热应力影响而引起的附加于一次应力与二次应力之上的应力增量,如图7-4所示。这类应力在载荷和结构形状突然改变的局部区域发生。峰值应力的基本特性是不引起任何显著的变形,其危害性在于可能导致疲劳裂纹或脆性断裂。非高度局部性的应力,如果它不引起明显的变形也可归属于此类。一般设计中不予考虑,只有在疲劳设计时才加以限制。

峰值应力的例子有:碳钢部件上奥氏体钢堆焊层内的热应力;引起疲劳但不引起变形的某些热应力;局部结构不连续处的应力,如壳体与接管连接处〈内角或外角〉应力集中区域最大应力中除沿壁厚均匀分布和成线性分布外的应力,沿壁厚非线性分布的应力;结构小半径过渡圆角、部分未焊透和咬边、裂纹等缺陷引起的应力;热冲击产生的表面应力。

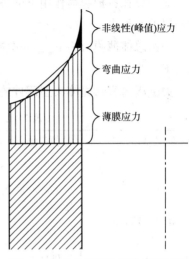

图7-4 应力等效线性化处理后的
峰值应力

7.3.7 总应力

总应力是一次应力、二次应力和峰值应力的总和。

7.3.8 应力分类

应力分类指对各种载荷作用下产生的不同应力进行分析定义后,进而进行归纳分类,以便找出防止各类应力引起结构失效的方法。根据我国压力容器标准 JB 4732—1995 和美国压力容器规范 ASME Ⅷ-2 都将应力分为一次应力、二次应力和峰值应力,一次应力又分为一次总体薄膜应力、一次局部薄膜应力和一次弯曲应力,而在 EN13445-3 中将二次应力又分为二次薄膜应力和二次弯曲应力。

分析设计要求把危险部位的计算应力分成一次应力、二次应力和峰值应力后,再根据各应力对结构失效的影响和作用,用指定的许用应力极限值,按照相关的强度理论进行设计计算。图7-5为一个典型压力壳体在内压作用下有关部位的应力分类。一般来说,应力分析相对容易,而如何对应力进行准确的分类却是分析设计过程较为困难的事情。通常按下列步骤计算应力分量并归类,对不同类别的应力分量分别计算其主应力,进而求得的应力强度。

①所考虑的点上,选取一正交坐标系,经向、环向与法向

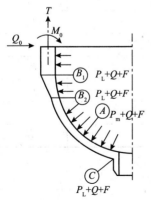

图7-5 壳体典型部位应力分类

分别用 x、θ、z 表示，σ_x、σ_θ 和 σ_z 表示该坐标系中的正应力分量，$\tau_{x\theta}$、τ_{xz}、$\tau_{z\theta}$。表示该坐标系中的剪应力分量。

②计算在各种载荷作用下的各应力分量，并根据各类应力的定义将各组应力分量分别归入以下五类中：

一次总体薄膜应力 P_m；一次局部薄膜应力 P_L；一次弯曲应力 P_b；二次应力 Q；峰值应力 F。

关于压力容器壳体典型部件的应力分类见表 7-2。

表 7-2　应力分类的实例（引自 JB 4732）

容器部件	位置	应力的起因	应力的类型	分类
圆筒形或球形壳体	远离不连续处的筒体	内压	总体薄膜应力	P_m
			沿壁厚的应力梯度	Q
		轴向温度梯度	薄膜应力	Q
			弯曲应力	Q
	和封头或法兰的连接处	内压	薄膜应力	P_L
			弯曲应力	Q
任何筒体或封头	沿整个容器的任何截面	外部载荷或力矩，或内压	沿整个截面平均的总体薄膜应力。应力分量垂直于横截面	P_m
		外部载荷或力矩	沿整个截面的弯曲应力。应力分量垂直于横截面	P_m
	在接管或其他开孔的附近	外部载荷或力矩，或内压	局部薄膜应力	P_L
			弯曲应力	Q
			峰值应力（填角或直角）	F
	任何位置	壳体和封头间的温差	薄膜应力	Q
			弯曲应力	Q
碟形封头或锥形封头	顶部	内压	薄膜应力	P_m
			弯曲应力	P_b
	过渡区或与筒体连接处	内压	薄膜应力	P_L
			弯曲应力	Q
平盖	中心区	内压	薄膜应力	P_m
			弯曲应力	P_b
	与筒体连接处	内压	薄膜应力	P_L
			弯曲应力	Q

续表

容器部件	位置	应力的起因	应力的类型	分类
多孔的封头或壳体	均匀布置的典型管孔带	压力	薄膜应力(沿横截面平均)	P_m
			弯曲应力(沿管孔带的宽度平均梯度,但沿壁厚有应力梯度)	P_b
	分离的或非典型的孔带	压力	峰值应力	F
			薄膜应力	Q
			弯曲应力	F
			峰值应力	F
接管	垂直于接管轴线的横截面	内压或外部载荷或力矩	总体薄膜应力(沿整个截面平均)应力分量和截面垂直沿接	P_m
		外部载荷或力矩	管截面的弯曲应力	P_m
	接管壁	内压	总体薄膜应力	P_m
			局部薄膜应力	P_L
			弯曲应力	Q
			峰值应力	F
		膨胀差	薄膜应力	Q
			弯曲应力	Q
			峰值应力	F
复层	任意	膨胀差	薄膜应力	F
			弯曲应力	
任意	任意	径向温度分布	当量线性应力	Q
			应力分布的非线性部分	F
任意	任意	任意	应力集中(缺口效应)	F

注：①必须考虑在直径厚度比值的容器中发生皱裙或过度变形的可能性。
②如果要求边缘弯曲力矩能使中心区的弯曲应力保持在许用应力范围内,那么边缘弯曲应力为 P_b,否则为 Q。
③应考虑热应力棘轮的可能性。
④当量线性应力的定义是沿厚度与实际应力分布具有相同纯弯矩的线性分布应力。

由表 7-2 的应力分类的实例可见,应力分类是个十分复杂的课题,实际压力容器结构在各种载荷作用下产生的应力可能是一次应力、二次应力和峰值应力组成的组合应力,如果只对某一种载荷作用下的应力进行分类显然是不充足、不完整的,而且也应当对应力的各区段进行分类,但是这样在实际的分类操作中就太复杂了。

7.3.9 应力评定

绝大部分压力容器都采用塑性材料制成,因而在设计中一般都采用第三或第四强度理论,目前各国大都采用第三强度理论。因此,各国压力容器设计中对各类应力的限制,实际上是采用特雷斯卡屈服准则加以限制,但 ASME Ⅷ-2(2007 版及之后版本)分析设计篇采用米泽斯屈服准则。

(1)一次应力强度许定

一次应力是结构承受外载所产生应力,它的应力强度极限值一方面与材料的机械性质、当前的制造水平、检验水平相关的基本安全系数有关,另一方面还与局部塑性变形所导致的应力重分布潜力有关。一次应力强度是以极限分析原理为依据来确定许用值的。

一次应力强度 S_p 的评定标准是

$$S_p = \lambda S_m \tag{7-11}$$

式中　S_m——设计应力强度;

　　　　λ——破坏载荷与初屈服载荷(弹性极限载荷)的比值。它表示结构在屈服时由于应力重分布后承载能力的增长,它取决于截面上弹性应力的分布模式。

一次总体薄膜应力在屈服时没有应力重分布,$\lambda = 1.0$。对于一次弯曲应力,$\lambda = 1.5$。这是依据矩形截面直梁的弯曲应力分布情况,屈服以后应力重分布情况引申而来。对于沿厚度非均匀分布的一次应力的许用值,系数 $\lambda > 1.0$。这是因为初屈服载荷与极限载荷之间有个应力重分布的过程,可进一步发挥低应力区的承载潜力。应力除沿厚度方向重分布外.沿长度方向也可以重新分布,直至形成足够数量的塑性铰,使得结构完全失去承载能力。

(2)一次局部薄膜应力强度评定

一次局部薄膜应力是相对于一次总体薄膜应力而言的,其影响范围仅限于结构局部区域。它原是指两个壳体连接处的边缘效应解中的薄膜成分,但在标准 JB 4732—1995 中规定为局部应力区内薄膜应力的总值。局部薄膜应力沿壳体的经线方向具有明显的衰减性,它的影响范围一般在 $1.0\sqrt{R\delta}$ 范围之内,当距离超过 $2.5\sqrt{R\delta}$ 后,边缘效应已衰减到可忽略的程度。若按其性质而言,它具有一次和二次两种性质。JB 4732—1995 中将此处的 λ 取为 1.5 仅是一种粗略的估计,而不是通过计算得来的。

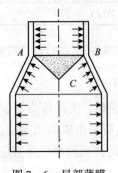

图 7-6　局部薄膜
应力的性质

当然也有例外,如承受内压锥形过渡段的小端,如图 7-6 所示。在小端与圆筒连接部分,$\triangle ABC$ 锥体内的压力作用不能被此处柱壳与锥壳中的薄膜应力所平衡,因此产生了附加的局部薄膜应力,这种应力显然是平衡外载荷所必需的,具有一次性质,因此 JB 4732—1995 中取此处的)$\lambda = 1.1$ 而不是 1.5。一般来说,两种壳体若非光滑连接而母线之间有夹角时,其局部薄膜应力必含有一次应力成分。

从解析解或有限元计算结果中分解出局部薄膜应力不难做到,而进一步分解出一次应力成分与二次应力成分就比较困难。因此,为方便起见,将具有二次应力性质的成分并入一次局部薄膜应力。

对于一些重要结构,如大开孔等,其局部薄膜应力强度的 A 值取 1.5 并非保守。因此,在进行一次局部薄膜应力强度评定时，还需要进一步考察局部薄膜应力的性质。

（3）二次应力强度评定

在一次应力能确保结构能安全承受外载以及材料有足够的延性的前提下，二次应力水平的高低对结构的承载能力并无影响。但是当载荷是多次循环、交变的情况下，二次应力可能会导致结构失去安定性，但是丧失安定性的结构并不是立即破坏，而是出现塑性疲劳或棘轮现象，进入缓慢的破坏过程。安定载荷仅仅是开始进入缓慢破坏的一个临界值，它与极限载荷不同。安定载荷是二次应力强度评定的基础。

（4）总应力强度评定

总应力强度是根据总应力计算出来的应力强度。总应力是一次应力、二次应力及峰值应力的总和。在静载荷（一次加载）的情况下，峰值应力强度可以不必考虑。但在循环载荷的情况下，总应力强度的许用值，对延性材料可用疲劳曲线（$N-S$ 曲线）进行控制，允许在峰值应力部位采用有限寿命进行设计。

总应力强度的许用值实际上取决于导出它的应力差的幅值及其循环次数，即由疲劳曲线所得到数值进行评定。

7.3.10　应力分类及应力强度极限值

我国压力容器设计规范中，对各类应力的应力强度的限制如下：

①一次总体薄膜应力 P_m 的应力强度应 $\leqslant KS_m$。

②一次局部薄膜应力凡的应力强度应 $\leqslant 1.5KS_m$。

③一次总体薄膜应力 P_m 或一次局部薄膜应力 P_L 与一次弯曲应力 P_b 之和 $P_m(P_L) + P_b + Q$ 的应力强度 $\leqslant 1.5KS_m$。

④一次总体薄膜应力 P_m 或一次局部薄膜应力 P_L 与一次弯曲应力 P_b 与二次应力 Q 之和 $P_m(P_L) + P_b + Q$ 的应力强度应 $\leqslant 3S_m$。

⑤一次薄膜应力、一次弯曲应力、二次应力及峰值应力之和 $P_m(P_L) + P_b + Q + F$ 的应力强度不能超过由疲劳曲线所确定的疲劳许用极限。为简明起见，上述规定可用图解形式表示出来，如表 7 - 3 所示。

应当特别注意的是：上述有关各类应力的符号如 P_m，P_L、P_b、Q 和 F 等都不是一个量，不能将它们与有关的应力强度混淆起来。若要计算某一类应力的应力强度，必须先算出这一类应力的各个应力分量（同一点的正应力与剪应力），然后分别求出三个主应力的 σ_1、σ_2、σ_3，最后根据第三强度理论的应力强度公式算得其应力强度 S_3，才能根据上述规定与许用应力进行比较，即进行强度计算。

注意，ASMEC2013 版中有变化：对防止塑性垮塌进行评定时，将计算得的等效应力与它们相应的许用应力值进行比较。

$$P_m \leqslant S \tag{7-12}$$

$$P_L \leqslant S_{PL} \tag{7-13}$$

$$P_L + P_b \leqslant S_{PL} \tag{7-14}$$

其中局部薄膜和局部薄膜加弯曲应力的许用极限 S_{PL} 可由式(7-15)或式(7-16)决定。当材料的 S 值由与时间相关的性能决定时，采用式(7-16)。

$$当 YS/UTS \leqslant 0.70, \quad SPL = \max[1.5S, 2S_y] \quad (7-15)$$

$$当 YS/UTS > 0.70, \quad SPL = 1.55 \quad (7-16)$$

式中　YS——屈服强度；

　　　UTS——极限拉伸强度；

　　　S——设计温度下建造材料的许用应力；

　　　S_y——设计温度下最小保证屈服强度。

表7-3　应力分类及应力强度极限值

应力类型	一次应力			二次应力	峰值应力
	总体薄膜	局部薄膜	弯曲		
说明(实例见表7-2)	沿实体截面的平均一次应力不包括不连续和应力集中。仅由机械载荷引起	沿任意实体截面的平均应力。考虑不连续但不包括应力集中。仅由机械荷引起	和离实体截面形心的距离成正比的一次应力分量。不包括不连续和应力集中。仅由机械载荷引起	为满足结构连续所需的自平衡应力。发生在结构的不连续处。可以由机械载荷或膨胀差引起不包括局部应力集中	1. 因应力集中(缺口)而加到一次或二次应力上的增量； 2. 能引起疲劳但不引起容器形状变化的某些热应力
符号	P_m	P_L	P_b	$Q^{(2)}$	$F^{(2)}$
应力分量的组合和应力强的许用极限	P_m S_I ≤ $KS_m^{(3)}$	P_L S_{II} ≤ 1.5KS_m —— 用设计载荷　---- 用工作载荷	P_L+P_b S_{III} ≤ 1.5KS_m	P_L+P_b+Q S_{IV} ≤ 3$S_m^{(4)}$	P_L+P_b+Q+F S_V ≤ $S_m^{(5)}$

注：①符号 P_m、P_L、P_b、Q 和 F 不是只表示一个量，而是表示 σ_x、σ_θ、σ_z、$\tau_{x\theta}$、τ_{xz}、$\tau_{z\theta}$ 一组共 6 个 mm 分量。叠加是指每种分量各自分别叠加。

②属于 Q 类的应力组是指扣除该点处一次应力后，由于热梯度与结构不连续引起的应力。应注意的是，通常详细的应力分析给出的是一次应力与二次应力之和 $P_m(P_L)+P_b+Q$，而不单是二次应力。同样，F 类应力是指由局部应力集中引起的名义应力的增量部分。例如，一块板巾有名义应力 S，连接处具有应力集中系数 K_1，$P_m=S$，$P_b=Q=0$，$F=P_m(K_1-1)$，则峰值应力强度由 K_1P_m 算得。

③系数 K 见表7-1。

④此处所限制的应是一次加二次应力强度的范围。而 $3S_m$ 值应取正常工作循环时(周期性运行期间)最高与最低温度下材料 S_m 的平均值的 3 倍。在确定一次加二次应力范围时，应考虑各种不同来源的工作循环的重叠，因而总的应力强度范用可能超出任一单独的循环的范围。由于在每一特定的工作循环重叠组合中对应的温度范围可能是不相同的，因而相应的 S_m 值也可以是不相同的，所以对这些工作循环或循环组合下，应当谨慎限定不允许超出的 $3S_m$ 值。

⑤S_a 从 JB 4732—1995 中附录 C 的疲劳曲线取得，对于全幅度的脉动循环，允许的峰值应力强度值(指应力强度范围)应为 $2S_a$。

7.3.11 应力强度极限值的依据

（1）一次总体薄膜应力

对于某些构件（如受拉的直杆）或某些容器（例如薄壁容器）来讲，应力沿整个截面乃至其整体上均匀分布，如果一点的应力强度达到屈服极限时，整个结构上各点的应力强度也同时到达屈服极限。因此，结构的塑性变形很快增加，致其失效。在强度设计中，必须使工作时应力最大点的应力强度低于屈服极限，为保证安全并留有一定的裕量，还要除以一个安全系数。也就是说，必须使结构中应力最大点的应力强度小于许用应力。这就是压力容器设计规范中，限制一次总体薄膜应力的应力强度小于许用应力的依据。

（2）一次局部薄膜应力和一次弯曲应力

对于一次局部薄膜应力或一次弯曲应力，情况就不一样了。这两种应力不是在整个容器的各个截面上都相等。例如，一次局部薄膜应力虽然沿着壁厚方向均匀分布，但它只发生在局部区域；又如一次弯曲应力沿壁厚方向线性分布，总是内壁和外壁应力最大，而中间部分应力较小。在一次局部薄膜应力或一次弯曲应力作用下，当最大点的应力强度达到屈服极限时，只能引起容器的某个局部发生屈服，其他部分仍然处于弹性状态。处于弹性状态的区域对于那些屈服的局部区域起着一定的限制作用，使得那里的应力和变形不可能继续增加，因而不能导致整个容器失效。

在这种情况下，如果还以弹性失效作为破坏准则，那么容器大部分材料的潜力得不到发挥，易造成材料的浪费。因此，对于一次局部薄膜应力、一次弯曲应力的应力强度，可以允许有较大的许用数值。即允许出现塑性变形，而又保证容器不致失效。这就是塑性失效设计准则。

以塑性失效为准则的强度设计称为极限设计。这一设计观点认为，一点的应力强度达到屈服极限时，整个结构并不失效，而只有当整个截面上各点的应力强度达到屈服极限时，结构才算失效。根据这一设计观点，一次局部薄膜应力和一次弯曲应力的应力强度都可以有较高的许用数值。

7.3.12 应力分类遇到的问题

结构的线弹性分析完成后即可直接获得应力和应变的计算结果，之后要评定计算的结构是否满足分析设计的要求。但是，评定并不像看起来那么简单，它需要按规范要求获得一次应力的薄膜和弯曲分量，并对这些计算出来的应力进行分类。在使用薄壳单元进行分析时，并不会出现什么问题，然而，对于使用二维或三维实体模型进行分析（尤其是有限元分析）时，应力线性化和分类的问题就凸显出来了，在这些部位要把算得的应力识别为薄膜应力、弯曲应力和峰值应力并不容易。线性化路径的选择和应力分类问题显得很棘手。对设计人员而言，这些是在实际的工程设计中所面临的现实问题，并且需要解决。

7.4 弹塑性分析设计法

应力分析方法是 20 世纪 50 年代末期的产物，由于当时计算机水平所限，只能采用算法简单、计算量小的弹性应力分析方法。弹性应力分析法不能准确地描述材料进入屈服阶段后的力学行为，所以需要与应力分类法配合使用。使用经验表明，弹性分析加上应力分类的方法是保守的、安全的。如今，计算机技术日趋成熟，可以进行复杂的非线性计算，准确地模拟出材料屈服以后的力学行为，用弹塑性分析法对承压设备进行更精细的设计也是大势所趋，并且在材料进入屈服阶段后，失效模式与应变的相关性更大，用应变作为判据更合适。

进行塑性分析时，通常关心如下问题：过量的变形、棘轮和循环塑性应变。对于变形，有两个限制准则，一个是设计准则，另一个是用户的要求。过量的变形在弹性和弹塑性状态下都有可能发生。棘轮和循环塑性有关。在某些循环条件下，容器会随着每一次循环而渐增变形，最后或趋于安定或垮塌。棘轮是在变化的机械应力、热应力或两者同时存在时发生的渐增性非弹性变形或应变。如果几次循环之后结构趋于安定，则棘轮不会发生，结构之后的响应为弹性或弹塑性，且渐增性非弹性变形消失。弹性指结构之后的响应。非弹性指卸载后无法恢复到之前的形状和尺寸。

塑性和蠕变是非弹性的两个特例。蠕变温度之下的非弹性主要指塑性。塑性指材料经历与时间无关的不可恢复的变形。蠕变温度之下，塑性包括如下两个工况。

①对一次载荷(如内压)而言，当应力超过屈服强度时；

②对一次加二次载荷而言，当应力超过两倍屈服强度时。

如果需要进行塑性分析，有两个方法可以选择，一个是极限载荷分析，另一个弹塑性应力分析。前者采用弹性 – 理想塑性材料模型，后者采用真实的应力应变曲线。"理想、塑性"指材料屈服之后不会出现强化效应。因此，极限分析虽然也会出现应力重分布，但相比弹 – 塑性应力分析要小。

美国和欧盟的分析设计规范均全面引入了非弹性分析方法。我国的规范正在修订，也将引入。非弹性分析方法不需要把应力分为一次应力和二次应力，只给出唯一的结果(这一点应力分类法一般来说是做不到的)，非弹性分析方法借助当前现有的通用软件(如 ANSYS 或 Abaqus)即可完成。

🔊 思考题

1. 失效模式的弹性和非弹性分析方法有哪些？

2. 何为弹性分析的应力分类法？

3. 压力容器分析设计时，如何确定应力强度极限值？

4. 何为弹塑性分析设计法？

8 压力容器疲劳设计

疲劳是压力容器重要的失效模式之一。近年来由疲劳引起的事故逐渐增多，根据有关数据显示，因疲劳引发的事故占容器发生事故的40%左右。事故原因主要有以下几点。一是由于提高了许用应力强度，局部应力也显著加大；二是应用高强度钢后，其塑性有所降低，对疲劳较敏感，疲劳失效机会多；三是工艺条件复杂，交变载荷增加。

结构材料在交变循环载荷作用下可能会产生疲劳失效。结构材料在发生疲劳失效时一般没有明显的塑性变形。塑性变形通常在局部峰值应力作用区内发生。由于这些局部的峰值应力很大，在交变载荷的反复作用下，使材料晶粒间发生滑移和错位，逐渐形成微裂纹并微裂纹不断扩展，最终导致结构发生疲劳断裂。压力容器中的交变循环应力常常是由以下几个方面引起的。

频繁的间隙操作和开、停工造成工作压力和各种载荷的变化；

运行时出现的压力波动；

运行时出现的周期性温度变化；

在正常的温度变化时，容器及受压部件的膨胀或收缩受到了约束；

外加的交变机械载荷产生的振动等。

8.1 疲劳分析的免除

8.1.1 疲劳分析免除准则

在是否需作疲劳分析的三种判断准则中，准则A和准则B都是以光滑试件试验得出的疲劳曲线作为基础的。由准则A可知，当循环次数超过1000次时，必须做疲劳分析；准则B以各种载荷的波动范围是否超过疲劳设计曲线的许用范围作为判据。第三种判断准则是以可比较设备的经验为基础的。

疲劳分析免除的规定是基于这样的考虑：载荷循环的次数不多，或者受压元件在交变载荷作用下的应力水平不高时，若满足一定的条件，就有可能自然满足疲劳强度的限制条件，也就不必再进行疲劳分析了。

JB 4732—1995中的免除条款见第3.10条，有A、B两套。A套针对采用包括整体补强式接管在内的整体补强的容器；B套针对采用包括补强圈补强在内的非整体连接件的容器。每套又分为以交变载荷的循环次数 n 作为判据或以应力水平作为判据两种类型。

可免除疲劳分析的主要有以下 5 种情况。

(1)有成功使用经验的容器，主要指容器的形状、材料、载荷，与已有成功使用经验的容器类似(可类比)，根据其经验能证明不需作疲劳分析的。但在设计中应特别注意采用补强圈或角焊缝连接等非整体结构、未全焊透或厚度显著变化等情况造成的不利影响;

(2)采用整体补强的容器，各项有效压力循环次数的总和不超过 1000 次，具见 JB 4732—1995 第 3.10.2.1 条;

(3)采用整体补强的容器，有效压力循环次数、范围、温度差、温度波动范围以及机械载荷的波动范围等均满足 JB 4732—1995 第 3.10.2.2 条要求;

(4)对带补强圈的接管等非整体结构，各项有效压力循环次数的总和不超过 400 次，具体见 JB 4732—1995 第 3.10.3.1 条;

(5)对带补强圈的接管等非整体结构，有效压力循环次数及范围、温度差及波动范围以及机械载荷的波动范围等均满足 JB 4732—1995 第 3.10.3.2 条要求。

8.1.2　疲劳分析免除的原理

需要特别注意的是，疲劳分析免除条件成立是有前提条件的，不能忽略其相关的辅助要求。JB 4732—1995 在制订免除条件时，有如下基本假设:

①结构满足安定性条件，即 $P_m(P_L) + P_b + Q \leqslant 3S_m$;

②几何结构所引起的最大应力集中系数为 2.0;

③在 $P_m(P_L) + P_b + Q \leqslant 3S_m$ 的点处，应力集中系数可以达到 2.0;

④将所有交变应力强度幅超过材料持久极限的循环均视为有效循环，计入免除所考虑的循环;

⑤由显著的压力循环与温度循环所产生的最大应力不会同时发生;

⑥由两点间的温度而产生的温差应力不超过 $2E\alpha\Delta T$。

为保证容器的安全，上述假设条件在执行疲劳免除时必须已经得到满足，而这些假设对容器的设计提出了如下两个重要要求:

(1)结构总体上必须满足 $P_m(P_L) + P_b + Q \leqslant 3S_m$。其原理是当循环次数较少时，可不考虑峰值应力，而只由结构的 $P_m(P_L) + P_b + Q \leqslant 3S_m$ 来保证结构的抗疲劳性能。而本式成立的前提是要求 S_I、S_{II}、S_{III} 均已经满足各自的应力强度限制条件，这是基本要求。

需要说明的是，设计疲劳曲线是根据包括峰值应力在内的总交变应力强度幅作出的，考虑到循环次数较少时，可不考虑峰值应力，而只由结构的安定性 $P_m(P_L) + P_b + Q \leqslant 3S_m$ 来保证抗疲劳性能，故 $S_{IV} = 3S_m$ 对应的许用循环次数一般作为判断是否考虑峰值应力进行疲劳分析的临界循环次数。由于各国标准规范采用的安全系数不同，根据上述假设条件所得出的临界循环次数是不同的。ASME 为 1000 次，JB 4732—1995 为 730 次，但由于基本假设条件本身就是近似的，且偏保守，故在 JB 4732—1995 中也取 1000 作为临界值。

（2）最大应力集中系数为2.0是为了要求容器的几何不连续所产生的峰值应力不致过大，需要容器满足分析设计规范对结构设计和制造的一系列要求。

另外，疲劳免除条款的成立还基于所用的材料皆为韧性良好的钢材为前提。设计疲劳曲线在制订时采用了最大平均应力作修正、采用较大的安全系数，且曲线为下包络线，这使得疲劳曲线偏于保守。

上述前提条件与疲劳分析免除的思想是一致的，判定条件及假设④直接限制了交变载荷循环的次数，而假设①、②、③、⑤及⑥使得容器中的应力水平不致过高。其中假设①要求容器的一次应力和一次应力+二次应力均已满足了强度要求，即容器在静载荷下是安全的，在交变载荷下是安定的。从这些假设可以看出，即使免除了疲劳分析，容器仍然需要采用分析设计规范来设计。一是疲劳分析免除的只是峰值应力强度的计算和评定，而不能免除 S_{I}、S_{II}、S_{III} 和 S_{IV} 的计算和评定，即仍需按分析设计保证 S_{I}、S_{II}、S_{III} 和 S_{IV} 满足强度要求。二是需要按分析设计规范完成结构设计和制造。这一点在实际的工程设计中常被忽略，若某容器满足 JB 4732—1995 的疲劳分析免除的规定，则常有设计者直接按 GB/T 150—2011 采用常规设计，这是不对的，错误就在于忽略了上述前提条件。

8.2　疲劳曲线

设计疲劳曲线是以允许交变应力强度幅为纵坐标，以循环次数为横坐标，并以试验为依据绘制的。JB 4732—1995 标准按使用范围的需要，移植了 ASME 中五条设计疲劳曲线中的四条，并给出了奥氏体不锈钢的设计疲劳曲线的使用原则框图：

①循环次数范围在 10 到 10^6 之间的碳钢、低合金钢和铁素体高合金钢的设计疲劳曲线；

②循环次数范围在 10 到 10^6 之间的奥氏体不锈钢的设计疲劳曲线；

③循环次数范围在 10^6 到 10^{11} 之间的奥氏体不锈钢的设计疲劳曲线，且给出了 A、B 和 C 曲线的使用准则；

④循环次数范围在 10 到 10^5 之间的螺栓材料设计疲劳曲线。

ASME 规范的疲劳曲线是根据朗格（B. F. Langer）在曼逊 – 柯芬（Manson – coffin）应变关系的基础上，以虚拟应力幅和循环次数的关系作图而得。它是以无缺口的光滑试件用对称应力循环进行弯曲疲劳试验得到最佳曲线，然后对平均应力进行修正，取应力的安全系数为2.0，寿命的安全系数为20，按其中的小值作图得到疲劳曲线。寿命安全系数取值为20主要考虑了以下几个部分。

①数据的分散度（从最小到平均）=2.0；

②尺寸因素 =2.5；

③表面粗糙度、环境因素 =4.0。

8.3 三种疲劳评定方法简介

8.3.1 弹性疲劳分析法

ASME Ⅷ-2 中 5.5.3 节弹性疲劳分析法采用弹性应力分析，在塑性范围内则假设应力应变满足线弹性关系，将应变乘以弹性模量得到虚拟的应力，求得有效交变等效应力幅。并采用疲劳强度减弱系数 K_f 疲劳罚系数 $K_{e,k}$ 和泊松比调整系数 $K_{v,k}$ 对有效交变等效应力幅进行调整。其中 K_f 考虑了局部结构不连续效应(应力集中)，$K_{e,k}$ 考虑了塑性应变集中效应，$K_{e,k}$ 考虑了塑性应变强化效应。

对焊接件进行疲劳评定时，如在数值模型中未考虑局部缺口或焊缝的影响，则应引入疲劳强度减弱系数。ASME Ⅷ-2 的焊缝表面疲劳强度减弱系数较 2004 版及以前的版本有了进一步的细化，按照焊缝形式、焊缝表面质量、焊接质量(根据无损检测要求决定)给出了一系列对应的推荐值，如表 8-1 所示。这有助于在焊接件的疲劳评定时获得比以往更精确更合理的结果。

表 8-1 焊缝表面疲劳强度减弱系数

焊缝条件	表面条件	质量等级(见表7-2)						
		1	2	3	4	5	6	7
全焊透	机加工	1.0	1.5	1.5	2.0	2.5	3.0	4.0
	焊态	1.2	1.6	1.7	2.0	2.5	3.0	4.0
部分焊透	最终表面机加工	不适用	1.5	1.5	2.0	2.5	3.0	4.0
	最终表面焊态	不适用	1.6	1.7	2.0	2.5	3.0	4.0
	根部	不适用	不适用	不适用	不适用	不适用	不适用	4.0
填角焊缝	焊趾机加工	不适用	不适用	不适用	不适用	不适用	3.0	4.0
	焊趾焊态	不适用	不适用	不适用	不适用	2.5	3.0	4.0
	根部	不适用	不适用	不适用	不适用	不适用	不适用	4.0

8.3.2 弹-塑性疲劳分析法

事实上，应变才是导致疲劳的本质原因，但由于历史的原因，设计疲劳曲线描述的是循环次数和应力范围之间的函数关系。ASME Ⅷ-2 中 5.5.4 节弹-塑性疲劳分析法是通过计算有效应变范围来评定疲劳强度的。有效应变范围由两部分组成，一部分是弹性应变范围，即线弹性分析得到的当量总应力范围除以弹性模量；另一部分是当量塑性应变范围。将有效应变范围与弹性模量的乘积除以 2 即得有效应力幅，按该应力幅即可从光滑试件的疲劳曲线查得许用疲劳次数。相比弹性疲劳分析法，该法因材料的塑性已经在有限元分析中予以考虑，故不再对结果进行塑性相关的修正。

8.3.3　等效结构应力法

当前，针对焊接件疲劳评定，寻找一种能与有限元分析很好结合的，且易于实施的方法是国际研究热点。ASME Ⅷ-2 提出了一种针对焊接件评定的新方法，等效结构应力法。等效结构应力法源自华裔学者 P. Dong 及其团队的研究成果 Battelle 结构应力法，其经过修正后引入 ASME Ⅷ-2。

（1）结构应力的定义

图 8-1 给出了一个穿越厚度方向的局部应力分布示意图。结构应力由薄膜应力分量和弯曲应力分量组成的，与图 8-1 应力分布等效平衡的结构应力分布，如图 8-2 所示。

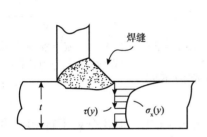

图 8-1　焊趾处穿越厚度方向的正应力和剪应力

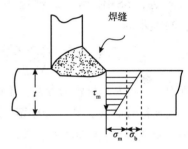

图 8-2　焊趾处的结构应力定义

ASME Ⅷ-2 在引入该法时，对结构应力的定义做了修改。根据 ASME Ⅷ-2，结构应力是薄膜应力和弯曲应力中与潜在裂纹平面相垂直的应力分量。该应力分量与疲劳寿命数据相关联。

（2）基本原理

Battelle 结构应力法的基本思想是垂直于假想裂纹平面的应力分量是裂纹扩展的驱动力。这点与断裂力学的理论是一致的。

焊接结构的特殊性决定了其必然存在初始缺陷，而断裂力学揭示了疲劳裂纹萌生和扩展的微观机理，因此，采用断裂力学理论对其进行疲劳寿命评估将更加合理有效。该法借

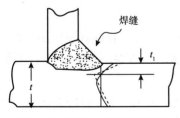

图 8-3　基于 t_1 的自平衡应力
和结构应力

助断裂力学理论的指导，实现了对带有初始缺陷的焊接件疲劳寿命的预测。该法认为位于潜在裂纹区的应力分布可以由一个平衡等效的结构应力和自平衡应力来表示。结构应力与断裂力学中的等效远场应力或广义名义应力相对应，自平衡应力可以通过引入特征深度功进行评估，如图 8-3 虚线所示。

在有限元分析时，如采用位移法，则每个单元内部的节点力和弯矩在每个节点处是自动满足平衡条件的。

基于平衡等效的结构应力可由每个节点处的节点力和节点弯矩求得：

$$\sigma_{\rm s} = \sigma_{\rm m} + \sigma_{\rm b} = \frac{f'_{\rm y}}{t} + \frac{6m'_{\rm x}}{t^2} \tag{8-1}$$

式中　t——截面厚度，mm；

　　$f'_{\rm y}$——局部坐标系y方向垂直于焊线且位于壳体平面内的线力，N；

　　$m'_{\rm x}$——局部坐标系方向相切于焊线的弯矩，局部坐标系及节点和单元的编号见图 8-4。

（3）主 $S-N$ 曲线

该法只采用了一条 $S-N$ 曲线，称为主 $S-N$ 曲线（Master $S-N$ curve）。主 $S-N$ 曲线考虑了大量的焊接接头形式，包括不同的焊接类型、不同的几何结构和不同的载荷形式等，ASME Ⅷ-2 规范中主 $S-N$ 曲线是用式（8-2）表示的。

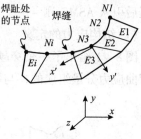

图 8-4　基于板/壳单元任意焊缝的结构应力计算示意图

$$N = \frac{f_{\rm I}}{f_{\rm E}} \left(\frac{f_{\rm MT} \cdot C}{\Delta S_{\rm ess,k}} \right)^{\frac{1}{h}} \tag{8-2}$$

其中，C 和 h 是材料的参数，不同的预测区间取不同的值。其余符号的含义见 ASME Ⅷ-2 规范。

为了验证主 $S-N$ 曲线的有效性，美国 Battelle 科研中心对比分析了自 1947 年以来的数千个焊接结构疲劳试验数据，证明可以实现以一条主 $S-N$ 曲线进行疲劳寿命评估。

（4）ASME 规范对 Battelle 结构应力法的调整

ASME Ⅷ-2 在引入该法时，对 Battelle 结构应力法做了如下调整。

①考虑厚度的影响；

②考虑平均应力的影响，参见 ASME Ⅷ-2 规范公式 5.63；

③考虑薄膜应力与弯矩应力比率的影响，参见 ASME Ⅷ-2 规范公式 5.62；

④考虑循环塑性的影响；

⑤考虑环境的影响，取安全系数 4.0。

以上调整使得 ASME 的结构应力法更偏于安全。

（5）优势

结构应力法具有很多明显的优点。

①网格不敏感。网格不敏感的主要原因是结构应力并非由有限元软件直接导出，而是从满足平衡条件的节点力/力矩导出的。它与单元形函数无关，所以对网格的尺寸、密度、单元类型等均不敏感。单元类型可以是壳单元或实体单元。

②可以精确预测裂纹萌生的位置和扩展的方向。按照 ASME Ⅷ-2，焊线上的每一个点都要进行评定，根据结构应力的方向和大小能找出潜在的裂纹萌生点。

③一条主 $S-N$ 曲线适用于所有焊接接头。相比 EN13445 中的 10 条 $S-N$ 曲线，更加简单明了，同时降低了设计人员的主观性对评定结果的影响。

8.4　小　结

　　疲劳失效是一种重要的失效模式，涉及材料在循环载荷下的行为，与一次加载时的材料行为是完全不同的。在交变载荷的作用下，局部会发生渐增性永久变形，经过足够多次的循环后，发生断裂。虽然疲劳发生的整个过程需要经历一段时间，但疲劳断裂的发生通常是没有任何先兆的。关于疲劳的评定方法一直在不断地发展和进步，JB 4732—1995 修订时应该也会对疲劳评定引入弹—塑性评定方法，以提高疲劳评定的精确性。

　　此外，尽量减少形状突变保持容器外形的圆滑过渡，降低局部应力和峰值应力，对延长容器的疲劳寿命至关重要。因此，对需要进行疲劳分析设计的容器，应提出一些特殊要求。

　　对于压力容器结构，当承受交变载荷时，局部应力（包括峰值应力在内的最大应力）对结构承受疲劳载荷的能力起着显著的影响。因此，在结构设计上应避免结构产生过大的局部峰值应力。对如下结构应尽量避免使用。

　　①如垫板补强等非整体连接件；

　　②管螺纹连接件，特别是直径超过 70mm 者；

　　③部分熔透的焊缝如垫板不拆除焊缝和一些角焊缝形式；

　　④相邻元件厚度差过大的结构。

　　疲劳容器应优先采用整体结构，在开孔处的过渡圆角应首先满足规范的相关的要求。对于重要设备，应以降低应力集中系数作为优化目标函数进行局部结构参数优化，以提高结构的抗疲劳能力。

　　①焊缝余高要打磨平滑，尽可能减小应力集中；

　　②几何不连续处，尽可能采用圆滑过渡；对于填角焊缝，需要打磨至所要求的过度圆弧并经磁粉或渗透检测；

　　③焊缝需 100% 无损检测，因此在结构设计时，必须考虑到此点要求；

　　④容器组装后，需进行 600～650℃ 的消除残余应力热处理；

　　⑤对于采用高强度低合金钢制作的容器，宜在焊后立即进行 200～300℃ 的消氢热处理，以减少延迟裂纹的产生，提高焊缝区的疲劳强度；

　　⑥严格控制错边量，不允许进行强力组装；

　　⑦钢板边缘和开孔边缘，焊前着色检测；

　　⑧不得采用硬印作为材料和焊工标记。

附录 A　压力容器设计常用标准

本附录给出我国压力容器设计常用的法规、国家标准、化工标准、机械标准和国家能源局标准。随着科学研究的深入和生产实践经验的积累，这些法规标准会不断得到修改、补充和更新，设计师应关注法规标准的变动情况，采用最新版本。

1. 中华人民共和国特种设备安全法
2. 特种设备安全监察条例
3. TSG 21—2016 固定式压力容器安全技术监察规程
4. GB/T 150—2011 压力容器
5. GB/T 18442—2019 固定式真空绝热深冷压力容器
6. GB/T 324—2008 焊缝符号表示法
7. GB/T 985.1—2008 气焊、焊条电弧焊、气体保护焊和高能束焊的推荐坡口
8. GB/T 985.2—2008 埋弧焊的推荐坡口
9. GB/T 9019—2001 压力容器公称直径
10. GB/T 17261—2011 钢制球形储罐形式与基本参数
11. GB/T 21432—2008 石墨制压力容器
12. GB/T 21433—2008 不锈钢压力容器晶间腐蚀敏感性检验
13. GB/T 26929—2011 压力容器术语
14. GB/T 3531—2014 低温压力容器用低合金钢板
15. GB/T 709—2019 热轧钢板和钢带的尺寸、外形、重量及允许偏差
16. GB/T 713—2014 锅炉和压力容器用钢板
17. GB/T 3087—2008 低中压锅炉用无缝钢管
18. GB/T 5310—2017 高压锅炉用无缝钢管
19. GB/T 9948—2013 石油裂化用无缝钢管
20. GB/T 13296—2013 锅炉、热交换器用不锈钢无缝钢管
21. GB/T 14976—2012 流体输送用不锈钢无缝钢管
22. GB/T 8163—2018 输送流体用无缝钢管
23. GB/T 6479—2013 高压化肥设备用无缝钢管
24. GB/T 699—2015 优质碳素结构钢
25. GB/T 3077—2015 合金结构钢
26. GB/T 19189—2011 压力容器用调质高强度钢板
27. GB/T 912—2008 碳素结构钢和低合金结构钢热轧薄钢板和钢带

28. GB/T 1220—2007 不锈钢棒

29. GB/T 3274—2017 碳素结构钢和低合金结构钢热轧厚钢板和钢带

30. GB/T 24511—2017 承压设备用不锈钢和耐热钢钢板和钢带

31. GB/T 3280—2015 不锈钢冷轧钢板和钢带

32. GB/T 4237—2015 不锈钢热轧钢板和钢带

33. GB/T 8165—2008 不锈钢复合钢板和钢带

34. GB/T 14566.1 ~ GB/T 14566.4—2011 爆破片型式与参数

35. HG/T 20580—2011 钢制化工容器设计基础规定

36. HG/T 20581—2011 钢制化工容器材料选用规定

37. HG/T 20582—2011 钢制化工容器强度计算规定

38. HG/T 20583—2011 钢制化工容器结构设计规定

39. HG/T 20584—2011 钢制化工容器制造技术规定

40. HG/T 20660—2017 压力容器中化学介质毒性危害和爆炸危险程度分类

41. HG/T 25198—2010 压力容器封头

42. HG/T 21506—1992 补强圈

43. HG/T 12241—2005 安全阀 一般要求

44. HG/T 12242—2005 压力释放装置性能试验规范

45. HG/T 13402—2019 大直径钢制管法兰

46. HG/T 13403—2008 大直径钢制管法兰用垫片

47. HG/T 13404—2008 管法兰用非金属聚四氟乙烯包覆垫片

48. HG/T 20592 ~ HG/T 20635—2009 钢制管法兰、垫片、紧固件

49. HG/T 21514 ~ HG/T 21535—2014 钢制人孔和手孔

50. JB 4732—1995 钢制压力容器——分析设计标准

51. JB/T4711—2003 压力容器涂敷与运输包装

52. JB/T 4734—2002 铝制焊接容器

53. JB/T 4745—2002 钛制焊接容器

54. JB/T 4755—2006 铜制压力容器

55. JB/T 4756—2006 镍及镍合金制压力容器

56. JB/T 4712—2007 容器支座

57. JB/T 4736—2002 补强圈

58. NB/T 47003.1—2009 钢制焊接常用容器

59. NB/T 47013.1—2015 承压设备无损检测 第1部分：通用要求

60. NB/T 47013.2—2015 承压设备无损检测 第2部分：射线检测

61. NB/T 47013.3—2015 承压设备无损检测 第3部分：超声检测

62. NB/T 47013.4—2015 承压设备无损检测 第4部分：磁粉检测

63. NB/T 47013.5—2015 承压设备无损检测 第5部分：渗透检测

64. NB/T 47013.6—2015 承压设备无损检测 第6部分：涡流检测

65. NB/T 47013.7—2015 承压设备无损检测 第 7 部分：目视检测
66. NB/T 47013.8—2015 承压设备无损检测 第 8 部分：泄漏检测
67. NB/T 47013.9—2015 承压设备无损检测 第 9 部分：声发射检测
68. NB/T 47013.10—2015 承压设备无损检测 第 10 部分：衍射视差法超声检测
69. NB/T 47013.11—2015 承压设备无损检测 第 11 部分：X 射线数字成像检测
70. NB/T 47013.12—2015 承压设备无损检测 第 12 部分：漏磁检测
71. NB/T 47013.13—2015 承压设备无损检测 第 13 部分：脉冲涡流检测
72. NB/T 47014—2011 承压设备焊接工艺评定
73. NB/T 47015—2011 压力容器焊接规程
74. NB/T 47016—2011 承压设备产品焊接试件的力学性能检验
75. NB/T 47020—2012 压力容器法兰分类与技术条件
76. NB/T 47021—2012 甲型平焊法兰
77. NB/T 47022—2012 乙型平焊法兰
78. NB/T 47023—2012 长颈对焊法兰
79. NB/T 47024—2012 非金属软垫片
80. NB/T 47025—2012 缠绕垫片
81. NB/T 47026—2012 金属包垫片
82. NB/T 47027—2012 压力容器法兰用紧固件
83. NB/T 47002—2009 压力容器用爆炸焊接复合板
84. NB/T 47008—2017 承压设备用碳素钢和合金钢锻件
85. NB/T 47009—2017 低温承压设备用合金钢锻件
86. NB/T 47010—2017 承压设备用不锈钢和耐热钢锻件

附录 B 过程容器设计图样的表达特点

压力容器的设计文件，包括强度计算书或应力分析报告、设计图样、制造技术条件、风险评估报告(适用于第Ⅲ类压力容器或设计委托方要求时)，安装及使用维修说明，以及安全泄放量、安全阀排放量或爆破片泄放面积的计算书。设计图样通常包括装配图、零件图、部件图、管口方位图等。装配图是表示设备全貌、组成和特性的图样，它应表达设备各主要部分的结构特征、装配和连接关系，注有主要特征尺寸、外形尺寸、安装尺寸及对外连接等尺寸，并写明设计参数，设计、制造和检验要求等内容。

过程容器设计图样除了应满足机械制图国家标准外，还应结合过程容器的特点，根据有关规定加以表达。

B.1 过程容器设计图样的表达方式

B.1.1 装配图图面布置

常见的图面布置见图 B-1。图中除必需的视图外，还应包括设计数据表、管口表、标题栏、明细栏等内容。

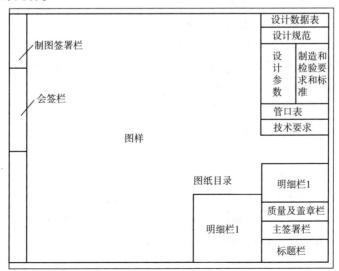

图 B-1 装配图的图面布置

（1）视图选择

在表示明确的前提下，应以视图（包括向视图、剖视图等）数量最少为原则。必要时应绘制局部放大图、焊接节点图等。

（2）设计数据表

设计数据表是用来表示容器设计参数及设计、制造、检验要求的表格，布置在图的右上角，是视图中很重要的却又是令初学者感到有难度的部分。

设计数据表一般应包括：压力容器类别、工作压力、工作温度、介质（组分）、介质特性、设计压力、设计温度、主要受压元件用材、腐蚀裕量、焊接接头系数、充装系数、热处理要求、无损检测要求、耐压试验和泄漏试验要求、安全附件的开启压力、压力容器设计寿命以及压力容器设计、制造所依据的主要法规及标准。

（3）管口表

管口表应包括：管口符号、公称尺寸、公称压力、连接尺寸标准、连接面形式、用途或名称，有时还应标注接管伸出长度或设备中心线至法兰面距离。

"符号"栏：填写装配图上接管的管口标注符号，按英文字母 A、B、C……的顺序由上向下填写，当管口公称尺寸、公称压力、连接标准、法兰类型、密封面形式及用途完全相同时，可合并成一项填写，如 $B_{1 \sim 4}$、$B_{1,2}$。

"公称尺寸"栏：按公称直径填写，无公称直径时，按实际内径填写。

"公称压力"栏：填写对外连接的管法兰的公称压力，当为螺纹连接、焊接或对外不连接时，此栏不填，以斜细实线表示。

"连接标准"栏：填写连接法兰的标准号；当对外不连接时，用斜细实线表示；螺纹连接的管口在连接尺寸标准栏内填写螺纹规格，如 M20、G1/2，连接面形式栏内填写内螺纹或外螺纹。

"法兰类型"栏：填写法兰的类型代号，非法兰连接时用斜细实线表示。

"连接面形式"栏：填写法兰的密封面形式；当为螺纹连接时填写"内螺纹"或"外螺纹"；不对外连接的管口，此栏用斜细实线表示。

"用途或名称"栏：填写管口的具体用途或名称，如"物料进口""人孔"等。

"设备中心线至法兰面距离"栏：填写设备中心线到法兰密封面之间的距离，当已在此栏中填写时，在图上不需标注；如在图上已标注，此栏内可填写"见图"。

（4）标题栏、明细栏等

通常在装配图的右下角安排有标题栏、签署栏、质量及盖章栏（装配图用）、明细栏等。

①标题栏的填写。

"设计单位名称"栏：填写改项目设计承担单位的具体名称，如"×××设计研究院"。

"设备名称"栏：应填写具体的设备名称（如"换热器""精馏塔"等），设备名称下面的"×××"处应根据具体图样来选择填写"装配图""零部件图"或"零件图"。

"签名"栏：为各完成人相应的签名，不能打印名字；"签名"栏后面的"签字日期"栏，应填写具体签字日期，年、月、日要写全。

"日期、地点"栏：要填写该图样的设计日期和设计地点，日期填写到月即可，如

"2009. 8. 沈阳"。

　　"项目"栏：填写本设备所在项目名称，如"×××有限公司丙烯厂"等。

　　"设计项目"栏：填写具体的设计工段或区段。如"发酵车间"等。

　　"设计阶段"栏：填写项目的设计阶段，如"施工图""初步设计"等。

　　"比例"栏：填写该图样主要部分的设计比例，如"1 : 10""1 : 20"等。

　　"设备图号"栏：填写该套图纸的编号，如果该图纸有若干张，则各张的图号要连续，一般各图纸之间以尾数不同来区分，例如，如果装配图图号为"11 - E1200 - 0"，其他各张图纸则可以用"11 - E1200 - 01""11 - E1200 - 02"等来表示。

　　"第　张""共　张"栏：填写该套图纸的张数，要顺序填写，例如，如果该套图纸共5张，则第一张图纸应填写"第1张　共5张"，第二张图纸应填写"第2张　共5张"，依此类推。

　　②简单标题栏的填写。

　　"件号"栏：填写该零件(部件)在装配图上的编号，要一一对应。

　　"名称"栏：填写该零件(部件)在装配图上的名称。

　　"比例"栏：填写该零件(部件)主要视图的具体画图比例，不按比例的图样，应用斜细实线表示。

　　"所在图号"栏：填写该零件(部件)所在图样主标题栏中的图号。

　　"装配图号"栏：填写该零件(部件)所在装配图图样主标题栏中的图号。

　　③明细栏的填写。

　　"序号"栏：按装配图上的零(部)件编号由下向上顺序填写。

　　"图号或标准号"栏：对非标准零(部)件，填写零(部)件所在图纸主标题栏中的图号，对标准的零(部)件，填写其标准号。

　　"名称"栏：填写零、部件或外购件的名称。标准零、部件按标准中规定的标准方法填写，不绘图的零件在名称后应列出规格或实际尺寸；外购件按有关部门规定的名称填写。

　　"数量"栏：装配图或部件图中填写所属零、部件及外购件的件数；大量的填充物、耐火砖等以 m^3 计；大面积的衬里、金属网等以 m^2 计。

　　"材料"栏：填写零件的材料名称(牌号)；对于无标准规定的材料，应按材料的习惯名称标出；对于部件和外购件，此栏不填，但对需注明材料的外购件，此栏仍需填写。

　　"质量"栏：应分别填写零(部)件的单个质量和总质量，一般准确到小数点后一位，特殊的贵金属材料保留小数点后数字的位数，视材料价格而定。当零(部)件只有一件时，"单"栏不填；质量小、数量少不足以影响设备造价的普通材料的小零件的质量可不填写，以斜细实线表示。

　　"备注"栏：填写其他要说明的内容，如当"名称"栏内填写的内容较多时，可能填不下，这是可在备注栏内填写。

B. 1. 2　零、部件图

　　容器上的每一零件，一般均应单独绘制零件图。

　　由于加工工艺或设计的需要，如果零件必须在组合后才能进行机械加工，则应绘制部件图。

当在一张图纸上绘制若干个图样时，可按 GB/T 14689《技术制图 图纸幅面和格式》规定分为若干个小幅面，如图 B-2 所示。一张图纸上就有一个标题栏，每一小图样均有一明细栏 2 建立起与上一级图样的关系。如果该图样是部件图，则在明细栏 2 上方还应有明细栏 1 表示出该部件的组成情况。

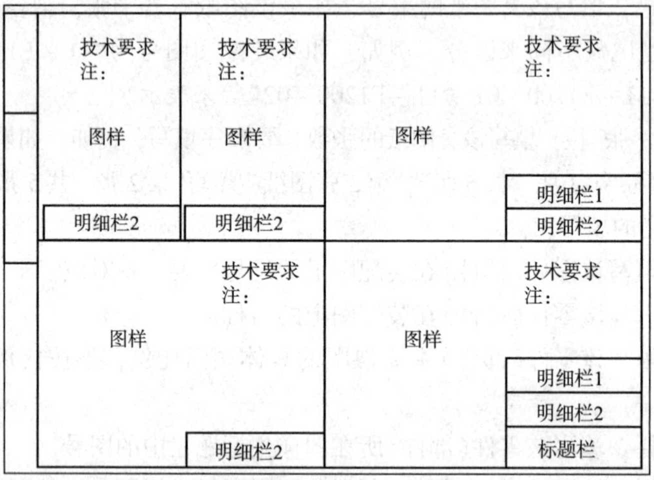

图 B-2 零、部件图画一起的图面布置

A3 幅面不允许单独竖放；A4 幅面不允许横放；A5 幅面不允许单独存在。不单独存在的图样，组成一张图纸时，每一图样的明细栏内"所在图号"为同一图号。

在符合下列情况是，可不单独绘制零件图。

①国家标准、行业标准等标准规定的零部件和外购件。

②结构简单，且凸形、尺寸及其他要求已在视图上表示清楚、不需机加工（焊缝坡口及少量钻孔等加工除外）的零件。但应在明细栏中列出规格或实际尺寸，如：

筒体 $DN1000$ $\delta = 10$ $H = 2000$（以内径为基准）

筒体 $\phi1020 \times 10$ $H = 2000$（以外径为基准）

③螺栓、螺母、垫圈、法兰等尺寸符合标准的零件。即使其材料与标准不同，也不必单独绘制零件图，但需在明细栏中注明规格和材料，并在备注栏内注明"尺寸按×××标准"字样。此时，明细栏中的"图号和标准"一栏内不标注标准号。

④两个简单的对称零件，在不致造成施工错误的情况下，可以只画出其中一个。但是每件应以不同的件号，并在图样中予以说明。

⑤形状相同、结构简单可用同一图样表示清楚的，一般不超过 10 个不同可变参数的零件，可用表格图绘制。

设备施工图绘制除应按机械制图国家标准外，还应结合过程容器图的特点，根据有关规定加以表达。化工容器一般是圆筒体。筒体、封头上往往有处在不同方位的接管、支座。为在视图上表示出接管、支座的结构和尺寸，允许在主视图上旋转画出，而它们在容器上的真正方位由俯视图、侧视图或者管口方位图表示。

附录 C 压力容器材料

C.1 压力容器材料的通用要求

ⅰ. 压力容器选材应当考虑容器使用条件(如设计压力、设计温度、介质特性和操作特点等)、材料性能(力学性能、工艺性能、化学性能和物料性能)、容器制造工艺以及经济合理性。

ⅱ. 压力容器用材料的性能、质量、规格与标志,应当符合相应材料的国家标准或者行业标准的规定。

ⅲ. 压力容器材料制造单位应当在材料的明显部位作出清晰、牢固的钢印标志或者其他可以追溯的标志,并向材料使用单位提供质量证明书。

ⅳ. 压力容器制造、改造、修理单位对主要受压元件的材料代用,应当事先取得原设计单位的书面批准,并且在竣工图上做详细记录。

C.2 压力容器选材的原则

一般选材原则如下:

ⅰ. 按刚度或者结构设计的场合,应尽量选用碳素钢。按强度设计的场合,应根据压力、温度、介质等使用条件,优先选用低合金钢;

ⅱ. 高温压力容器用钢应选用耐热钢,低温压力容器用钢应考虑低温脆性;

ⅲ. 耐腐蚀不锈钢厚度大于12mm时,应尽量采用复合板或衬里、堆焊等结构;

ⅳ. 耐酸不锈钢应尽量不用作设计温度小于或等于500℃的耐热用钢。

按截至选用时,一般应遵循:

ⅰ. 碳素钢用于介质腐蚀性不强的常压、低压容器、壁厚不大的中压容器、非受压元件,以及其他由刚度或结构决定壁厚的场合;

ⅱ. 低合金高强度钢用于介质腐蚀性不强、厚度较大(≥8mm)的压力容器;

ⅲ. 珠光体耐热钢用作抗高温氢或硫化氢腐蚀,或设计温度为350~650℃的压力容器用耐热钢;

ⅳ. 不锈钢通常用于介质腐蚀性较强(电化学腐蚀、化学腐蚀)、防铁离子污染、设计温度大于500℃或者设计温度小于−100℃的场合。

C.3　许用应力

GB/T 150—2011中给出的钢板、钢管、锻件和螺柱的许用应力见表C–1~表C–8。

C.4　高合金钢钢板的钢号近似对照

GB/T 150—2011中给出的高合金钢钢板的钢号近似对照表，见表C–9。

表 C-1 碳素钢和低合金钢钢板许用应力

钢号	钢板标准	使用状态	厚度/mm	R_m/MPa	R_{eL}/MPa	≤20	100	150	200	250	300	350	400	425	450	475	500	525	550	575	600	注
						在下列温度（℃）下的许用应力/MPa																
Q245R	GB 713	热轧、控轧、正火	3~16	400	245	148	147	140	131	117	108	98	91	85	61	41						
			>16~36	400	235	148	140	133	124	111	102	93	86	84	61	41						
			>36~60	400	225	148	133	127	119	107	98	89	82	80	61	41						
			>60~100	390	205	137	123	117	109	98	90	82	75	73	61	41						
			>100~150	380	185	123	112	107	100	90	80	73	70	67	61	41						
Q345R	GB 713	热轧、控轧、正火	3~16	510	345	189	189	189	183	167	153	143	125	93	66	43						
			>16~36	500	325	185	185	183	170	157	143	133	125	93	66	43						
			>36~60	490	315	181	181	173	160	147	133	123	117	93	66	43						
			>60~100	490	305	181	181	157	150	137	123	117	110	93	66	43						
			>100~150	480	285	178	173	160	147	133	120	113	107	93	66	43						
			>150~200	470	265	174	163	153	143	130	117	110	103	93	66	43						
Q370R	GB 713	正火	10~16	530	370	196	196	196	196	190	180	170										
			>16~36	530	360	196	196	196	193	183	173	163										
			>36~60	520	340	193	193	193	180	170	160	150										
18MnMoNbR	GB 713	正火加回火	30~60	570	400	211	211	211	211	211	211	211	207	195	177	117						
			>60~100	570	390	211	211	211	211	211	211	211	203	192	177	117						
13MnNiMoR	GB 713	正火加回火	30~100	570	390	211	211	211	211	211	211	211	203									
			>100~150	570	380	211	211	211	211	211	211	211	200									

表 C-2　高合金钢钢板许用应力

钢号	钢板标准	厚度/mm	在下列温度（℃）下的许用应力/MPa																					注
			≤20	100	150	200	250	300	350	400	450	500	525	550	575	600	625	650	675	700	725	750	775	800	
S11306	GB 24511	1.5~25	137	126	123	120	119	117	112	109															
S11348	GB 24511	1.5~25	113	104	101	100	99	97	95	90															
S11972	GB 24511	1.5~8	154	154	149	142	136	131	125																
S21953	GB 24511	1.5~80	233	233	223	217	210	203																	
S22253	GB 24511	1.5~80	230	230	230	230	223	217																	
S22053	GB 24511	1.5~80	230	230	230	230	223	217																	
S30408	GB 24511	1.5~80	137	137	137	130	122	114	111	107	103	100	98	91	79	64	52	42	32	27					1
		1.5~80	137	114	103	96	90	85	82	79	76	74	73	71	67	62	52	42	32	27					1
S30403	GB 24511	1.5~80	120	120	118	110	103	98	94	91	88														
		1.5~80	120	98	87	81	76	73	69	67	65														1
S30409	GB 24511	1.5~80	137	137	137	130	122	114	111	107	103	100	98	91	79	64	52	42	32	27					1
		1.5~80	137	114	103	96	90	85	82	79	76	74	73	71	67	62	52	42	32	27					1
S31008	GB 24511	1.5~80	137	137	137	137	134	130	125	122	119	115	113	105	84	61	43	31	23	19	15	12	10	8	1
		1.5~80	137	121	111	105	99	96	93	90	88	85	84	83	81	61	43	31	23	19	15	12	10	8	1
S31608	GB 24511	1.5~80	137	137	137	134	125	118	113	111	109	107	106	105	96	81	65	50	38	30					1
		1.5~80	137	117	107	99	93	87	84	82	81	79	78	78	76	73	65	50	38	30					1

注：该行许用应力仅适用于允许产生微量永久变形之元件，对于法兰或其他有微量永久变形就引起泄漏或故障的场合不能采用。

表 C-3 碳素钢和低合金钢钢管许用应力

钢号	钢管标准	使用状态	壁厚/mm	室温强度指标		在下列温度（℃）下的许用应力/MPa																注
				R_m/MPa	R_{eL}/MPa	≤20	100	150	200	250	300	350	400	425	450	475	500	525	550	575	600	
10	GB/T 8163	热轧	≤10	335	205	124	121	115	108	98	89	82	75	70	61	41						
20	GB/T 8163	热轧	≤10	410	245	152	147	140	131	117	108	98	88	83	61	41						
Q345D	GB/T 8163	正火	≤10	470	345	174	174	174	174	167	153	143	125	93	66	43						
10	GB 9948	正火	≤16	335	205	124	121	115	108	98	89	82	75	70	61	41						
10	GB 9948	正火	>16~30	335	195	124	117	111	105	95	85	79	73	67	61	41						
20	GB 9948	正火	≤16	410	245	152	147	140	131	117	108	98	83	83	61	41						
20	GB 9948	正火	>16~30	410	235	152	140	133	124	111	102	93	83	78	61	41						
20	GB 6479	正火	≤16	410	245	152	147	140	131	117	108	98	88	83	61	41						
20	GB 6479	正火	>16~40	410	235	152	140	133	124	111	102	93	83	78	61	41						
16Mn	GB 6479	正火	≤16	490	320	181	181	180	167	153	140	130	123	93	66	43						
16Mn	GB 6479	正火	>16~40	490	310	181	181	173	160	147	133	123	117	93	66	43						
12CrMo	GB 9948	正火加回火	≤16	410	205	137	121	115	108	101	95	88	82	80	79	77	74	50				
12CrMo	GB 9948	正火加回火	>16~30	410	195	130	117	111	105	98	91	85	79	77	75	74	72	50				
15CrMo	GB 9948	正火加回火	≤16	440	235	157	140	131	124	117	108	101	95	93	91	90	88	58	37			
15CrMo	GB 9948	正火加回火	>16~30	440	225	150	133	124	117	111	103	97	91	89	87	86	85	58	37			
15CrMo	GB 9948	正火加回火	>30~50	440	215	143	127	117	111	105	97	92	87	85	84	83	81	58	37			
12Cr2Mo1	—	正火加回火	≤30	450	280	167	167	163	157	153	150	147	143	140	137	119	89	61	46	37		1
1Cr5Mo	GB 9948	退火	≤16	390	195	130	117	111	108	105	101	98	95	93	91	83	52	46	35	26	18	
1Cr5Mo	GB 9948	退火	>16~30	390	185	123	111	105	101	98	95	91	88	86	85	82	52	46	35	26	18	
12Cr1MoVG	GB 5310	正火加回火	≤30	470	255	170	153	143	133	127	117	111	105	103	100	98	95	82	59	41		
09MnD	—	正火	≤8	420	270	156	156	150	143	130	120	110										1
09MnNiD	—	正火	≤8	440	280	163	163	157	150	143	137	127										1
08Cr2AlMo	—	正火加回火	≤8	400	250	148	148	140	130	123	117											1
09CrCuSb	—	正火	≤8	390	245	144	144	137	127													1

注：该钢管的技术要求见附录 A。

表 C-4 高合金钢钢管许用应力

钢号	钢管标准	壁厚/mm	在下列温度（℃）下的许用应力/MPa																						注
			≤20	100	150	200	250	300	350	400	450	500	525	550	575	600	625	650	675	700	725	750	775	800	
0Cr18Ni9 (S30408)	GB13296	≤14	137	137	137	130	122	114	111	107	103	100	98	91	79	64	52	42	32	27					1
0Cr18Ni9 (S30408)	GB/T 14976	≤28	137	114	103	96	90	85	82	79	76	74	73	71	67	62	52	42	32	27					
00Cr19Ni10 (S30403)	GB 13296	≤14	117	117	117	110	103	98	94	91	88														1
00Cr19Ni10 (S30403)	GB/T 14976	≤28	117	97	87	81	76	73	69	67	65														
0Cr18Ni10Ti (S32168)	GB 13296	≤14	137	137	137	130	122	114	111	108	105	103	101	83	58	44	33	25	18	13					1
0Cr18Ni10Ti (S32168)	GB/T 14976	≤28	137	114	103	96	90	85	82	80	78	76	75	74	58	44	33	25	18	13					
0Cr17Ni12Mo2 (S31608)	GB 13296	≤14	137	137	137	134	125	118	113	111	109	107	106	105	96	81	65	50	38	30					1
0Cr17Ni12Mo2 (S31608)	GB/T14976	≤28	137	117	107	99	93	87	84	82	81	79	78	78	76	73	65	50	38	30					
00Cr17Ni14Mo2 (S31603)	GB/T 13296	≤14	117	117	108	100	95	90	86	84	84														1
00Cr17Ni14Mo2 (S31603)	GB/T 14976	≤28	117	97	80	74	70	67	64	62	62														
0Cr18Ni12Mo2Ti (S31668)	GB 13296	≤14	137	137	134	125	118	113	111	109	109	107													1

表C-5 碳素钢和低合金钢钢锻件许用应力

钢号	钢锻件标准	使用状态	公称厚度/mm	室温强度指标 R_m/MPa	室温强度指标 R_{eL}/MPa	在下列温度（℃）下的许用应力/MPa ≤20	100	150	200	250	300	350	400	425	450	475	500	525	550	575	600	注
20	NB/T 47008	正火、正火加回火	≤100	410	235	152	140	133	124	111	102	93	85	84	61	41						
			>100~200	400	225	148	133	127	119	107	98	89	82	80	61	41						
			>200~300	380	205	137	123	117	109	98	90	82	75	73	61	41						
35	NB/T 47008	正火、正火加回火	≤100	510	265	177	157	150	137	124	115	105	98	85	61	41						1
			>100~300	490	245	163	150	143	133	121	111	101	95	85	61	41						
16Mn	NB/T 47008	正火、正火加回火、调质	≤100	480	305	178	178	167	150	137	123	117	110	93	66	43						
			>100~200	470	295	174	174	163	147	133	120	113	107	93	66	43						
			>200~300	450	275	167	167	157	143	130	117	110	103	93	66	43						
20MnMo	NB/T 47008	调质	≤300	530	370	196	196	196	196	196	190	183	173	167	131	84	49					
			>300~500	510	350	189	189	189	189	187	180	173	163	157	131	84	49					
			>500~700	490	330	181	181	181	181	180	173	167	157	150	131	84	49					
20MnMoNb	NB/T 47008	调质	≤300	620	470	230	230	230	230	230	230	230	230	230	177	117						
			>300~500	610	460	226	226	226	226	226	226	226	226	226	177	117						
20MnNiMo	NB/T 47008	调质	≤500	620	450	230	230	230	230	230	230	230	230									
35CrMo	NB/T 47008	调质	≤300	620	440	230	230	230	230	230	230	223	213	197	150	111	79	50				1
			>300~500	610	430	226	226	226	226	226	226	223	213	197	150	111	79	50				
15CrMo	NB/T 47008	正火加回火、调质	≤300	480	280	178	170	160	150	143	133	127	120	117	113	110	88	58	37			
			>300~500	470	270	174	163	153	143	137	127	120	113	110	107	103	88	58	37			

注：该钢锻件不得用于焊接结构。

表C-6 高合金钢锻件许用应力

钢号	钢锻件标准	公称厚度 l /mm	在下列温度（℃）下的许用应力 /MPa																						注
			≤20	100	150	200	250	300	350	400	450	500	525	550	575	600	625	650	675	700	725	750	775	800	
S11306	NB/T 47010	≤150	137	126	123	120	119	117	112	109															
S30408	NB/T 47010	≤300	137	137	137	130	122	114	111	107	103	100	98	91	79	64	52	42	32	27					1
S30403	NB/T 47010	≤300	137	114	103	96	90	85	82	79	76	74	73	71	67	62									
S30409	NB/T 47010	≤300	117	117	117	110	103	98	94	91	88	65													1
S31008	NB/T 47010	≤300	137	137	137	137	134	130	125	122	119	115	113	105	84	61	43	31	23	19	15	12	10	8	1
S31608	NB/T 47010	≤300	137	121	111	105	99	96	93	90	88	85	84	83	81	81									1
S31603	NB/T 47010	≤300	137	137	137	134	125	118	113	111	109	107	106	105	96	81	65	50	38	30					1
S31668	NB/T 47010	≤300	117	117	108	100	93	87	84	82	81	79	78	78	76	73									
S31703	NB/T 47010	≤300	137	137	137	134	125	118	113	109	109	107													1
S31703	NB/T 47010	≤300	137	117	99	93	93	87	84	82	81	79													1
S32168	NB/T 47010	≤300	130	130	130	125	122	114	111	108	105	103	101	83	58	44	33	25	18	13					1
S39042	NB/T 47010	≤300	137	137	137	137	144	131	122	80	78	76	75	74											1
S21953	NB/T 47010	≤150	147	147	147	144	131	122	90																
S22253	NB/T 47010	≤150	219	210	200	193	187	180																	
S22053	NB/T 47010	≤150	230	230	230	230	223	217																	
S22053	NB/T 47010	≤150	230	230	230	230	223	217																	

注：该许用应力仅适用于允许产生微量永久变形之元件，对于法兰或其他有微量永久变形就会引起泄漏或故障的场合不能采用。

表 C-7 碳素钢和低合金钢螺柱许用应力

钢号	钢棒标准	使用状态	螺柱规格/mm	室温强度指标		在下列温度（℃）下的许用应力/MPa															
				R_m/MPa	R_{eL}/MPa	≤20	100	150	200	250	300	350	400	425	450	475	500	525	550	575	600
20	GB/T 699	正火	≤M22	410	245	91	81	78	73	65	60	54									
			M24~M27	400	235	94	84	80	74	67	61	56									
35	GB/T 699	正火	≤M22	530	315	117	105	98	91	82	74	69									
			M24~M27	510	295	118	106	100	92	84	76	70									
40MnB	GB/T 3077	调质	≤M22	805	685	196	176	171	165	162	154	143	126								
			M24~M36	765	635	212	189	183	180	176	167	154	137								
40MnVB	GB/T 3077	调质	≤M22	835	735	210	190	185	179	176	168	157	140								
			M24~M36	805	685	228	206	199	196	193	183	170	154								
40Cr	GB/T 3077	调质	≤M22	803	685	196	176	171	165	162	157	148	134								
			M24~M36	765	635	212	189	183	180	176	170	160	147								
30CrMoA	GB/T 3077	调质	≤M22	700	550	157	141	137	134	131	129	124	116	111	107	103	79				
			M24~M48	660	500	167	150	145	142	140	137	132	123	118	113	108	79				
			M52~M56	660	500	185	167	161	157	156	152	146	137	131	126	111	79				
35CrMoA	GB/T 3077	调质	≤M22	835	735	210	190	185	179	176	174	165	154	147	140	111	79				
			M24~M48	805	685	228	206	199	196	193	189	180	170	162	150	111	79				
			M52~M80	805	685	254	229	221	218	214	210	200	189	180	150	111	79				
			M85~M105	735	590	219	196	189	185	181	178	171	160	153	145	111	79				
35CrMoVA	GB/T 3077	调质	M52~M105	835	735	272	247	240	232	229	225	218	207	201							
			M110~M140	785	665	246	221	214	210	207	203	196	189	183							

表 C-8 高合金钢螺柱许用应力

钢号	钢棒标准	使用状态	螺柱规格/mm	R_m/MPa	$R_{p0.2}$/MPa	≤20	100	150	200	250	300	350	400	450	500	550	600	650	700	750	800
S42020 (2Cr13)	GB/T 1220	调质	≤M22	640	440	126	117	111	106	103	100	97	91								
			M24~M27	640	440	147	137	130	123	120	117	113	107								
S30408	GB/T 1220	固溶	≤M22	520	205	128	107	97	90	84	79	77	74	71	69	66	58	42	27		
			M24~M48	520	205	137	114	103	96	90	85	82	79	76	74	71	62	42	27		
S31008	GB/T 1220	固溶	≤M22	520	205	128	113	104	98	93	90	87	84	83	80	78	61	31	19	12	8
			M24~M48	520	205	137	121	111	105	99	95	93	90	88	85	83	61	31	19	12	8
S31608	GB/T 1220	固溶	≤M22	520	205	128	109	101	93	87	82	79	77	76	75	73	68	50	30		
			M24~M48	520	205	137	117	107	99	93	87	84	82	81	79	78	73	50	30		
S32168	GB/T 1220	固溶	≤M22	520	205	128	107	97	90	84	79	77	75	73	71	69	44	25	13		
			M24~M48	520	205	137	114	103	96	90	85	82	80	78	76	74	44	25	13		

注：括号中为旧钢号。

表 C-9 高合金钢钢板的钢号近似对照

序号	GB 24511—2009		GB/T 4237—1992	ASME (2007) SA240		EN10028-7: 2007	
	统一数字代号	新牌号	旧牌号	UNS代号	型号	数字代号	牌号
1	S11306	06Cr13	0Cr13	S41008	410S	—	—
2	S11348	06Cr13A1	0Cr13A1	S40500	405	—	—
3	S11972	019Cr19Mo2NbTi	00Cr18Mo2	S44400	444	1.452 1	X2CrMoTi18-2
4	S30408	06Cr19Ni10	0Cr18Ni9	S30400	304	1.430 1	X5CrNi18-10
5	S30403	022Cr19Ni10	00Cr19Ni10	S30403	304L	1.430 6	X2CrNi19-11
6	S30409	07Cr19Ni10	—	S30409	304H	1.494 8	X6CrNi18-10
7	S31008	06Cr25Ni20	0Cr25Ni20	S31008	310S	1.495 1	X6CrNi25-20
8	S31608	06Cr17Ni12Mo2	0Cr17Ni12Mo2	S31600	316	1.440 1	X5CrNiMo17-12-2
9	S31603	022Cr17Ni12Mo2	00Cr17Ni14Mo2	S31603	316L	1.440 4	X2CrNiMo17-12-2
10	S31668	06Cr17Ni12Mo2Ti	0Cr18Ni12Mo2Ti	S31635	316Ti	1.457 1	X6CrNiMoTi17-12-2
11	S31708	06Cr19Ni13Mo3	0Cr19Ni13Mo3	S31700	317	—	—
12	S31703	022Cr19Ni13Mo3	00Cr19Ni13Mo3	S31703	317L	1.443 8	X2CrNiMo18-15-4
13	S32168	06Cr18Ni11Ti	0Cr18Ni10Ti	S32100	321	1.454 1	X6CrNiTi18-10
14	S39042	015Cr21Ni26Mo5Cu2	—	N08904	904L	1.453 9	X1NiCrMoCu25-20-5
15	S21953	022Cr19Ni5Mo3Si2N	00Cr18Ni5Mo3Si2	—	—	—	—
16	S22253	022Cr22Ni5Mo3N	—	S31803	—	1.446 2	X2CrNiMoN22-5-3
17	S22053	022Cr23Ni5Mo3N	—	S32205	2205	—	—

参考文献

[1]王志文. 化工容器设计[M]. 第3版. 北京：化学工业出版社，2012.

[2]郑津洋，董其伍，桑芝富. 过程设备设计[M]. 第4版. 北京：化学工业出版社，2015.

[3]程真喜. 压力容器材料及选用[M]. 北京：化学工业出版社，2016.

[4]喻九阳，徐建民. 压力容器与过程设备[M]. 北京：化学工业出版社，2011.

[5]吴泽炜. 化工容器设计[M]. 武汉：湖北科学技术出版社，1985.

[6]黄载生. 化工机械力学基础[M]. 北京：化学工业出版社，1990.

[7]刘鸿文. 板壳理论[M]. 杭州：浙江大学出版社，1987.

[8]王非等. 化工压力容器设计选材[M]. 第2版. 北京：化学工业出版社，2013.

[9]徐芝纶. 弹性力学[M]. 北京：人民教育出版社，1979.

[10]范钦珊. 轴对称应力分析[M]. 北京：高等教育出版社，1985.

[11]卓震. 化工容器及设备[M]. 北京：中国石化出版社，1998.

[12]余国琮. 化工容器及设备[M]. 天津：天津大学出版社，1988.

[13]朱国辉，郑津洋. 新型绕带式压力容器[M]. 北京：机械工业出版社，1995.

[14]朱秋尔. 高压设备设计[M]. 上海：上海科学技术出版社，1988.

[15]丁伯民. 钢制压力容器——设计、制造与检验[M]. 上海：华东化工学院出版社，1992.

[16]贺匡国. 压力容器分析设计基础[M]. 北京：机械工业出版社，1995.